三つの脳の進化

反射脳・情動脳・理性脳と「人間らしさ」の起源

ポール・D・マクリーン——著｜法橋 登——編訳・解説

Triune Brain in Evolution—
Role in Paleocerebral Functions | Paul D. MacLean

工作舎

目次

第I部❖三つの脳の進化……知性の前駆活動に果たす役割

ポール・D・マクリーン　法橋 登訳

第II部❖三つの脳と現代

法橋 登

第I部 三つの脳の進化

知性の前駆活動に果たす役割

ポール・D・マクリーン――法橋登――訳

まえがき

　われわれは、われわれをとりまく外部世界とわれわれ自身の内部世界という二つの世界の間で生きている。人間がこれら二つの世界の間で自らの生命を維持できるのは、脳のはたらきによっている。脳は、二つの世界から送られてくる情報を感知し、増幅し、分析し、統合し、調節して、われわれに日々の行動指針をあたえてくれる。この頭蓋に包まれた脆弱な物質のかたまりにすぎない脳のどこから、われわれ自身とわれわれの住む世界の確かな実在感が生まれるのだろうか。二〇世紀の自然科学が生んだ最大の成果といわれる量子物理学も分子生物学も、このような素朴な疑問に答えてくれない。

　たとえば、量子物理学誕生のひとつのきっかけをつくった天体物理学者のジェイムズ・ジーンズは、外部世界に関する客観データを測定器によって得ることができる物理学者に対して、自分の主観的な脳に頼る哲学者の不確かな立場を指摘している。またバートランド・ラッセルは、人間の主観的な判断は物理法則に従わず、科学研究の対象にならないと書いている。しかし、もしそうなら、宇宙における生命の意味や人生の意義についての確信は、どこから生まれるのだろう。

　人間の脳は、長い生物進化の歴史を内蔵している。人間が前期哺乳類から受け継いだ大脳辺縁系（情動脳）内で内部世界が外部世界に出会う場所が確信の座であり、この確信を定型化して表現したいという大脳新皮質(理性脳)の衝動は、人間が爬虫類から継承した大脳基底核群(反射脳)から生まれてくることを神経生理学的、臨床的研究によって示すことがこの本の主な目的である。

1 主観脳の学……主体的認識論〝エピステミクス〟……に向けて

1・1 ▼はじめに

宇宙的視野から生命の意味や人生の意義について考える上で、脳の理解は欠かせない。現代物理学の最大テーマといわれる統一場理論の完成によっても、遺伝子生物学の今後の進展によってもこのような人間の最大最古の関心事に対する回答が示されるとは思えないからである。

われわれをとりまく外部世界の測定装置としては、人間の脳は正確さと精密さの点で現在の人工装置にはるかにおよばない。しかし、人間の脳には、長い生物進化の歴史と生命のリズムが埋め込まれている。脳のはたらきにはある限界があるにせよ、脳の理解を深めることにより、生命の意味や人生の意義についてばかりでなく、現代の客観科学が直面するいくつかの問題を解く手がかりが得られるのではないか。

たとえば、物理学者は宇宙のはじまりに出現したとみられる超高密度の物質状態や量子力学的効果があらわれる一〇のマイナス三三乗センチメートルといった極微の拡がりをもつ極限空間を考える。このような極限空間は、物理学者によって直感的理解のためのさまざまな視覚表現が工夫されているが、いまのところ、一般の人びとの直感が届かないところにある。しかし、時間や空間のアイデアは人間の主観の産物、あるいはカントのいう超越的審美感覚の産物ではないか。芸術家にとっては、この超越的審美感覚を表現することは、物理学者が極限空間を考えるのと同じ重みをもっている。われわれの主観はまた、生命や主観の形成が物理学を含む客観科学の最終テーマとなるだろうことを予想することができる。客観科学がそれぞれの個別体系の論理的無矛盾性のために早晩逢着する自己言及のパラドックスを自然自体が克服してきた秘密は、脳の神経系の歴史的構成にも反映されているはずだからである。

現代の科学技術は、人類の存在を脅かす人口爆発による天然資源の枯渇や環境破壊を回避して生命を地球の未来に送りこむことを考える。しかし、そのような外部世界の脅威が除かれても、人間の内部世界の同時崩壊によって人類が自滅する可能性を比較神経行動学の多くの事例は示している。人間が爬虫類から受け継いだ神経系が、ひとつの世界とひとつの認識を指向する客観科学による人間の総括に対して同時反乱をおこす可能性である。

1・2 ▼客観性と主観性

マイケル・チャンスは著書『生物学と倫理』(一九六六)の中で次のように書いている。〝宇宙の客観的研究のために宇宙から切り取られた最小部分——原子(素粒子)——は、宇宙の秘密——生命——から最も遠く離れている〟。

まず、客観性ということ。

〝厳密〟科学の成功は、地球上の問題のほとんどは外部世界の操作法の研究である、という信仰を生んだ。

C・P・スノウは、〝すべての主観的要素を排除した思考によって世界を認識することが私の究極の目標である〟というアインシュタインの言葉を、客観性への科学者の意識的努力の好例として引用している。モノーも分子生物学についてのエッセイで、科学的研究方法の中心にあるものは、自然は客観的である、という前提である、と書いている。フィクションの分野でも書評家は次のように書く。〝人間性に救いがあるとすれば、それはわれわれが科学的真理に肩を並べるほどの客観的真理を共有できるときである〟。今世紀のはじめ、J・B・ワトソンらの行動主義者は、ヘルムホルツの伝統を復活し、心理学を物理学と同じ厳密科学のひとつとする方向を目指した。ワトソンの表現を使えば〝一九一二年に行動主義者たちは、かれらの科学用語の中から感覚、認知、イメージ、欲望、目標、さらには思考、感情、といった主観的表現を追放しようと決意した〟。行動主義に批判的なケストラーも、ワトソンの考えは今日も支配的であるとコメントしている。彼は同時代の権威者から、〝心〟や〝自己同一〟は現象の皮相的説明のために〝発明〟された実体のない言葉にすぎず、科学的研究の対象になり得ない、という発言を引き出している。この発言の最後の部分は明らかに〝物理法則に従わない心理現象は研究対象としては不適である〟というラッセルの発言に呼応している。また、天文学者のサー・ジェイムズ・ジーンズは次のように書いている。〝物理学は正確な知識をわれわれにあたえる。それは正確な測定データに基礎を置いているからである〟。

完全に客観的である、という主張の逆説性は、研究、観察、解釈のために選択されたひとつひとつの行動が、個々の研究者の内省と主観にまかされていることが明らかであるからである。論理的にみても、われわれの歩く道路の上の固い舗装のような冷たい科学的事実といえども、脳という粘弾性体による情報変換の最終産物であることは否定できない。厳密科学の測定器というハードウェアによって得られたデータも、脳の〝ソウトウェア〟による主観的な変換を免れることはできないのである。客観的心理学の起源は主観的心理学である、というスペンサーの言葉はすべての科学分野に適用されるものである。このような理由で、われわれは、主観脳の非可測的はたらきがどのようにして可測世界をつくり上げていくか、ということを考えざるを得ないのである。

❖主観性

あとで触れるように、〝知的〟機能をもつ大脳新皮質は基本的には外界に向かってはたらく。このことは、科学の関心がはじめから外界に向けられていたことを示す。その反対に、自己の内部に科学の光を当て、科学的知見を引き出すための分析用具を開発するようになるには時間が必要だった。近世までは神学者と哲学者だけが心理的現象の公認された研究者だった。中でもアリストテレスはその組織的努力によって特記されねばならない。現在の心理学と精神医学の起源は一八世紀にさかのぼることができるが、科学としての地位があたえられるようになったのは一九世紀の後半である。一八九二年に書かれた『百科全書』の心理学の項には次のような説明がある。〝長い間形而上学の一部門として疑わしい地位を占めてきたのち、……事実の体系化という科学の性格を……今では完全に獲得したといえるだろう〟。キャサリン・グレンジによると、心理学(Psychology)という言葉が最初に使われたのは一七〇三年、精神医学(Psychiatry)という言葉が使われたのは一八四五年である。このあとの年にミュンヘン大学のグリージンガーが神経学(Neurology)と精神医学の教課を統合したことにより、精神医学がはじめて医学の教育課程に組み込まれるようになる。この試みはフォレルたちに引き継がれてヨーロッパの伝統になった。今世紀の中頃から神経学は、脳の機能障害の原因が脳内の特定部分に限定できる部分だけに研究を限定することにより、独自の進路を開いていくようになる。精神医学に新しい概念的、方法論的な拡がりを加えた精神分析は、一九〇〇年のフロイトの『夢の分析』の刊行によって広く一般の興味を集めるようになった。

その後の心理科学の発展は認識論上の興味ある問題を提起した。しかし、知識の起源、本性、限界、正当性についての認識論上の問題だけにテーマをしぼった心理科学の分野がないのはなぜだろう。また、感覚と刺激受容の問題を除き、認識論に果たす脳科学の役割について、哲学者たちがほとんど関心をもたないのは奇妙なことである。

人間社会があるから認識論が成り立つ。人間個人があるから人間社会が存在する、というあたり前の話も、社会通念の形成に果たす個人の中心的役割を強調するには役立つ。〝われわれ〟とは〝人間の全体ではなく法律による統治機構を指す〟というジョン・アダムスの言葉に権威をあたえたのも個人としての男女である。

個々の人間の中心にあるものは主観的自己——デカルトのいう〝自我〟——である。その主観的自我の分析には、自己の内部ばかりでなく、外部環境の社会的、非社会的要素との相互作用にも目を向けなくてはならない。この相互作用には二つの側面があることにも注意したい。直感的・非体系的に感得された側面と、科学の分析的・総合的方法によって知ることができたもうひとつの側面である。自我の生物的側面は社会科学と生命科学により、非生物的側面は自然科学的方法によって明らかにされなければならない。

1・3 ▼〝エピステミクス〟

主観的自己と自己の内部世界と、外部世界の三者の相互関係を研究する科学分野はまだ存在しない。そのような研究分野は人間にかかわりをもつすべての研究分野からの知識が必要になることは勿論であるが、基本的には心理学と脳科学のうえに築かれるべきである。このような研究分野を、ギリシア語で、〝自己の認識〟を意味するエピステミクスと呼んで従来の認識論――エピステモロジー――に対比させたい（著者がはじめてこの用語を使ったのは一九七五年の文献中である）。

エピステモロジー、つまり認識論とエピステミクスの研究対象は同じであるが、両者の視点は逆である。エピステミクスの目的は自己の内部から外部に向けられた主観的見解の形成であり、認識論の目的は外部から内部に向けられた科学的見解の形成である。エピステミクスは認識論の中核であり、認識論はエピステミクスを包む、という点で両者は切り離せない。両者からもたらされるものは、個別的、特例的な脳と集団的、社会的な脳の間の不可避の相互作用である。

プラトンは、デルファイのアポロ神殿の二つの銘文――〝汝自身を知れ〟と〝なにごとも多すぎることはない〟――について記している。後の銘文は〝知識に過剰はない〟と言い替えてもよい。プルタークは〝他のすべての教訓〟がこの二つの銘文から出たものならば、両者が互いに矛盾するはずはなく、自己についての知識は汲みつくせない、という暗黙の前提がなければならない、という。大脳辺縁系の主観的機能に触れたこの本の終りのところで、われわれはデカルトの〝幻想〟と混同されてはならない主観のはたらきについて考察する。そこは、脳に関する知識の空白のために哲学者たちに見過ごされた認識上の袋小路になっていたところである。その袋小路を突破する道が発見されるまで、われわれはオックスフォードの詩人ウィリアム・モリスとともに〝これですべて？〟――『洪水の中の積みわら』（一八五八）――と問い続けなければならないだろう。

2 脳研究の新しい展開

〃時の経過とともに理性への過大な信仰が失なわれ、人間の心が関与する問題に対する論理の無力さや知識の不足が感じられるようになった〃 ——ジョージ・ブール著『思考法則の研究』(一八五四)

2・1 ▼三位一体脳モデル

脳という言葉から、多くの人は脳を覆う皮質を思い浮かべる。ジョン・ロックは、人間の脳は生まれたときは白紙であるが、経験と学習によって知識がそこに書き込まれていくと考えた。それから二〇〇年後のパブロフによる条件反射の実験は、大脳新皮質が経験と学習の座であり、ロックのいう白紙であることを示した。伝統的な心理学も、この新皮質が学習や言語表現の能力を備えていると考えている。また、ある標準的な教科書は〃すべての人間行動は学習されたものである〃と書き出し、脳のはたらきの中心を学習と行動においている。

文化人類学の分野でも、大脳新皮質によって人間の文化が生まれ、記録され、世代間に伝えられると考える学者は少くない。ここでも人間の文化活動に果たす学習の役割が想定されている。〃人間の文化は人間から学んだものである〟ということが想定されているといってもよい。

しかし、現存する爬虫類と化石標本を比べてみると、今まで見えなかった爬虫類から前期哺乳類を経て、哺乳類から人間にいたる大脳進化の姿が見えてくる(図2・1)。爬虫類の時代、前期哺乳類の時代、新哺乳類の時代。それぞれの時代に発達した脳は、構造的にも化学組成の上でも、また進化の歴史からいってもまったくかけ離れているにもかかわらず、人間の脳の中でそれぞれの独自の重い役割を果たしながら、三位一体となった神経組織を形成している。このことから、人間の心理学的、行動学的特質は三つの脳——爬虫類脳、前期哺乳類脳、新哺乳類脳——の相互作用として理解されることが期待される。三つの脳はそれぞれの主観と知性と記憶と行動計画と時空感覚をもっているが、ここでは三つの脳をその代表的な役割から、発生順に反射脳、情動脳、理性脳と呼んでおく。

図2・2は、三つの脳の全体が処理し生み出すことができる情報の量は、三つの部分が独立に処理し生み出す情報量の総和より大きいことを示す。三位一体脳という私の命名には、図2・2に示される情報論的側面のほか、三つの部分がそれぞれ独立にはたらくことができるという別の側面も同時に考慮されている。

三位一体脳という表現から、三つの脳が地層のように重なった構造や、人間の脳の中に埋め込まれた爬虫類の脳を思い浮かべるかも知れない。しかしそれは最新式の自動車が最初の自動車と同じエンジンをもっていると想像するのと同じまちがいである。

2・2 ▼用語の操作論的定義

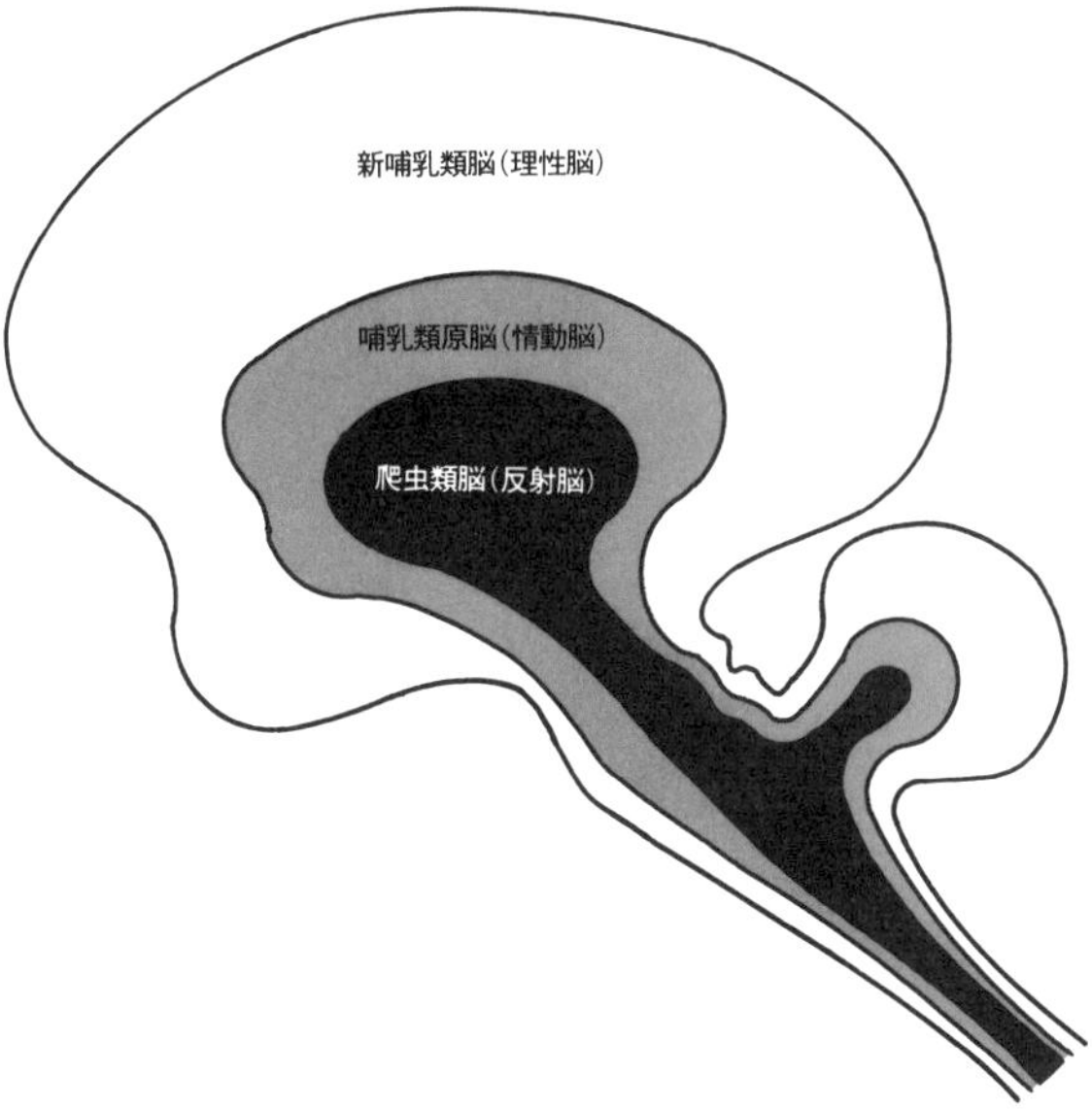

図2·1▶"三位一体脳"。進化の過程で人間の前脳は爬虫類、前期哺乳類、新哺乳類から解剖学的、生物化学的構成を引き継いだ三つの基本構造を発達させた。三つの構造は終脳と間脳からできている前脳半球のレベルの断面で示してある。MacLean(1968)。

言葉をもたない二つの脳――情動脳と反射脳――が参加する三位一体脳は、人間の知的活動の主観的、非言語的、前言語的、操作論的側面に光を当てる。

――**主観的経験**――

主観的経験は個人の人格形成にとって本質的である。主観的経験のほかに自分の存在を確かめる方法はない。この経験は情報のひとつの形にほかならず、ウィーナーのいうようにエネルギーでも物質でもない。しかし情報――たとえば意志や感情――の脳内での伝達や生物個体間での交換にはエネルギーと物質の変化や移動がともなう。

――**事実**――

〝事実〟とは、一定の手続きを経て、多数の個人的主観によって、現実であり真実であると認められた対象である。しかし、現実世界は、ロッククライミングをする登山家にとっての、ハーケンの打ちどころのない岩壁のようにわれわれの前に立ちはだかる。

――**非言語的情報伝達**――

主観的経験が〝事実〟になるためには、それが伝達されて多くの人びとに共有される必要がある。ハーバードの物理学者であり哲学者でもあるブリッヂマンは、人間の情報伝達は主として言語による、という一般的な考えに同意しているが、言語によらない伝達は否定的な響きをもつ非言語的伝達と呼ばれることにより、不当に低い地位をあたえられてきている。

一方では、行動主義者たちは、言語的伝達よりも非言語的な伝達の方を重視している。たとえば、心理学者、行動学者、生態学者、環境計画の専門家、動物学者たちに別々に、言語的伝達と非言語的伝達の重要度を四角形の面積の大きさであらわしてもらうと、みな非言語的伝達の方を言語的伝達の三倍くらいに描く。ところが、このように専門分野ごとに得られた結果を他の分野の専門家に示すと、いずれも、それは定量的な比較ではないと批判する。しかし、われわれが自身の配偶者や友人や協力者や自分の属する組織の一員を選ぶときや陪審員のひとりとして評決に加わるとき、同じことをしているのではないだろうか。言語的に伝達できる心の部分は非言語的に伝達される部分に比べると氷山の一角にすぎ

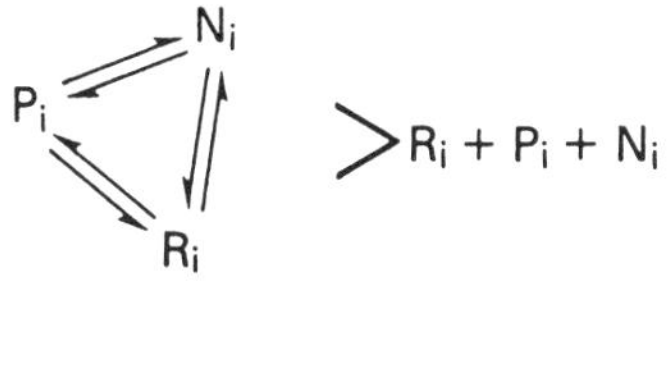

図2・2▶三つの脳……爬虫類原脳(R)、哺乳類原脳(P)、新哺乳類脳(N)……の相互作用から生み出される情報は、個々の脳が生み出す情報Ri、Pi、Niの和よりも大きい。

ないのである。

――前言語的情報伝達――

前言語的情報伝達は、フロイトのいう一次伝達と部分的に照応する。前言語的情報も、伝達のためには人間の言語がもつような分節構造や構文の規則をもつことが予測される。このような問題は、動物行動学の主要テーマのひとつである。

人間の前言語的情報伝達と動物の表現行動の間には多くの類似点がある。しかし、動物の表現行動は〝プロセマティック〟と呼びたい。ここで〝プロ〟は予備的であることを示す接頭語、〝セマ〟は目印、前兆、表象をあらわすギリシア語である。プロセマティックな情報伝達には音声、動作、化学信号(匂い)などが使われる。

動物の表現行動は、個体維持と種族保存という、すべての動物種に共通な部分と種に特有な部分に分けることができる。

個体と個体が交信可能な距離に近づくと情報の発信側と受け手の間に引力または斥力がはたらく。ひとつの個体が発信者と受信者を兼ねることがあり、たとえば自分の体臭(化学信号)から逃げようとしたりする。

――前言語的思考――

人間の(1)無意識的、日常的、定型的、習慣的行動と(2)情動的行動を支配している前脳のはたらきを前思考

——プロトメンテイション——と呼ぶ。⑴は反射脳の、⑵は情動脳のはたらきであることを示すのが本書の大きな目的である。

人によっては、理性と情動を分けて考えることに反対する。ラファエル・デモスはプラトンの対話篇への序文の中で、プラトンが理性を〝情熱に導かれた確信〟であると考えていたことを重視している。遺伝的認識論センターを創設したピアジェは、精神のはたらきを感情と理性に分けることほど見当ちがいはない、両者はすべての人間行動において分離できない相補関係にある、と述べている。

相関関係にあることは確かであるにしても、感情と理性が脳の異なる組織によって別々にはたらくことができることも事実である。この事実は認識論にも大きな影響をおよぼす。

2・3▼脳の臨床比較神経行動学

一定の構文規則をもつ言語や数学記号のようなシンボルを用いる論理的思考と異なり、前言語的精神作用では脳への情報入力と反応の間に論理的つながりを発見することは困難である。前者は脳生理学者の関心が少なく、後者はデカルトが研究対象から除いた領域である。デカルトが対象にした合理的思考への情報入力は、人間の感覚器官に受けいれられ、人間社会によって一定の意味をあたえられた情報であるが、前言語的精神作用への入力は、個人が育った文化的環境や生活状況によって一様ではない。前心理学的過程の研究が、脳内過程として脳神経化学的、神経生理学的、神経解剖学的研究を必要とする理由である。その第一歩が臨床比較神経行動学的なアプローチである。

3 中枢神経系と前脳の役割

前脳は三位一体脳の舞台である。前脳のはたらきを考える前にその解剖学的な定義をあたえておく。

3・1 ▼前脳の発生

中枢神経系の発生初期に着目して脳の諸領域を命名するのが自然である。まず脳と脊髄の〝竜骨〟を外胚葉の厚みをもつ帯状領域におき、これを神経板と呼ぶ。その中心線の両側は成長しながら立ち上り、一本のみぞをとり囲む形の二筋の並行な神経隆起をつくる。この隆起はさらに成長し、湾曲して溝の上で出合い、神経管を形成する。人間の胚では、約四週間後に四ミリほどの長さになると神経筒の前方にそれぞれ前脳、中脳、菱脳と呼ばれる三つの脳胞が形成される。図3・1a、bに背面と側面からみた脳胞の位置を示す。約六週間後に胚が六ミリほどになると前脳は終脳と間脳に、菱脳は後脳と髄脳に分化し、脳胞は全部で五つになる(図3・1c)。後脳から分化したふくらみのひとつは橋と小脳になり、あとのひとつは延髄になる。前脳の終脳部分は左右二つの半球に分かれ、間脳を包みこむ。本書で終脳と間脳を合わせて前脳と呼ぶ。大脳は終脳、間脳、中脳の総称であるが、狭義には終脳を指す。

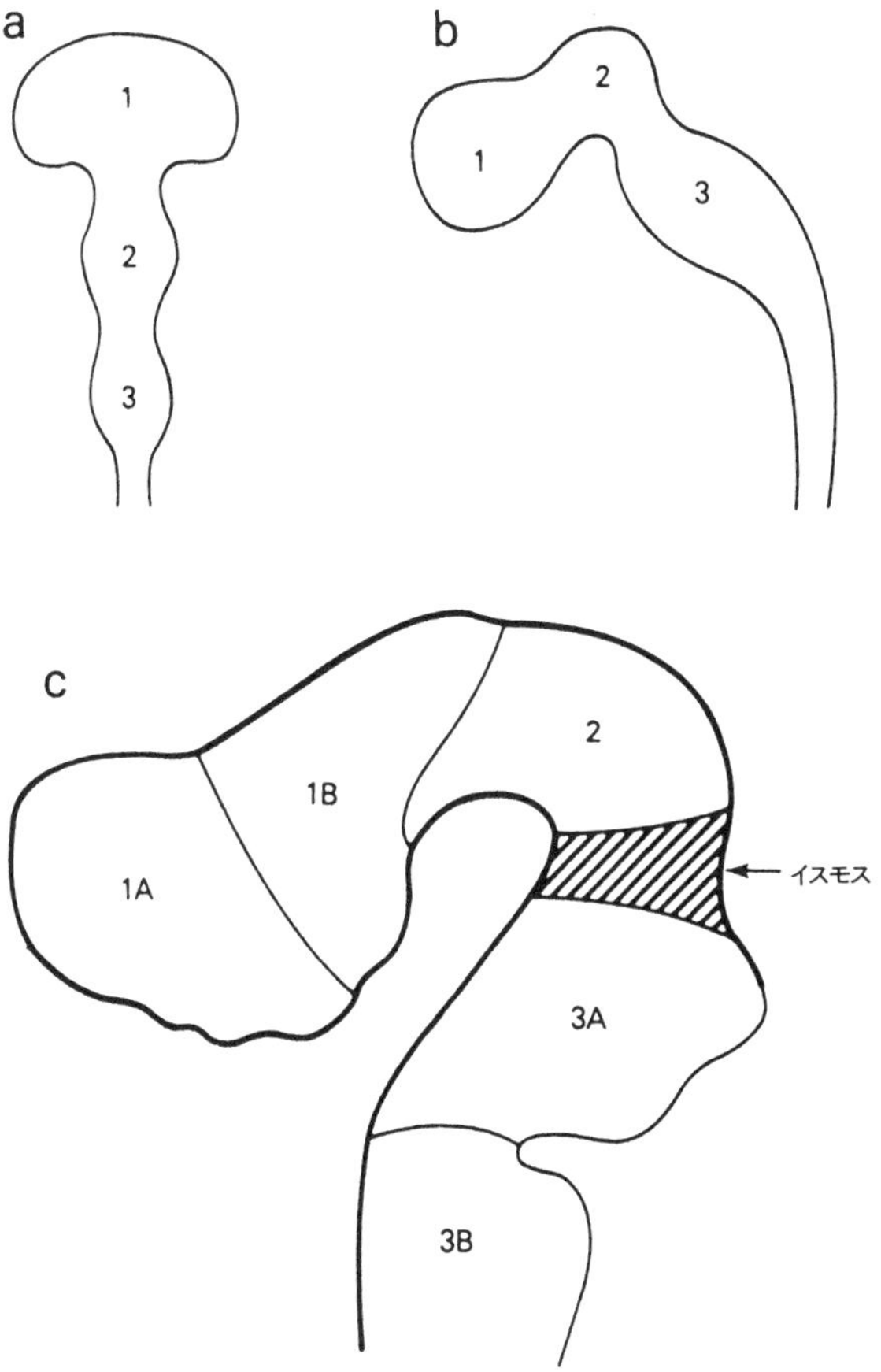

図3・1▶ 発生初期の脳の区画化。(a)、(b)はそれぞれ背側、側方からみた三つの膨らみである。三つの膨らみから(1)前脳、(2)中脳、(3)菱脳が形成される。人間の胚では約4週間後にこの膨らみがはっきりしてくる。その6週間たらずののちに(c)に示すように、前脳は終脳(1A)と間脳(1B)に、菱脳は後脳(3A)と髄脳(3B)に分化する。本書でとりあげるのは前脳、とくにその終脳部分である。図で斜線部分はペロポネソス半島とギリシア本土を結ぶコリントの都市の名をとってイスモスと呼ばれる。His(1904)およびVilliger(1931)より。

3・2 ▼前脳と動物行動

実験の結果、爬虫類の前脳は自発的な、そして方向づけられた行動に関係していることがわかる。脳の他の部分、つまり中脳、後脳、脊髄は体勢の維持、運動、個体維持と種族保存行動の統合に本質的な役割を果たしている。

❖魚の場合

魚のように前脳が中脳よりも小さい動物の観察は行動進化を考える上で興味深い。図3・2の左側は真骨類の魚の脳を示す。この魚の前脳を切除すると、魚は一直線上を泳ぎ続けるが、障害物は避けることができる。一定方向に泳ぎ続けるのは水環境からの一定の持続的な刺激のためであるという考えもあるが、たとえばノーブルは、前脳の切除によって集群行動や闘争や生殖行動がみられなくなることを発見した。条件反射による学習能力の喪失も観察されている。

❖両生類とより進化した動物の場合

両生類の段階まで進化すると、前脳は中脳よりも大きくなる。さらにトカゲのような爬虫類になると図3・2の右側のように前脳と中脳の大小関係が魚の場合の逆になる。過去一世紀の間、魚から爬虫類までの脊椎動物の前脳半球の切除と行動変化の関係が調べられた。イギリスの生理学者サー・デビッド・フェリエ（一八四三―一九二八）は、彼の古典的な総合報告（一八七六）の中で、切除の影響のうち自発運動と検索行動の喪失を強調し、たとえば魚類と爬虫類の中間の両生類を代表するカエルは、前脳両半球の切除後通常の平衡姿勢の維持に固執するようになった、と書いている。〝カエルは裏返されると元の姿勢に戻ろうとし、足を拘束すると跳ね出し、水に入れると器の向い側まで泳ぎ渡って対岸にはいのぼったところで静止する。また背中をそっとたたくと鳴き声を出す。結局、前脳の切除は動物の通常の行動には大きな影響をもたらさない〟。

〝しかし〟とフェリエはいう。〝ひとつの非常に重要な変化が認められる〟。〝前脳をもたないカエルはそのままにしておけば永久にもとの場所に静止を続け、早晩ミイラになるだろう。自発的な運動はみられず、過去の記憶は失われ、危険が迫っても避けようとしない……食糧に囲まれながら飢えてしまう。

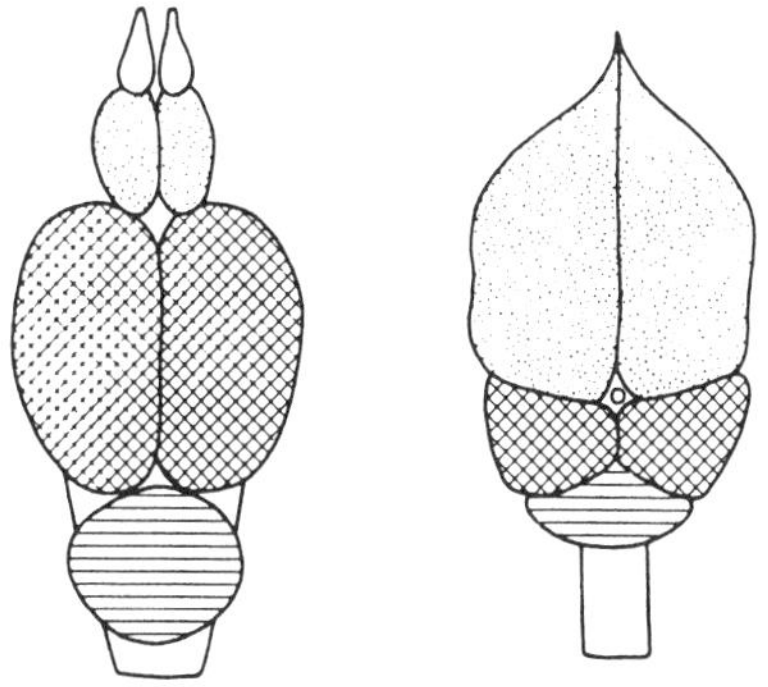

図3・2▶ 魚類と爬虫類の前脳の比較。魚類では視蓋（斜線）は前脳（付点）に比べてはるかに大きい。両生類になると両者の大きさは逆転し、爬虫類では両者の大きさの比は魚類の場合の反対になる。水平線で示す部分は小脳である。魚類の脳の先端にある嗅覚球は爬虫類ではずっと前方にあり図には示されていない。2〜3フィートのカワカマスの前脳の大きさは約3ミリ長、指くらいの長さのアオツノトカゲの前脳も約3ミリである。

しかしギリシア神話のタンタロスとはちがって、悩みも苦痛も欲望をみたそうとする意志ももたない〟。カエルのほかにハト、ブタ、ウサギについても同じ実験が繰り返されたが、結果は同じだった。

フェリエは爬虫類の実験をしていないが、ゴルドビーはトカゲが最初におかれた位置を変えず、自発的な餌をとることもなかったことを報告している。しかし、トカゲを刺激すると正常に歩き、走ることができたので彼は前脳の切除はトカゲの運動能力に影響しないと結論した。

❖肉食家畜

フェリエはイヌやネコのような高等動物については観察結果を報告していない。前脳の切除手術のショックで動物たちが死んでしまったからである。死後の解剖で、前脳の切除が不完全であったことがわかった研究例もある。アメリカの高名な神経解剖学者ジャドソン・ヘリク(一八六八―一九六〇)は、そのような諸例に触れたあと、ロスマンの一九二三年の有名な観察を引用している。〟このイヌは食物を探し、障害物を避け、高度の感覚器官をもたないだけのイヌとして振る舞う〟。一方でヘリクは、前脳を完全に除かれてのち三か月生存していた例(一九二四)を引用して次のように書いた。〟このイヌは自発的には立つことも歩くこともないが、体の内外からあたえられた刺激――膀胱の充満、空腹、体外刺激――に対しては休止することはできず、立ち上って頭を下げ、走りまわり、障害物に突きあたると立ったまま、あるいは倒れた形で静止し、新たな刺激があたえられるまでは動き出すことはなかった。ひとくちにいって、前脳を失なった動物は死ぬまで学習することはない〟。

前脳を切除されたあともっとも長く——一年間——観察されたネコの例（一九三七）でも、カエルや鳥やウサギやイヌと同様に運動の自発性が失なわれ、身のまわりの検索や求餌行動はみられなかった。また、〃つめみがき〃行動以外の体の手入れをする気配はなかった。喜びの表現もみられなかったが、からかいに対しては方向性のない怒りの動作があらわれた。

前脳を失った動物は眠りや歩行のほか、種に特有の正常な排尿、排便行為をすることができるが、自身を清潔にする行為はみられない。発情期にあるメスのギニアブタは、求愛行動をとらないかわりに、オスが鼻をこすりつける動作を受入れ、交尾にいたった。

❖コメント

前脳は、すべての脊椎動物の自発的な、方向づけられた行動を支配している。残りの脳組織は生命維持のための神経装置である。この神経装置を自動車にたとえると、前脳は運転手である。運転席には三人の運転手がいると考えるのが三位一体脳モデルである。

4 自律神経系と大脳辺縁系の役割

前脳の〝三人の運転手〟に導かれる中枢神経系は、個体発生の初期の神経管から発達したものであるが、この中枢神経系の各部位から発生して体表や体内の末端器官に達する神経線維の系が末梢自律神経系――感覚神経系と運動神経系――である。

4・1 ▼自律神経系の同化・異化作用

脳の自律的機能に関する最初の記述は、クラウディウス・ガレノス（一二九-二〇〇）の解剖学に関する著作の中にある。小アジアに生まれたガレノスは、アレキサンドリアの医学校に学び、のちにローマでマルクス・アウレリウスの侍医をしたこともある。

彼は脊椎動物の脊柱の両側に頸椎から尾骨まで伸び、ところどころに神経節と呼ばれるふくらみをもつ二本の神経の存在に気づいた。彼はさらに神経節から分岐して内臓に達する神経線維を発見した。彼は二本の神経はのちに迷走神経として知られる大型の神経によって脳につながり、のちに白色分岐と呼ばれる神経によって脊髄につながっていると考えた。ガレノスは神経線維は〝動物の魂〟を通す中空管であると信じ、内臓は脳から直接に〝精妙な〟感受性を、脊髄からは運動性をあたえられると結論した。

イギリスの解剖学者ウイリス（一六二一―一六七五）は二本の神経を肋間神経と呼び、それが迷走神経によって〝小さな脳〟につながっていると考え、〝小さな脳〟は内臓の動きを、大脳は身体運動を意識的に制御する〝動物の魂〟の貯蔵所であると信じた。

肋間神経はどうして交感神経と呼ばれるようになったのだろうか？　一八世紀にデンマークの解剖学者ウインスロー（一六六九―一七六〇）によって書かれた教科書には次のように書かれている。〝これらの神経は通常肋間神経と呼ばれているが、私は他の主要な神経との頻繁な交信状況からして交感神経と呼びたい〟。彼はギリシア人にならって、これらの神経が身体の各部分間に〝共感〟を伝えると信じたからである。彼はこれらの神経のところどころにふくらみをつくる神経節群を〝多数の小さな脳〟と呼んだ。

一八〇〇年に、フランスの若い生理学者ビシャ（一七七一―一八〇二）は、その後一〇〇年以上にもおよぶ影響を生理学と心理学の歴史のうえに残すひとつの考えに達した。彼は神経節が脳や延髄とは独立に内臓と感情を制御していると考えたのである。ビシャはアリストテレスにならって、動物は〝有機的〟生命と〝動物的〟生命から成り立っていると考えた。内臓の不随意運動を制御し、内的要求にこたえるのが有機的生命であり、外界への意識的適応を可能にするのが動物的生命である。ビシャは次のように書いている。〝外部機能――感覚、運動、発生――は神経系の支配下にあり、内臓の内部機能は神経節から分岐した神経の支配を受けている……。私は今後神経系を二つに分けたい。ひとつの脳から発する系と多くの神経節から発する系である〟。

ビシャは彼の著書『生と死の生理学的研究』の中で、情動、たとえば怒りがおよぼす心臓や血液循環への影響、悲しみのおよぼす呼吸への影響、憤りのおよぼす胃への影響などをあげ、〝情動は内臓から生まれ、随意運動を制御する神経系とは独立した多くの小さな脳――神経節群――の支配を受けている〟と書いた。近代実験医学の祖とされるクロード・ベルナール(一八一三―一八七九)は次のように語ったといわれる。〝ビシャの考えは生理学と医学に革命をもたらした……彼の同時代人のアイデアや試みのすべてはビシャの残響、または言い換えにすぎない〟。

ガリレオにはじまる物理科学では、環境の影響を考察対象から限りなく除いていくことが望まれる。アメリカやフランスでの革命は、人間を束縛から解放することを目的とした。しかしビシャが指摘した不随意的な情動を支配する神経系の存在のために、人間が内部から生まれる情念から部分的にせよ解放されることを期待できるまでに百年以上経過した。ビシャの影響を強く受けたフロイトは、今日心身症と呼ばれる内臓の異常の原因を脳――情動脳――の異常に求めることができなかった。

一九世紀の後半になって、二人の英国の研究者――解剖学者のガスケル(一八四七―一九一四)と生理学者のラングレー(一八五二―一九二五)――はビシャの考えに反して、交感神経は延髄から発していることを確認した。とくにガスケルは電気信号(パルス)が延髄から内臓に向かって流れ、その反対には流れないことを発見した。

ガスケルはさらに、脳幹下部と脊髄から延髄、胸腰部、頭仙部に分岐する三つの主要な神経系の存在を明らかにし(図4・1)、次のように述べた。〝すべての組織がたがいに反対のはたらき――同化と異化――をもつ二種の神経――頭仙部からと胸腰部から発する――で結ばれていることがいずれ実証されるだろう〟。

その数年後にラングレーは、神経節の脊髄側にある白色分岐を刺激して神経伝達が脊髄から内臓に向かう

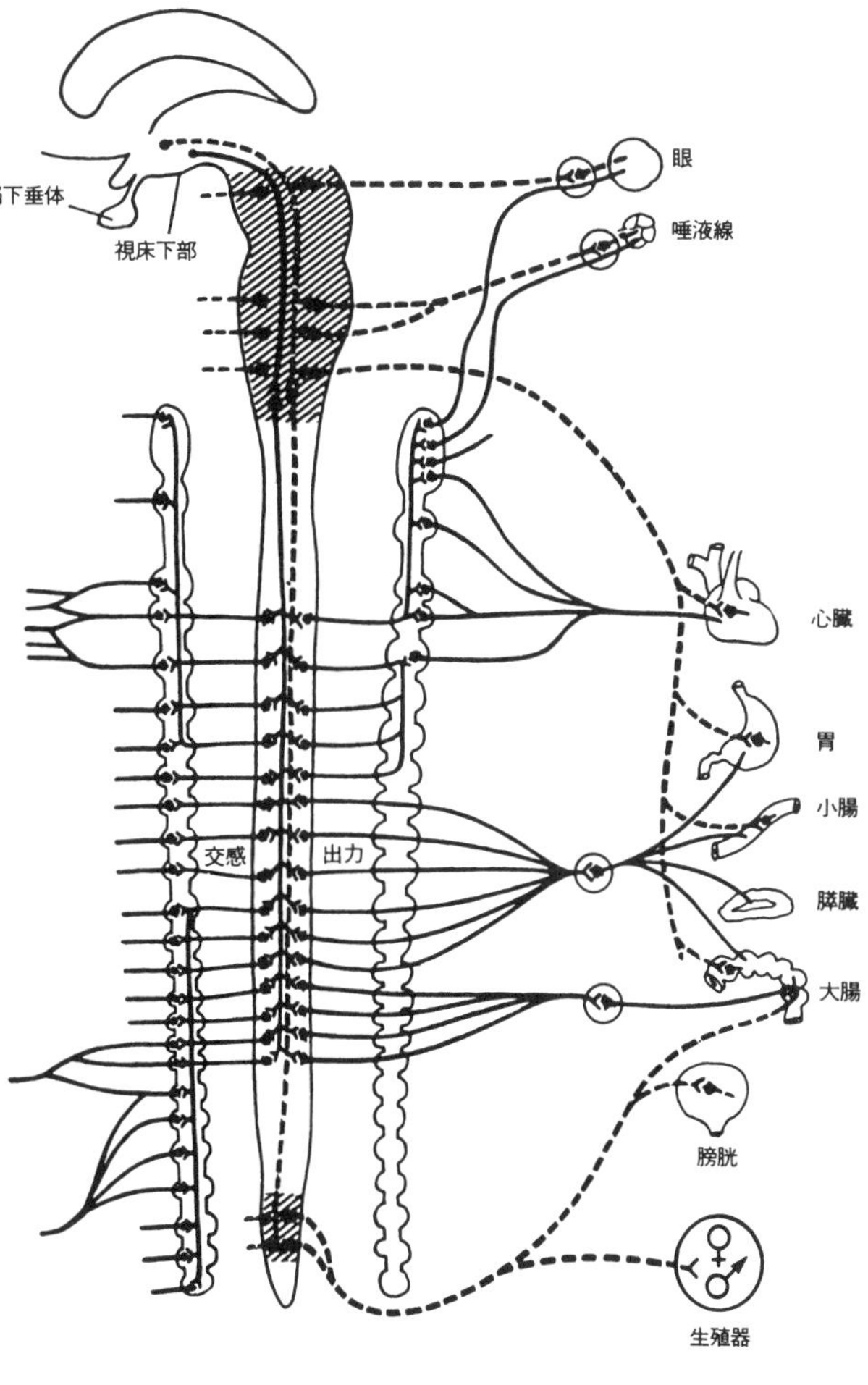

図4·1▶ 自律神経系の概略図。斜線部は頭仙部副交感系出力部。交感神経系は12本の胸部神経と3本の腰部神経からなる。内臓への供給は右側に、血管や汗腺や毛穴筋への出力は左側に示す。Gardner(1959)。

ことを確認した。ラングレーはまたディキンソンとともに神経節ごとの伝達を調べるため、神経節にニコチンを塗って刺激の伝達を封鎖してみた。しかし神経節の内臓側にある灰色分岐から内臓に向かう刺激伝達が認められたためラングレーは身体の各組織に向かう自律的調整のための神経網の存在を知り、白色分岐を前神経節、灰色分岐を後神経節と名づけた。

一九世紀末までに、生理学者たちは、たとえば交感神経鎖の上部の刺激が心臓の拍動を速め、迷走神経の刺激は拍動を抑えることに気づいていた。一八九五年にオリビエとシェファーは、副腎線から抽出したグリセリンの注射によって脈拍と呼吸が速くなり、体温が下がることに気づいた。エリオットは一九〇四年に、このグリセリンの活性成分——ホルモン——を分離してアドレナリンと名づけ、その胸腰部神経の刺激作用を確認した。その少しあと、デールは麦角の抽出物(アセチルコリン)が頭仙部神経を刺激することを発見した。

ラングレーは胸腰部に達する神経系を交感神経に〝次ぐ〟系であるとして副交感神経と呼んだ(図4・1)。ラングレーは交感神経と副交感神経のはたらきを〝自律性〟という言葉で総括し、次のように書いている。

〝神経系の全体としてのはたらきを総括する言葉をみつけたい。〝有機的〟、〝植物的〟、〝神経節的〟、〝不随意的〟、という言葉はすでに使われているが、われわれが望む意味にはふさわしくない……〟。

〝内臓的〟は皮膚に接する神経には使いにくい。私はジェブ教授の示唆に従って〝自律的〟という言葉を使いたい。この言葉なら収縮性細胞、非線条筋、心筋、分泌腺やこれらをつなぐ神経細胞や線維にも使うことができる。

結局、すべての身体組織は、立毛筋と汗腺を別にすると、自律神経の相反する二つの系——交感神経と副交感神経――の支配下にあることがわかる。

4・2 ▼自律神経系の同化・異化作用と情動

古生物学的証拠から、単細胞生物の起源は少なくとも三〇億年前まで遡ることができる。この単細胞は、栄養物質の持続的なとり込み(同化)と老廃物の排出(異化)によって生命を維持する。多細胞生物も基本的には同じであるが、脊椎動物になると個々の器官ばかりでなく、生命体全体の維持のための特別な末梢自律神経があらわれてくる。

同化と異化のはたらきは、生物個体ばかりでなく、生物個体の社会集団の中にもみられる。つまり、ひとつの社会集団はあるタイプの個人を同化し、別のタイプの個人を異化する。このとき、同化と異化を判断するのは個体間で交換される前言語的情報を読みとる大脳辺縁系――前期哺乳類脳――のはたらきである。たとえば鳥類の立毛や哺乳動物の鳥肌のような体温の調節機構は、進化の過程で――辺縁系の形成とともに――外敵やよそものに対する威嚇や攻撃のために、つまりあるタイプの個体の無意識の同化と異化のために使われるようになったのである。ネコやホエザルの排尿、排便行為も特定の個体の異化のために利用される。人間の瞳孔の拡張も同じ意味をもっている。

脳の元来の役割は、動物の個体維持と種族保存に必要な外部世界と内部世界の情報を検出、分析、統合して動物に反応指令をあたえることである。このとき、大脳辺縁系は情報を生物学的重要度によって増幅したり抑制したりする情動を生み出す。情動自身はただちに筋肉運動に結びつかないが、自律神経を通して生物体の内部に長期的な痕跡を残す。この痕跡も、生物の内部世界をつくる情報のひとつである。

5 反射脳の構造とはたらき

ドイツの神経学者ルドヴィヒ・エディンガー（一八五五―一九一八）は、爬虫類、鳥類、哺乳類の前脳の基底部に、ある共通の構造が存在することを発見した（図5・1）。この構造は、他からはっきり区別できる解剖学的構造と化学組成をもち、陸棲の脊椎動物の〝共通分母〟となっている。陸棲脊椎動物にとってのこの構造の重要性が早くから予感されていたが、最近まで、小脳の支配下にある運動器官としてしか考えられていなかった。この組織の灰白質の相当部分の切除によっても運動機能にほとんど影響しないことが実験的・臨床的に明らかになったのは最近のことである。この構造の支配をもっとも強く受けているとみられる爬虫動物の神経行動学的観察から、この構造のはたらきを明らかにし、人間の行動や前言語的心理過程に果たす役割を考えることは、本書のおもな目的である。この構造が爬虫類原脳であり反射脳であるが、本書では爬虫類（reptile）の頭文字をとってR-複合体とも呼ぶ。

5・1 ▼反射脳の構造

陸棲脊椎動物の前脳基底部の終脳から間脳への移行部分にまたがる神経の結び目のようにみえる核群の中

心部分が反射脳である。高等霊長類では線条嗅覚領（嗅球と側位核）、線条体（尾状核と被殻）、淡蒼球、黒質を指し、人間の大脳では灰白質の四分の三を占める。図5・2は、もっとも大きい二つの核、尾状核と被殻の断面を示す。いずれもその形状——尾をもつこと、笛状貝殻に似ていること——から名づけられたものである。これら二つの核は基本的には同じ内部構造をもち、そこから出発している神経線維束の外観から線条体と総称される。

図5・3は、リスザルの脳の淡蒼球を経由する線条神経束を示す。現在のところ、淡蒼球のどの部分が終脳または間脳に由来しているか明らかでないが、視床下部の脊側部は間脳に由来するものと考えられる。淡蒼球の後背部には、発生的により古い線条嗅覚領がある。

5・2 ▼反射脳と動物行動

研究者によって動物の行動様式の比較表を〝行動表〟、〝エソグラム〟、〝バイオグラム〟などと呼ぶ。行動表は遠方からみた山脈を特徴的な峯の一覧表で表現するのに似ている。実験法によって山脈の形が変わり、いくつかの峯が消えることもあらわれることもある。以下では爬虫類の行動を二つの山脈で表現することにする。ひとつは動物の定型的日常行動で、他のひとつは警報、挑戦、恋愛、服従の四つに大別される動物個体間の交信行動である。さまざまな地上動物の行動様式が比較的少数の基本型から構成されていることは興味深い。表5・1に個体維持と種族保存を含むトカゲや他の爬虫類の行動の基本型の一覧表を示す。

実験対象としてのトカゲの選択

これまで動物行動学者の関心が魚類や鳥類に向けられても爬虫類にほとんど向けられなかったことは不思議である。比較行動学の観点からは、爬虫類が他の動物と同じ行動様式を共有するかどうか考えないわけにはいかない。しかし、現存する爬虫類が哺乳類への移行型である哺乳類型爬虫類の直接の先行者でないことは残念である。初期の哺乳類型爬虫類の仲間のひとつの骨格は、トカゲに似ているので、現存する肉食のオオトカゲ(ヴァラヌス)にちなんでヴァラノザウルス(図5・3)と呼ばれる。ヴァラノザウルスの生活圏は現存のトカゲのものとほぼ同じであるとみられることもあり、他の古生物学的な理由もあって、トカゲをわれわれの神経行動学的考察の対象にすることにする。

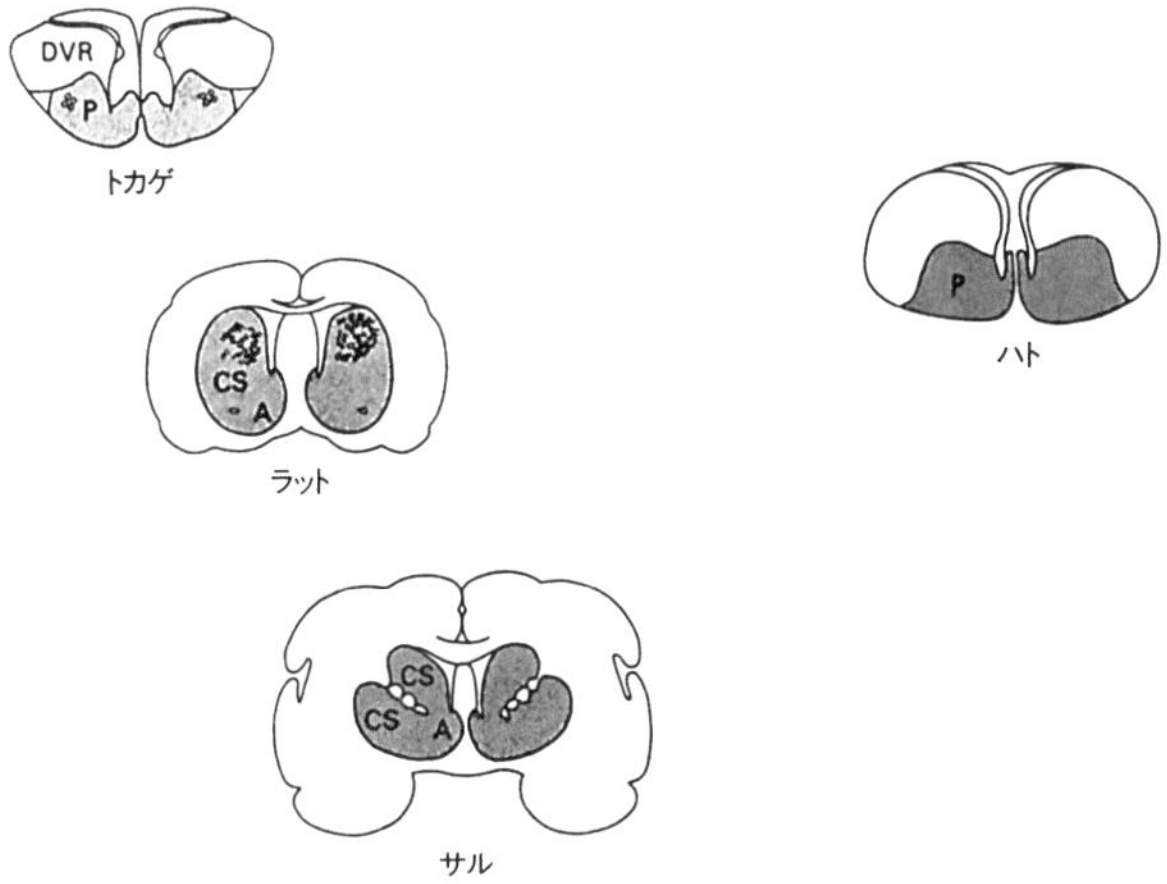

図5・1▶ クロリンステラーゼ染色法によって識別された陸棲脊椎動物の脳の“共通分母”。A＝側位核;CS＝線条体;P＝古線条領;DVR＝背部脳腔隆起は、爬虫類から鳥類と哺乳類を分岐させる“分水嶺”になる。Parent and Olivier(1970)より再構成。

表5・1にあげた行動の諸形式のうち、最初にあらわれる巣づくり、なわばり、生活圏維持などを一括して生活圏づくりと呼ぶことにする。生活圏づくりは動物行動のもっとも基本的な部分であるが、今までの動物行動学はなわばりという言葉の多用によって、動物行動の他の側面から研究者の注意をそらしてきたように思う。

―巣づくり―

巣とは動物が隠れ、休息し、眠る場所である。自分のなわばりをもつオスは、おおむね巣をなわばり内にもつが、このオスに従属するメスやオスはなわばり内にそれぞれの好みの隠れ場所をもつ。

―なわばり―

なわばりの定義と役割はこれまで盛んに議論されてきた。家族や民族集団や国家が土地やその附属物の所有をめぐって何世代も争ってきたが、それが動物や人間の行動理論の書物にあらわれるようになったのは今世紀になってからである。

マーガレット・モース・ニースが「地主制度とその発展」(一九三三)という総合報告の中で次のように書いている。〝なわばりという言葉で連想される鳥類学者はイギリス人のエリオット・ハワードである〟。ニースは続けてコメントする。〝一八二〇年にナウマンが、一八六八年にアルトゥムが、なわばりの基本原理に気づいていたにせよ、その重要性の認識という点ではハワードの著書『鳥の生活となわばり』の徹底した考察にはおよ

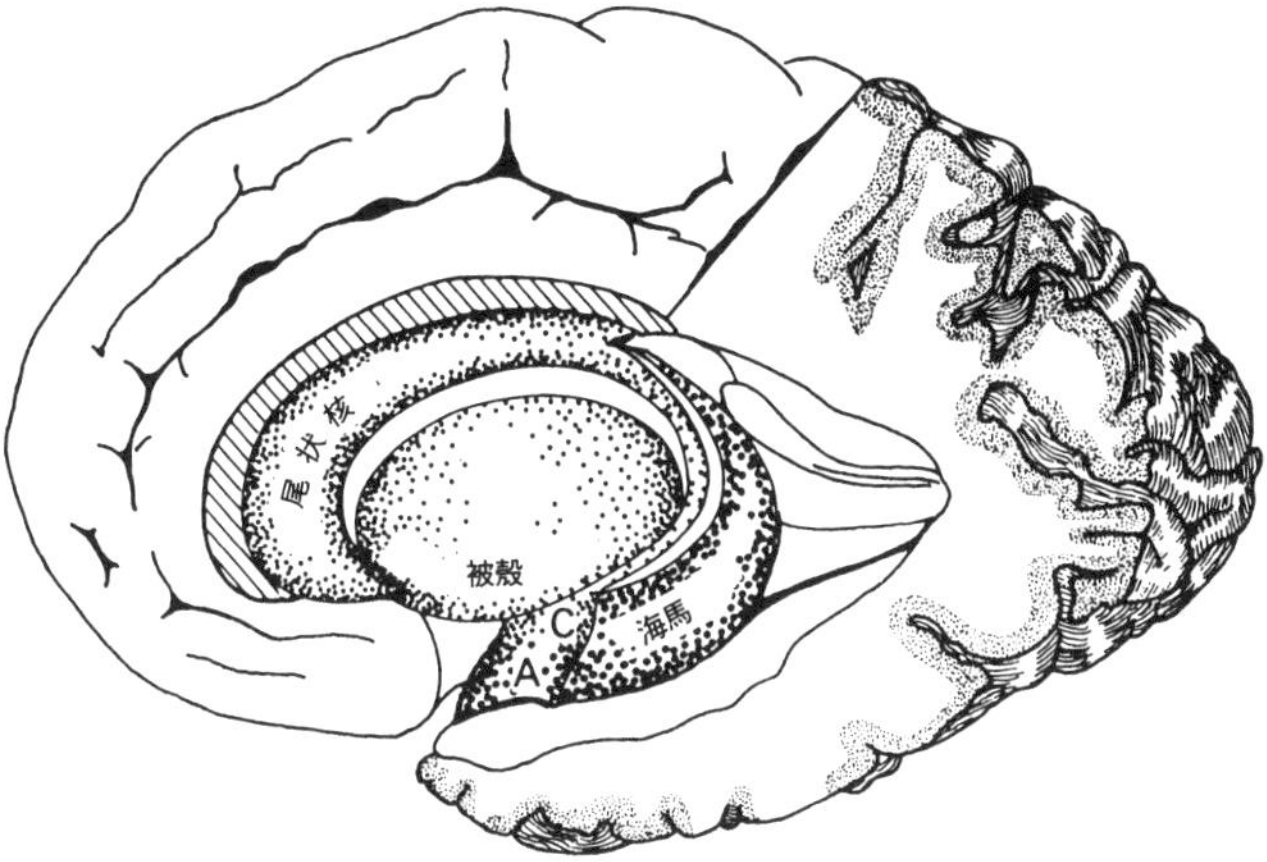

図5・2▶線条複合体の大部分を占める線条体（尾状核と被殻）の位置と形状を示す人間の大脳左半球の断面図。線条体は古皮質を含む海馬の一部と辺縁系に囲まれていることに注意。尾状核の尾の上にあるカニ状部分（Cと表示）は辺縁系の扁桃体（Aと表示）に連なっている。図5・3のリスザルの対応図と比較。Crosbyほか（1962）。

ばない〟。ハワードは、なわばりの役割はひとつがいの鳥が自分自身とそのこどもに食物を調達するのに適した空間であると考えた。このような空間を支配できないオスはメスを引きよせることができないのである。なわばり内は配偶と育児の空間である、というのがハワードの結論である。

エヴァンスは、トカゲのなわばり行動の野外研究をしたおそらく最初の学者である。ハワードも彼の本の中で、〝エヴァンスが高等脊椎動物のなわばり行動の研究を促す上で他のだれよりも強いインパクトをあたえた〟と書いている。

なわばりの初期の定義としては、〝配偶関係が結ばれる前後に闘争によって守られる空間〟というティンバーゲン(一九三九)のものがあるが、たとえばハリスはトカゲのように特定の配偶関係を結ばない動物種にはこの定義が当てはまらないことから、次のようなラックの定義(一九三九)を支持している。〝個体または個体とその配偶者によって侵入者から守られ、その所有者の自己表示の場となる孤立空間である〟。本書では、トカゲのなわばり行動には巣づくりのほか、捕食者から逃げるための複数の退避所やなわばりの表示に使われる複数の〝舞台〟などが含まれることが以下に例示される。勿論食物を得るための〝猟場〟も含まれる。

——行動圏——

ここでいう行動圏はなわばりよりも広く、餌場、猟場、給水場、日光浴場などを含む。テリトリとちがって、動物の常時監視の対象ではなく、半開放的であり、餌場も必ずしも固定していない。

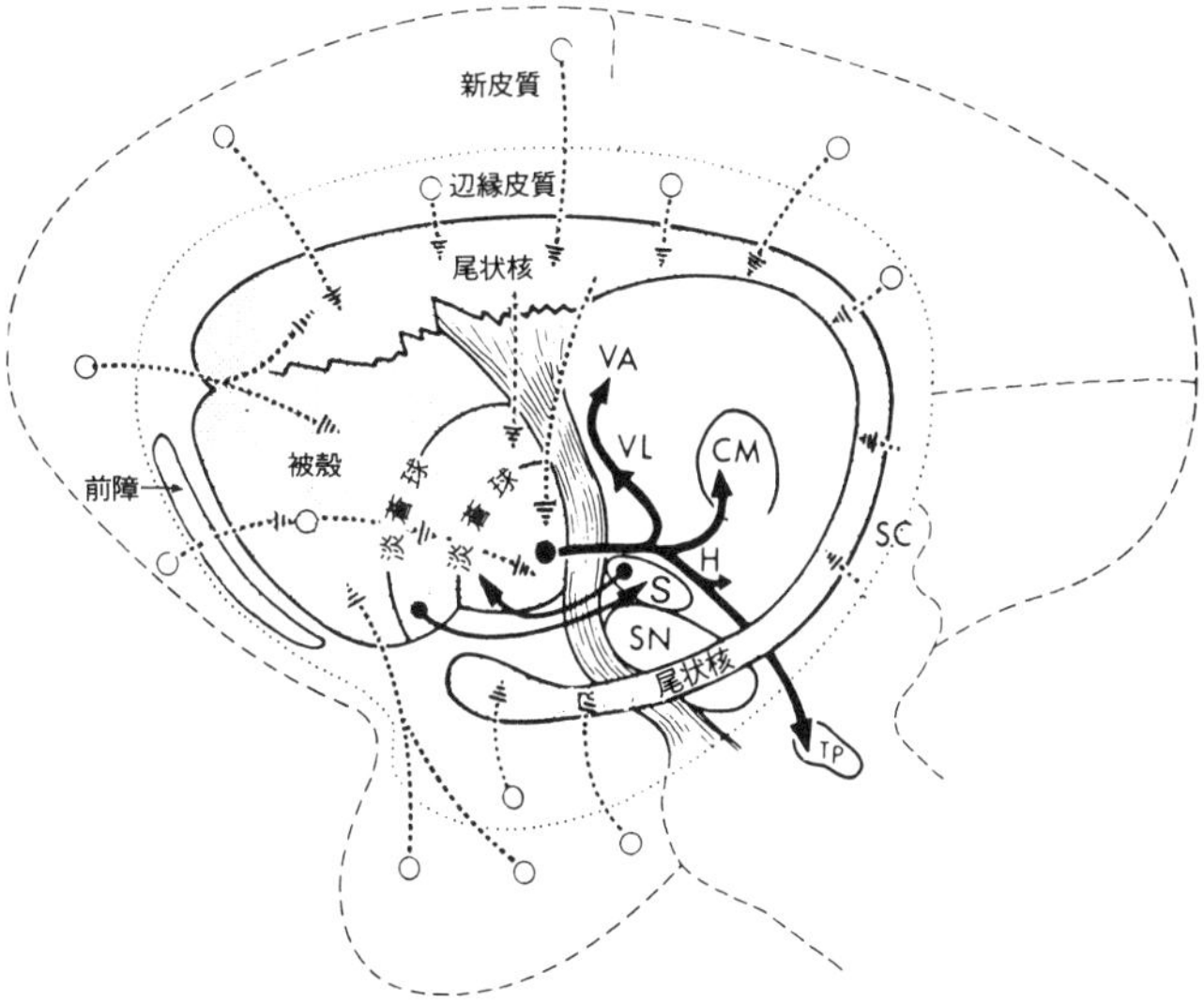

図5・3▶ リスザルの線条複合体(付点)と神経路の方向。複合体を囲む辺縁皮質と新皮質から出発する神経路に注意。太線は淡蒼球の中節から視床と視蓋に向かう神経路である。細線は淡蒼球の側節から視床下核(S)へ視床下核から淡蒼球に向かう伝達路を示す。嗅覚線条領は淡蒼球の前腹部にある。略号:CM＝視床正中部、H＝被蓋領、S＝視床下体、SC＝上丘、SN＝黒質、TP＝被蓋橋脚、VA＝視床前腹部、VL＝視床腹側部。Maclean(1972)。

——潜在的なわばり——

メキシコのクロイグアナのように、広い砂漠に離ればなれに暮しており、たがいの生活圏も重なり合うことのない動物にはなわばり行動も社会行動(個体間交信)もみられないと考える人がいるかもしれない。しかしエヴァンスは⑴岸壁によって護られた居住空間、⑵近辺に存在する豊かな食用植物、が同時に存在する場合には、クロイグアナはなわばり行動と社会行動をはじめることを観察した。この種のなわばり行動の〝一夜での〟転換はホモ・サピエンスを含む他の動物でもみられる。

エヴァンスは、メキシコのアカパンチンゴ村の近くの墓場の壁につくられた二二頭のトカゲのコロニーを研究した(一九五一)。図5・5にそのスケッチを示す。図5・6は卵型の玉石が動物たちの隠れ場になっていることを示す。エヴァンスはそこに社会の階層構造がみられるとしている。図5・5の右側上部に示す壁の北角にいる動物たちは階層をつくりながら豆畠と灌漑路を見下ろしている。それぞれは各自の石から日光浴をしたり外を眺めたりしている。文字Aで示すオスは豆畠に一番近い角を占有している。エヴァンスは次のように説明している。

〝この'タイラント'は壁に住む他のオスの頭を乗り越える権利を専有している。他のオスが不満の表示をみせると彼はアゴを開いて相手が石の隙間に逃げ込むまで威嚇する。タイラントに隣接する住人は同じような権利をもつがタイラントの領分を横切って豆畠に近づくことは許されない。

コロニーのどのメンバーもタイラントに妨害されることなく豆畠と水のみ場に近づくことができ、どのメンバーも他のテリトリを尊重する〟。

表5・1▶基本行動の実際例

居所の選択と準備
なわばりづくり
居所周辺の利用
好みの立寄り先の選定
通路づくり
なわばり表示
巡回範囲の選定
なわばり防衛意志の定型的身体表現
なわばり防衛の定型的闘争
なわばり防衛の定型的勝利表現
降伏意志の定型的身体表現
排泄場所の選定
餌探し
狩り
帰巣
ためこみ
社会グループの形成
儀礼的身体表現による社会の階層化
挨拶
身づくろい
定型的求愛行為
配偶行為
生殖行為、ときに子守り
集群行動
移動

冬の終り頃から春にかけての観察を通して、エヴァンスは、タイラントが壁を定期的にパトロールして壁の住民を威嚇するのを観察した。エヴァンスは、タイラントが砂漠でひとりで暮していた頃の習慣を反復しているのだという。壁の住人たちはタイラントに服従することにより、岩の間隙に安住して豊かな豆畠から食物を得ることができた。

なわばりの防衛と〝民族主義〟に関連してエヴァンスは、タイラントが外部からの強力な挑戦者におそわれた場合、タイラントばかりでなく住人の中の一、二頭の有力なオスも侵入者に反撃するという。

トカゲの反射脳が導くなわばり行動を含むこれらの定型的行動や動作は、同じ脊椎動物である人間の生命圏思想や集団成功体験の定型化と反復――儀式化――などの形で人間の行動にも投影されている。

表5・1にリストした二五の行動型のうち、はじめの二〇は動物一般の個体維持と種族保存のために必要な行動であり、爬虫類の発明とはいえないが、これらの行動は実行段階で次のような修正を受ける。(1)習慣化、(2)模倣、(3)定向選好、(4)反復化、(5)再演、(6)擬動作。たとえば擬動作は、なわばり防衛、狩り、配偶活動などの定型行動を成功に導くために爬虫類が発明した行動戦略であると考えられる。

―― 習慣づくり ――

アオツノトカゲやニジトカゲやコモドドラゴンの日光浴やなわばり監視などの生得的な定型行動は、なわばり内での集団的経験や個体が以前に属していたなわばり内での〝個人的〟体験によって修正を受ける。以前に成功した迂回路を通っての餌場からの帰巣や、なわばりの新しい支配者が昔のなわばりの古巣に寝に帰

図5・4▶初期の哺乳類型爬虫類ヴァラノザウルスのトカゲに似た外観(A)。骨格(B)より構成。Williston(1925)より。

るような例がそれである。

ガラパゴス島の他の仲間の定型的行動とは離れた習慣をもつ、一群のウミイグアナの例が報告されている。この一群は毎朝決まった時間に海岸近くの民家を訪れて〝朝食〟をとり、毎夕家の壁をのぼって天井裏で尾を垂れて休んだ。あるメスは毎朝五時半にあらわれて暖炉の煙突にのぼった。

多分動物たちは、偶然に出合った状況を生命維持にとっての〝生物学的好機〟ととらえ、生得的定型行動に〝先例〟をつけ加えたものと考えられる。さきのニジトカゲの例では、当初危険を避けるためにとられた迂回路が、のちに危険が除かれたあとも先例として若者たちに継承されたものである。

――模倣――

模倣は、動物の個体維持と種族保持に必要な種内情報交換のために不可欠な行為である。ひとつの生物種を、たがいに模倣し合う個体の集団と考えてもよい。たとえば二頭の同種のトカゲのオスがなわばりをめぐって争うとき、かれらは同じ動作を相手に示し合う。このとき二頭はたがいに同種のオスであることを相手に伝えているわけである。異種のオス同士が出合っても、たがいに相手の挑戦表示に応じない。

――集団模倣――

われわれの研究室で次のような実験をしたことがある。ひとつの大きな人工環境内に両端から中央に向かう二つの枝をおく。そこへ一群のアオツノトカゲを入れると、幾頭かのオスがどちらかの枝の上での優位を

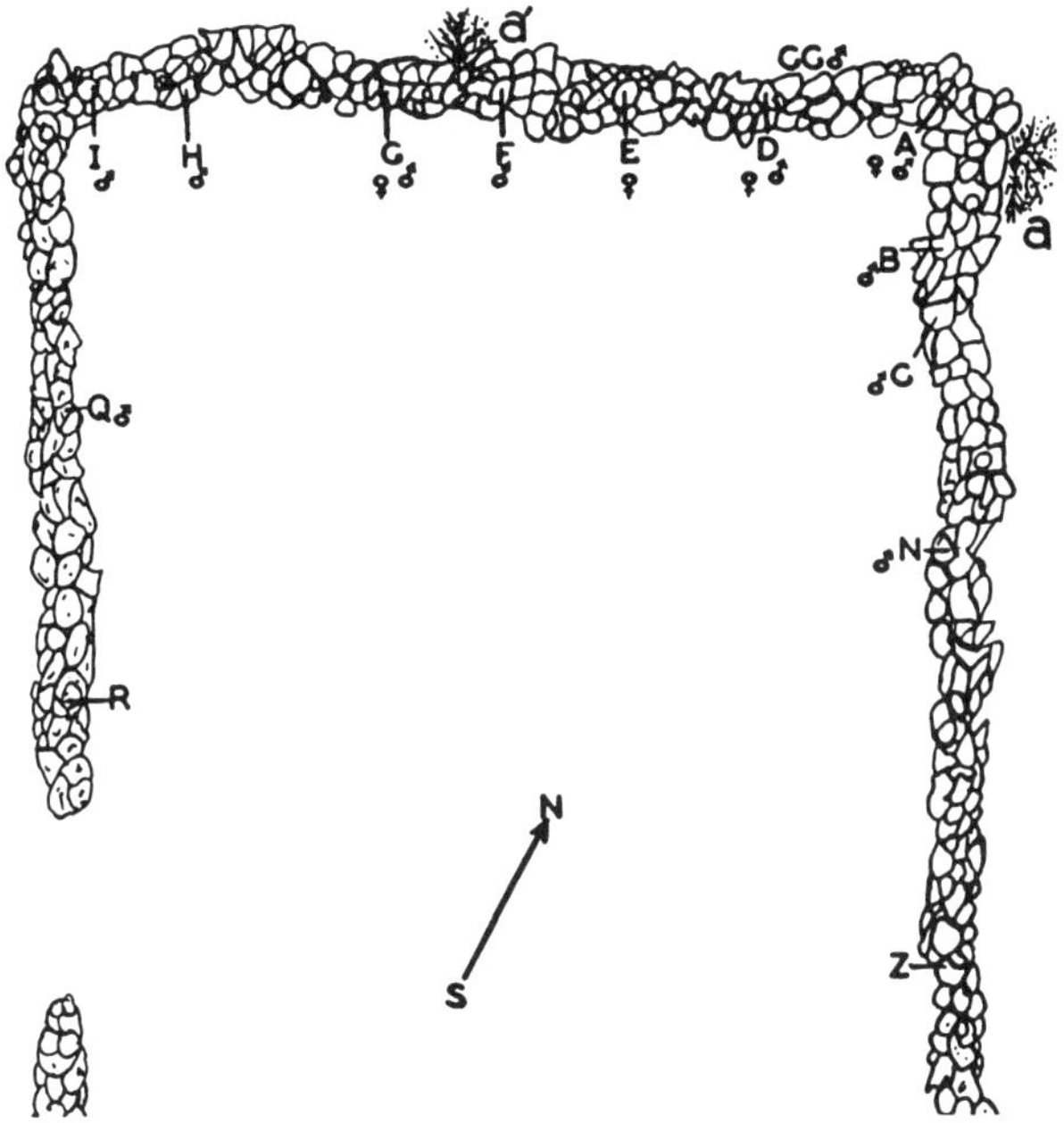

図5・5▶ エヴァンスがクロトカゲのグループのなわばりや社会行動を観察したメキシコの墓場の石壁。8頭のオスの社会の階層構造が墓の北隅にみられる。A～Gは日光浴と見張りによく使われる岩場。なわばりの支配者は豆畠と水飲み場にいちばん近い岩Aの最上部を占有している。オスCCはオスCが犬に殺されたあとにあらわれた。Evans（1951）。

めぐって争う。それぞれの枝の支配者が決まり、支配者が頭を上下しノドブクロをひろげて勝利表示をすると、他の一ダース以上ものトカゲが一斉に同じ動作を模倣して承諾の表示をする。

また、一五〇から二〇〇頭のイグアナのメスが同じ場所でたがいにあまり離れない地点に巣穴を掘る例が観察されている。集団模倣の一例である。一頭または二頭のトカゲが仲間全体のために獲物を投げ落とす例や、一個の遺体のまわりに群がるコモドドラゴンの例も報告されている。

―模倣と前脳―

ウミガメなどの大規模移動は集団模倣の例である。

過去の歴史にみられる人間の大量移動や大陸を超えての流行やファッションの伝播も、集団模倣の例である。魚の調教には魚の前脳の関与が不可欠であることが知られている。人間や他の動物の模倣行動にも前脳が関与しているとみられる。

―定向行動―

太陽光線に向かう植物の傾向は向日性と呼ばれる。動物行動学でいう定向性は、一定の刺激が動物の特定の行動を解放する生得的なメカニズムを指す。

赤い腹のおもちゃの魚を攻撃するトゲウオのオスはよく定向性行動の説明に使われる。おもちゃの魚を上向きに立てるとトゲウオは一層激しく攻撃する。この上向き姿勢は、トゲウオのオスがなわばりの侵入者に

図5・6▶ 図5・5の石壁北隅の拡大図。数字1～5はそれぞれオスA、メスCC、オスD、メスA、オスBを示す。支配者(数字1)は岩の隙間に入っている。新参者CC(数字2)は支配者の占有場所を一時的に占めている。支配者は毎日石壁内を巡回する。Evans(1951)より。

対してみせる攻撃姿勢である。しかしオスが生殖期にあるときは、このような定向反応はみられない。類似の行動はトカゲでも観察される。たとえばトカゲのある仲間では、オスの青い腹を灰色に着色すると他のオスからの求愛の対象になる。反対にメスの灰色の腹を青色に着色すると他のオスから攻撃される。

色のかわりに形や動作が定向反応を引き出すこともある。たとえばオスのノドブクロのふくらみをみるとミドリトゲトカゲのメスの卵生産が促進される。もしそのとき、サーモン色のノドブクロを黒色に塗っても、ノドブクロが動いていれば同じ促進効果をもつ。しかしノドブクロの動きが止まると、オスは去勢されたオスと同様に卵生産を促進させることはできなかった。

魚類や鳥類にくらべて爬虫類の定向行動の観察例は少ない。少ない例のひとつであるニジトカゲの模型を使ったハリスの実験で、頭をオレンジ色に着色した模型は首を上下させるだけの模型よりも強く繁殖期のオスを挑発した。しかしなわばり宣言には頭の色と首ふり動作の両方が必要だった。また宣言地点は高所ほど有効だった。その地点から離れてある限界点を越すとオスのなわばり防衛動作を刺激しなかった。

これらの実験の間にハリスは、ニジトカゲがオレンジ色のもの――紙、カーペット、ガラス玉など――に関心を示し、しばしばそれを食べてしまうことを偶然発見した。とくに、オレンジ色のラベルのあるボトルには夢中になって試してみたあと倒してこわしてしまったという。ハリスはオレンジ色がなわばりに属さないオスの目印になっていたものと考えている。

―― 刷り込み ――

鳥の子どもが、生後のある期間内に最初に出合った動くものについていく現象を、ローレンツ（一九三五）はインプリンティング——刷り込み——と呼んだ。この現象は学習の特殊な例ともみられているが、われわれは生得的な定向行動の一例と考えたい。トカゲの仲間にはこのような行動はみられないが、ニジトカゲやコモドドラゴンでは、インプリンティングが子どもが母親のおなかにいる間にすでに終っていると考えなければ理解しがたい現象が多い。

——反復——

ここでいう反復とは、定型的行動がある休止期間をはさんで繰り返される現象をいう。マクベス夫人の手洗いの反復も芝居の中で意味をもつ。人間社会では、教会や終業式への週ごと、年ごとの参加も反復行動である。

トカゲの仲間では、オスが自分の優位を示すために確認（うなずき）や挑戦（ノドブクロの拡張など）のような定型動作を反復する。このとき優位を示す材料としては体の大きさは絶対的ではなく、反復回数の方が重要である。このとき生殖期のメスがいると成長したオスの間での反復回数の競争も激化する。オスとメスの間で反復される求愛動作も、感嘆文のあとにつける感嘆符「！」の反復を思い出させる。人間の場合も、電話による求愛の効果は、声の大きさよりもかける回数の方が大きい。

——転移行動——

動物行動学では、遭遇した状況に適さない反復反応を転移行動と呼ぶ。鳥が恐怖におそわれたときなどに示す、くちばしによる頻繁な羽づくろいはその例である。われわれの研究所で、カゴの中の二頭のツノトカゲを隔てる透明の仕切りを除くと、トカゲたちは体を激しくかきむしったり、鼻先をとまり木や地面にこすりつけたりした。コモドドラゴンも獲物のまわりに集まる個体数が増すと、舌振りの回数が加速度的に増す。すべて転移行動として理解される。

―再演行動―

トカゲが毎日、日暮れに餌場から一定の迂回路を通って帰巣する行動や、生活の大部分を暖かい海の藻類を追ってすごすウミガミが周期的に同じ海岸に産卵のために帰りつくような行動を、再演行動と呼ぶ。ブラジルの海岸に棲むウミガメのメスが産卵地であるアセンシオン島を望む角度は、一四〇〇マイル先にある五マイル幅の対象を望む角度にほかならない。このような再演行動は、一度成功した迂回路にこだわるトカゲの再演行動と同じ危険がともなう。

―擬動作―

六つの一般的行動型の中で、擬動作は動物の生き残りに不可欠である。動物が日々の必要物――ねぐら、食物、など――や配偶者を得るためにも、他の動物によってもたらされる死の危険から免れるためにも、擬動作は不可欠である。

コモドドラゴンの狩猟行動は擬行動の好例である。ドラゴンが鹿を捕えるためには、鹿の行動パターンや攻撃のタイミングの把握ばかりでなく、忍耐力が必要になる。アオトゲトカゲがコオロギを捕えるときも、コモドドラゴンのように獲物を待ち伏せする。アメリカ南西部に棲むヤモリは、ネコがネズミを捕えるように餌にとびかかるといわれる。

トカゲのメスは、ときにオスの配偶を誘うような動作をするが、オスがメスを抱くと突然逃げ出すか攻撃動作に切りかえる。オスの興奮度を高めるためか、他の生殖期のオスを刺激するためと考えられる。ノーブルとブラドリーは、メスが上げた尾を片側に下ろすのは性的関心の消失の表明であると指摘している。

動物行動学者は、動物が周囲の環境に外見を似せることを擬態と呼んでいる。あるカメの仲間は魚の前に舌を出して飛ぶ虫のようにみせかける。またあるヘビは尾の端に眼に似た模様をつけて頭部のようにみせかける。ミドリトゲトカゲの挑戦動作にともなって眼の後縁にあらわれる暗点は敵に眼を大きくみせるためである。

5・3 ▼反射脳の異縁性認識と瞬間学習

学習については〝刷り込み〟に関連して少し触れただけで、六つの行動戦略の中には入れなかった。それは学習行為が主として脳の内部で進行し、野生の状態では動物たちに課せられた〝問題〟が複合的であり、動物たちがなにを解決し学習しようとしているかがはっきりしないためである。反対に、コモドドラゴンの狩猟のような限定された問題解決行為は、行動の一般型とはなりにくい。

一方で、動物たちの日常は学習と記憶の連続であるともいえる。たとえばトカゲたちは定型的日常行動を実行する上で絶え間なく学習と記憶の必要にさらされている。まず、生まれたばかりの子どもは、なわばりの内外の状況を学習・記憶し、捕食者からの退避場所と仲間への自己表示の適所を頭に入れておかなければならない。学習と記憶は、自分が侵入者ではなくなわばりの一員であることを仲間に知らせるためにも、不可欠である。コモドドラゴンの狩猟時にみられる擬動作も、生得的な能力が経験的学習と記憶によって補強されなければならない。

爬虫類の学習能力は貧しいと思われている。たとえばトカゲは透明なガラスの障害物をよじのぼって餌をとろうとはしない。しかしブラットストロームは、低温の人工環境でランプによる熱の報酬による学習促進効果を観測している。また一般に視聴覚を通しての学習ではラットはサルに劣るが、嗅覚を通しての瞬間学習ではラットの方がすぐれている、という例もある。この〝瞬間学習〟という点ではトカゲも優れた学習者である。この瞬間学習はさきに述べた〝異縁性〟の認識にもつながる。ひとつのなわばりで争う同じ大きさの二頭のトカゲのうち、おおむね侵入者の方が敗れるのは、闘う場所の異縁度のためと考えられる。

さきに私は前言語的思考を日常の定型的行動を支配する脳のはたらきであると規定したが、そこには異縁性の認識と瞬間学習のはたらきも加えなければならない。

5・4 ▼爬虫類の行動戦略

表5・1にあげた爬虫類の二五の行動型のうち最後の五つは、動物の個体維持と種族保存の活動には直接関

係せず、爬虫類の前脳が関与するより進んだ行動とみられる。たとえば模倣は、動物個体間の同種認識や性差認識のために不可欠な前言語的思考である。反復は仲間同士の情報交換の確認の合図になる。再演行動は、種族の存続のために有用な経験の集団全員による継承作業である。外界の刺激による潜在的な遺伝的行動の解発が定向性行動である。擬動作はすべての行動に潜んでいる生命維持の戦略である。

――身づくろい――

トカゲやヘビの脱皮は、自然がこれらの動物にあたえた最高の身づくろいである。脱皮の間、トカゲは古い皮をこすり、ひっかけ、最後に口を使って引き離し、食べてしまう。人工環境内では仲間の脱皮を助けるトカゲも観察されている。一種の〝社会的身づくろい〟である。

摂食後に鼻先を地にこすりつけたり、排泄後に排泄口を地面にひきずるのは〝個人的身づくろい〟である。アオトゲトカゲが配偶行為の前後で排泄口を地面にひきずる行為もひとつの身づくろいであるが、〝標識行為〟とする考えもある。

――貯め込み――

ハムスターやリスや人間は貯め込み行為をする。爬虫類ではクロコダイル以外はその例が知られていない。米国国立動物園ではクロコダイルが泥の中にかくしておいた食物をあとで掘り出した例が観察されている。トカゲが道すじに脂肪をのこしておいた例もあるという報告もある。将来の不安にそなえるためだろう。

子どもへの気くばり

爬虫類から哺乳類への進化の過程で、生まれた幼児への気くばりも進化したものと思われる。しかし、哺乳類型爬虫類に一例があるだけで、現存する爬虫類にはそのような気くばりを示す例は少なく、アオトゲトカゲやニジトカゲなどの子どもはオトナによる捕食を免れるため深い茂みや木の上に身を隠す。しかし、トカゲのある仲間は規則的に卵を裏返して舌でなめ、位置を適所に移した例は報告されている。幼生の孵化を母親が卵の外から助ける例もある。生後一〇日に、トカゲの母親が迷子になった子どもを探し出してその排泄口をなめた様子が映画に記録されている。

動物進化の過程で鳥類との近縁関係にあるクロコダイルでは、子どもに関心を示す期間も長くなる。アメリカ・クロコダイルのメスは九〜一〇週間の抱卵期間の間、巣の近くにとどまり、ときどき排泄物で卵の乾燥を防いだ。孵化のとき、子どもが卵の内部からコツコツつつくと母親はそれを外から助ける。メスのクロコダイルは子どもを水辺まで連れてゆき、アヒルのようにいっしょに泳ぎ、捕食者を追い払った。

群れづくり

たがいに見知らぬ個体がそれぞれのなわばりをこえて群れをつくる現象を集群現象と呼ぶ。

魚類、両生類、ウメガメ、ヘビは繁殖期以外に集団をつくることが知られている。温度の低下がその一因である。トカゲのある仲間は繁殖期間中は別々のなわばりに棲むが、寒い冬の暖い日には日当りのよい場所に集まってくる。冬眠中のヘビが春の暖い日に交接しながら〝蛇玉〟をつくるが、これは集群現象の著しい例である。

産卵のために海岸に向かうウミガメがつくる集団は、爬虫類がつくる集団のもっとも大きい例である。太平洋に棲むあるウミガメは、北のカリフォルニアから南のチリまでつづく海岸に一万から三万頭の集団をつくって波状におし寄せる。ひとつの海岸に四日の間に一二万頭泳ぎついた記録もある。ヤモリは数百頭規模の集団をつくる。

一年中海藻が利用できるガラパゴス島のウミイグアナの集群現象は、もっともよく知られている。アイブル＝アイベスフェルトは著書『ガラパゴス』で次のように書いている。

〝海に突き出ている岩の黒い石の上に、体長約三フィートのトカゲが数百頭休んでいた。トカゲたちは太陽の輝きの中で体を押し合うように密集していた。……潮が引いて海藻に覆われた岩が露出すると、イグアナは次々に日光浴場に移動した。彼らは水に滑り下りコンブがからんだ岩まで泳いだ。望遠鏡をのぞくと、ちょうど犬が骨をかみ切ろうとしているように、イグアナはアゴの左右を交互に使ってコンブを食べていた〟。

繁殖期以外にも集群化する場合がある。イモリやトカゲの仲間では、メスが産卵の適所――たとえば数インチほどの空間――に群がることがある。イグアナは普通単独の寝ぐらをもつが、条件の良い場所では、一五〇平方メートルほどの空間に集団で寝ぐらをつくる例もある。

動物は集団で移動することがある。ニジトカゲの生まれたての子どもはオトナからの捕食を逃れて深い茂みの中に移動する。自分で身を守らなければならないという点では、爬虫類は両生類よりもきびしい。若いオスのニジトカゲも、自分が生まれたなわばりを離れて新しいなわばりを見つけるまでの間、褐色に"変装"して一時的にある支配者のなわばりに属するような場合、彼らも集団移住者の仲間と考えてもよいだろう。繁殖期以外は核領域を離れて移動するコモドドラゴンも移住者に数えてよい。

爬虫類の大量移動という点では、南アメリカからアセシオン島に移動するアオウミガメの右に出るものはないだろう。またパナマ運河の附近では年間一五〇から二〇〇頭のメスのイグアナがスロシアの小島の同じ産卵場所に移動する。無線電波による追跡の結果、彼らの移動距離は数マイルにおよんだ。

――なわばり行動の側面――

砂漠の墓場に棲むメキシコクロトカゲの例は、もともとなわばり行動や社会行動を示さない動物が、ある好適な条件下ではなわばり生活を選ぶことを示している。

――高個体密度条件でのなわばり行動の保留――

アイブル＝アイベスフェルトはウミイグアナが岩に群がる状況を説明したあと、次のように書いた。"私のみたところ、そこには厳格な秩序があった。どの場合も一頭のオスがやや小型の数頭のメスとともに岩の一角を占め、この岩を見渡していた"。イグアナのなわばりは一・五メートル以上は離れていない。イグアナは好みの地点から四〇〇ヤード離しても、もとの地点に戻るほど特定地点への帰属性が強い。その地点に侵入者が接近しすぎると、守備者は後足で立ち上り、背楯を立て、威嚇の動作を示す。侵入者が後退しないかぎり、闘いがはじまる。アイベスフェルトは次のように記録している。〃竹馬のように四股を立て、二頭はたがいに相手のまわりを回り、相手に自分が一番大きく見える位置をとった〃。次に頭を下げ、侵入者が足どりをかわすまで突き続ける。守備者は頭を上下させて勝利動作を示す。同じ侵入者が二度目を挑んで反撃されたとき、彼は背楯を平らにし、後足を開いて平伏のポーズを示した。

――なわばり防衛の放棄――

多くのトカゲの好みが特定のせまい空間に集中すると、トカゲたちはたがいに相手に敵対姿勢を示さなくなる。われわれの研究所でも多数のサバクトカゲの共同生活を観察した。このつやつやした砂の色をしたトカゲは両足をひろげ、楽園から追放されて気絶したミルトンの天使のようにぐったりとしていた。そのうちの六頭を広い人工環境に移したところ、彼らはたちまち活発になり、しばらくの追っかけ合いと闘いののち、一頭が支配者となった。

――いじめ――

メイヒューの観察によると、二頭のオーストラリア産の水陸両棲のトカゲは三〇×五一センチメートルの人工環境の中で平和に暮していたが、〇・六×一・八メートルのカゴに入れたところ一方からの絶え間ない攻撃——いじめ——が他方の死にいたるまで加えられた。

グリーンバーグは、上部にのぞき窓のある二・七×二・七×二・七センチメートルの立方体形のカゴをつくり、一・八メートルの高さに幅三〇センチメートルの棚を二つ、向かい合わせにつくった。二つの棚にはV字型になった二つの斜路によって地上から上ることができる。それぞれの棚には人工日光浴のための赤ランプとタングステンの白色ランプがついている。グリーンバーグは成長したオスのイグアナを一頭このオリに入れ、数日間この人工環境に慣らした。はじめのうちはどちらのランプでも光線浴をしたが、だんだん赤色ランプの方を好むようになった。そこでグリーンバーグは同じ大きさのオスをカゴに入れた。赤ランプの方はすでに占有されていたので、新入りのオスは反対側の棚の白色ランプで光線浴をはじめた。しかし間もなく古参の方は白色ランプの方に移動し、新入りの方は赤色ランプの方に切り換えた。しかし古参の方は新入りがどちらのランプを使うことも許さず、彼を追ってV字型の斜路を往き来した。結局新入りの方は床上の斜路の交点で手足を伸ばしぐったりとなって腹ばいになった。救出しなければ生き続けられなかっただろう。

——類縁性と異縁性の認識——

類縁性(familiarity)と異縁性(strangeness)とは同じ金貨の二つの面である。動物の生まれつきの認知能力と経験から得られた知識の全体にとって、なじみの深いものは類縁性が高い。動物はなじみのないものに出合ったとき、まず試してみてその反応をみる。コロニーの中で共同生活をするトカゲは侵入者や新参者をただちに見分け、反応する。このような異縁性に対する動物の反応を支配する神経の仕組を理解することは、見なれぬ者、異質の者に対する人間の差別行為の生物学的起源を理解することにもなる。

エヴァンスは、なわばり内で従属的な地位にあるオスがなわばりの支配者と協同して侵入者に対抗するのを観察している。その際のきわめて好戦的な姿勢からみて、彼らは少なくとも部分的にホルモンの支配化にあることがわかる。エヴァンスはまた、ツノトカゲのある仲間は、メスの方がなわばり意識が強く、好戦的であるという。このメスは侵入者に対してノドブクロをふくらませる挑戦表示をする。エヴァンスは次のように書いている。〝侵入者が成長したオスだったある場合では、彼は彼女の挑戦表示に対してノドブクロをふくらませる同じ挑戦表示で対抗した。すると彼女はノドブクロを縮め、頭を上下して挑戦表示を求愛表示に切り換えた。それに応じて侵入者も求愛動作をはじめた〟(図7・2)。

子どものトカゲは、同じ生物種のオトナからは〝変わりもの〟とみなされて捕食の対象になる。しかしカーペンターはオトナに出合ったスナイグアナの子どもが四肢を立て、ノドブクロを膨らませ、竹馬歩きでオトナの前を横切るのを観察している。カーペンターは、このような動作が子どもをオトナの捕食から救ったと考えている。アウフェンバーグが観察したコモドドラゴンの子どもの迎向的動作と対比して興味深い。アウフェンバーグは、このような動作の起因を〝ストレス〟と呼んでいる。このとき、子どもたちは大きさの弱点を形で補っているようにみえる。

鳥類でも哺乳類でも、なんらかの形で異縁性をもつ個体は、仲間からの絶え間ないいじめにさらされる。バーデンによると、負傷したコモドドラゴンも仲間から攻撃される。

―まとめとコメント―

ここでは、表5・1にあげた爬虫類の二五の行動パターンのうち、最後の五つ、身づくろい、貯め込み、繁殖、集群行動、移動、について考えた。このうち身づくろいと貯め込みと繁殖の三つは爬虫類と哺乳類とで著しく異なる。とくに繁殖につづく育児の段階が爬虫類には存在しない。哺乳類型爬虫類も子育てをした確かな証拠はない。

6 反射脳の臨床観察

6・1 ▼反射脳の損傷による精神障害

―パーキンソン病―

一八一七年にパーキンソン(一七五五―一八二四)は今日パーキンソン病と呼ばれる症例を報告した。この症状は、ウイルスによる脳の感染、ある種の重金属による中毒、継続的な酸素不足、その他の未知の原因によって人間の高年層にあらわれる異常である。身体、とくに上半身の末端の振動、顔の表情の消失、筋肉の硬化と動作の緩徐化、前かがみの姿勢、足の引きずり歩きなどがその症状である。

一八九五年ブリソードはこの症状が黒質の結節化によって起こるらしいことを報告した。この報告は一九一九年に発表されたトレチャコフの五四例の観察によって支持された。しかし多くの研究者はこれを支持せず、一九四〇年代の後半には、パーキンソン病が淡蒼球の障害によるものか黒質によるものかについて議論が繰り返された。しかし現在では黒質の細胞の六〇~七〇パーセントが失われることによるものと一般に合意されている。その細胞が黒質のドーパミンをつくる細胞であることがわかったのは、脳のモノアミノ系が発見されてからである。これらの細胞は上昇して分岐する神経線維をもっている。

❖無意識動作

第一次世界大戦を含む期間にヴォークト夫妻(一八七〇－一九五九)、(一八七五－一九六二)は精力的に線条複合体の研究を進め、この組織が身振り、模倣、歩行、などの無意識的行動に関連していると結論した。それでも線条複合体は〝心〟をもたず、小脳の支配下にある運動器官である、という見方は現在まで続いている。

ヤコブレフは『運動、行動、そして脳』という講義録(一九六六)で、大脳基底核の役割は〝感情の内部状態の外部表現〟にあることを強調した。彼はのちにパーキンソン病の本質は内部的要求の外部表現の欠除にあるとしている。彼はこの病気にかかった五〇代前半の女性患者の例を報告している。この患者はフォークが皿と口の中間で止まって自分では食物をとることができなかったが、同じ病棟の他の患者が食事するのをよく助けたという。三〇代前半の男性の患者の例では、小便を済ませたあと尻の動きを調節してペニスをズボンのいつもの側に収めることも、便器に尻を調節することもできなかった。また他の男性患者はセックスの相手に姿勢を合わせることができないと訴えた。この患者は〝妻が全部の……ビジネス……を担当した〟と表現した。この患者の性衝動や能力やオーガスム動作は見たところ正常だったという。

これらの臨床例から、線条複合体――反射脳――は内部的要求による内臓と身体の統合行動に関連していることがわかる。

――ハンチントン症――

一八七二年にロングアイランド生まれのハンチントン(一八五〇―一九一六)は、三〇歳代に発症して精神異常にいたる稀にあらわれる家系病に気づき、それは以降遺伝病と認められるようになった。ハンチントンは発見のいきさつを次のように書いている。〝父と馬で外出したとき、母と娘の一組に出合った。二人とも長身でやせており、死人のように青ざめていた。二人ともおじぎしたり体をよじったり顔をしかめたりしていた。私は驚くとともにこわくなった。父はどうしたのだろうと立ち止まって彼女たちに話しかけようとしたが、行きすぎた。……このとき以来この病気に対する私の興味は失われることはなかった〟。身をよじるような、ひきつるような、酔っぱらいのような動作を示す病人は必ず精神異常となった。

ハンチントン症にかかった患者には、反射脳に特徴的な萎縮と小さい神経細胞の欠損と神経膠の浸潤がみられた。しかし他の脳組織――淡蒼球、視床など――の障害との併存が臨床的分析を複雑にしている。

❖ハンチントン症による定型行動の障害

数学の進歩は、人間が数える指の間の空間――ゼロ――を読むことに気づかなかったために遅れたといわれる。神経行動学でも同様に存在しないものに気がつかないことが多い。動物行動学でも存在しない行動は観察対象にはならない。英国の臨床医マーチンはある患者の行動の異常の原因を特定の動作の欠落であるとして〝負の症状〟と名づけた。

ハンチントン症の初期には患者から定型的日常行動の一部が失われて〝負の症状〟があらわれる。トカゲの場合、定型的日常行動が求愛行動や侵入者に対するなわばり防衛の行動によって妨げられることがある。臨床神経学でも、人間の定型的日常行動を統括し、その断片化を抑える神経組織とそのはたらきに着目することは重要である。

ハンチントン症の初期にある一八人の患者の観察から、ケインたちは患者が病気にともなう運動の異常よりも、記憶や計画能力の減退に悩んでいることに気づいた。彼は病棟での患者の観察を次のように記録している。〟彼らは自分から進んで行動することはなく〟、〟誰もかまわなければ何もせず座っており、テレビは何時間も見続けた〟。つまり患者たちは自身の定型行動をつくろうとはしなかったのである。

患者が自宅にいるときにも同じだった。四三歳になるある女性の患者は次のように話した。〟私は五年間、感謝祭の夕食を準備できなかった。作り方は知っていたけれど……〟。またある歯科医である患者は、〟私は患者に口を開けさせ、道具を手にして患者の前に立った。しかし急に次にすることを思い出せなくなった。この状況が何年か続いたのち私は思い出すことができた〟。

ケインたちはこのような症状を大脳皮質の〟実行機能〟の障害によるものとしているが、定型行動の喪失は線条体の病変の拡散によるものであり、指示によって定型行動が回復するのは皮質の補償機能によると考えられる。

日常の定型行動やその一部が失われる症状は〟負の症状〟である。次に〟正の症状〟について考えてみる。

イギリスの医師サイデンハム（一六二四－一六八九）はかつて、少女期にみられた顔の筋肉や舌や手足のけいれんと成人期にあらわれるリューマチの記録を残している。原因となる脳の障害についてはよくわからない。大脳の血管障害や線条体の神経細胞の欠損などが原因かもしれない。また、黒質や視床下核や大脳皮質が影響を受けていたかもしれない。

一四世紀から一六世紀にかけてドイツとオランダに拡がった踊る病気がある。宗教的熱狂によるものとみられて、治癒を求める巡礼がもっとも多く訪れたのがセント・バイタス寺院である。のちにこの症状はキノコが媒介する麦角病に感染したライ麦を食べたために起こるものと考えられた。サイデンハムはこの症状を〝セント・バイタスの踊り〟と名づけた。サイデンハム症について書かれたオスラー（一八四九－一九一九）のモノグラフには、他のいくつかの症例が報告されている。

一三歳になる少女の例では、顔と頸の筋肉にけいれんがあらわれ、少女は病的な定型行動に固執した。彼女は下着を着る前に数を数え続け、下着を身に着けるのに苦労した。歯をみがいたあとは一〇〇まで数え上げなければならなかった。髪の毛は先端以外にはブラシをかけなかった。家の中に入るのは必ず裏戸からであり、ノックも近くの窓ガラスの特定の位置にかぎられ、回数は三回にきまっていた。ドアも鍵が開く前に三回ノックした。夜ベッドに入ると彼女は足を上げ、ドアのふちを九度たたいた。

一二歳になる少女の次の例では、患者は他人の言葉を繰り返し、卑わいな表現を好み、物に触れる衝動を抑えられなかった。このような症候はジレ・ドゥ・ラ・トゥーレット症と呼ばれる。脳に電気刺激を送るボタンを押し続けて日常の定型的行動に支障をきたしたサルの例を思い出す。

―子どもの自閉症―

一九四三年にオスラーは身体をゆすったり、首を振ったりするリズミカルな異常動作を観察している。今日の読者なら子どもの自閉症を思い浮かべるだろう。

一九四三年にケイナーは彼の新しい臨床的発見を「人間的接触に及ぼす自閉的行動の影響」という論文として発表した。まず両親は次のようなことから幼児の自閉症に気づく。(1)抱き上げようとしても手を差し出さない。(2)抱き上げても横たわらない。抱きしめても体をよじって落ちそうになるのである。幼稚園期になると子どもはひとりぼっちで定型的な動作を繰り返す。この定型的繰り返し動作を〝意思的こだわり〟と呼ぶ研究者もいる。このような行動にみられるのは靴みがきのような周囲から模倣する日常行動の欠除であり、他人の感情に対する無関心である。実例として彼らがあげた四歳の男児は、目的の場所に向かう途中にある他の子どもや持ち物の上を歩いていったという。小児自閉症の特徴は結局社会認識の欠除である。

このような幼児の多くを観察していると、彼らはあたかも意味の通じない言葉の大きなストックと適切な表現手段をもたない強い感情の持ち主であるようにも思えてくる。自然が彼らに人間性のすべての断片をあたえながら、それらを統括する方法をあたえなかったようにみえる。その症状のまとまりのないことから、線条体神経の配線に微妙な狂いが生じているのか、従来の神経学では検知できないような拡散性の細胞の脱落があるのか？ しかし多くの研究者は、小児自閉症の原因を大脳皮質による行動の感情面と認知面の統括の失敗に求めているように思われる。

ものにとりつかれたような定型動作へのこだわり、という小児自閉症のもうひとつの側面について、アイゼンバーグとケイナーは次のようにコメントしている。"いつもきまった道を歩き、電灯をつけたり消したり、ビンの栓を抜いたりつめたり、トイレの水を流したりを繰り返す。そしてこのような行動を妨げられるとパニックに陥ったり怒りを爆発させたりする"。ジレ・ドゥ・ラ・トゥーレット症の場合のように、相手の話や特定の語句を繰り返したり、何度も言葉に出して確認する。

6・2 ▼神経化学的考察

R－複合体内で伝達される化学物質のうち、とくに注目される物質はアセチルコリン、ドーパミン、セロトニン、GABA、P物質、グルタミン酸、エンケファリンである。ドーパミンよりもはるかに分量が少ないけれどもノルエピネフリンの役割は無視できない。神経細胞の放電に影響するこれらの化学物質の中でアセチルコリンが一番のはたらきもので、脳電計による脳の観察によってそのはたらきがとらえられる。線条体の前、後シナプスのドーパミン受容体はそれぞれD1、D2と記される。D2に付着したドーパミンはアセチルコリンを放出する細胞のはたらきを抑制する。GABAは一般に神経細胞の放電を抑制する。現在のところノルエピネフリンとセロトニンのR－複合合体内での役割は明らかではない。

以下、アセチルコリンとドーパミンの複合体内でのはたらきの異常と行動障害の関係について考えてみる。

ドーパミンとアセチルコリンの作用

モンタークは一九五七年に、ドーパミンが人間の脳の中に存在することを報告した。一九五九年にバートラーとローゼングレンは、ドーパミンが反射脳内に高濃度で存在することを発見した。このことは蛍光法によっても視覚的に示すこともできる。のちにホルニキェヴィッツとエーリンガーによって、死後のパーキンソン病患者の反射脳内のドーパミンが正常のものより減少していることが報告された。

線条体と嗅覚線条領内のドーパミンは、中脳腹側の細胞からの上昇伝達路によって伝えられる。ドーパミンが細胞端末から放出されると、線条体細胞のドーパミン受容体に付着してその放電を妨げる。この線条体細胞はいつもはアセチルコリンを放出して他の細胞の放電を妨げている。ドーパミンが不足すると淡蒼球や黒質に伝達路をもつ細胞の放電を〝暴発〟させる。また、

(1) 電気生理学的研究によると電気泳動によるドーパミンの線条細胞への付加はその活動を抑え、アセチルコリンは活動を活発にする。
(2) パーキンソン病は黒質内のドーパミンを含む細胞の三分の二が失われたときに起こる。
(3) 六-ヒドロキシンドーパミンやメチルフェニルテトラヒドロピリヂンによってサルの黒質のドーパミン細胞を破壊するとパーキンソン病に似た症状があらわれる。
(4) クロルプロマヂンなどでドーパミン受容体のはたらきを抑えるとパーキンソン病の症状があらわれる。
(5) 血管-脳障壁を通過できる〝L-ドーパ〟を経口投与するとパーキンソン症状が減少する。
(6) アセチルコリンのはたらきを妨げるアトロピンやスコポラミンを投与するとパーキンソン病の症状が軽くなる。

スナイダーたちはクロルプロマジンはドーパミンに似た分子構造をもつことを示した。この物質もドーパミンに近い薬効をもつ。一九五七年に私がウィーン大学を訪問したとき、神経科病棟とまちがって精神科病棟に案内されたことがある。椅子に座っている患者は待合室の面会人と同じように正常にみえた。フェノチアジンのような精神治療薬が患者数を大幅に減らしている一方で、少なからぬ患者は投薬を望まない。かれらは身体と精神との二重の拘束衣を拒否しているようにみえる。

―ドーパミンの心理作用についての疑問―

臨床医の多くはカテコルアミンの異常増加や減少が精神分裂病に関係があると考えている。その可能性についてコメントする前に、神経伝達物質としてのカテコルアミンについて少し説明しておく。

❖カテコルアミンの放出と不活性化

ドーパミンとノルエピネフリンは、それぞれドーパミン系とアドレナリン系と呼ばれる細胞群によってつくられる。いずれも神経細胞のシナプス端末にある小胞に貯えられる。空胞が破れると中の物質が端末と隣接する他の細胞の間に放出されるが、その大部分は隣接細胞の端末にある小胞に捕えられて活性を失う。活性は細胞内の酵素モノアミンオキシダーゼによっても、細胞外の酵素カテコール-O-メチルトランスフェラーゼによっても失われる。したがってカテコルアミンは少なくとも三つのメカニズムで処理されるように思われる(アセチルコリンが放出されると〇・五ミリ秒内にコリンステラーゼによって破壊される)。カテコルアミンは同じ細胞内の信号によって放出されると考えられているが、ノルアドレナリンは細胞内の新陳代謝によって放出されるものとみられる。脳の広い領域にわたっているアドレナリン系は、ノルエピネフリンを必要とする細胞に供給して神経伝達を調節する。

一般に精神治療薬はカテコルアミンの放出、抑止、不活性化のはたらきをもつものと考えられている。たとえばアンフェタミンはノルエピネフリンと似た分子構成をもち、神経細胞からノルエピネフリンを放出させ、その再吸着を阻止し、モノアミンオキシダーゼを抑制する。アンフェタミンはまたドーパミンを放出する。

アンフェタミンに誘導された中毒性てんかんは、多くの研究者に精神分裂病の神経化学的研究のモデルと考えられている。このモデルによってスナイダーは線条体のドーパミン系の過活性化が偏執的精神分裂症のひとつの原因であると考えた。彼はまた、動物と人間のドーパミン系の対応から、アンフェタミン誘導症をラットのアンフェタミン誘導症――くんくん、なめなめ、がりがり――に対比させている。彼は右旋性と左旋性のアンフェタミンの影響のちがいに注目しながら、脳のノルアドレナリン系の活性化は運動を活発化させ、線条体のドーパミン系の活性化は定型的行動を活発化する、という観察を報告している。さらに黒質線条領のドーパミン系の破壊後、アンフェタミンの投与は運動を活発化させるが、定型的行動には影響しない、という結果について、スナイダーは右旋性アンフェタミンは左旋性のものより運動の活性化には数倍も有効であるが、定型的行動の活性化には同程度の有効性をもつことに気づいた。

臨床医の中にはドーパミンの過生産または過小生産が躁うつ病の原因と考える人もいる。動物実験ではそれを支持する例がある。上昇ドーパミン系に傷害のあるサルは、幼若化した行動や動作を示す。反対にドーパミン受容体を刺激するアポモルフィンのような物質は、行動を過活性化する。ランドラップたちは、カメと鳥と哺乳動物を使ってこのことを確かめた。われわれの研究所の実験では、アポモルフィンを投与された七面鳥は群から離れて四時間の間走り回った。カゴに入ったオウムの場合は、走るかわりに四〇分間唄い続けた。ドーパミン受容体をピモザイドのような薬物で封鎖すると、七面鳥の場合のような過行動があらわれる。

6・3 ▼結果の要約

この章では、線条複合体——反射脳——とその関連組織の損傷がもたらした三つの精神障害と自閉症について述べた。いずれの場合にも症状と関連組織の範囲についての不確定性がともなう。

中脳細胞から線条組織へのドーパミン供給が不足しておこるパーキンソン病の場合、身体-内臓機能に障害がおよぶことがある。たとえば摂食、排泄、交接などへの障害がその例である。淡蒼線条領の病変が前意味論的行動におよぼす影響は、辺縁系と新皮質の研究の進展とともに明らかになるだろう。

他の二つの精神障害の例では、日常の定型的行動の阻害と同時に定型行動からの一時的逸脱を抑止する機能の阻害もあらわれた。サイデンハム症の症状の一部は小児自閉症との類似性がみられる。

この章のまとめとして、精神分裂病や躁うつ病への線条複合体と黒質線条ドーパミン系の関与に関するひとつの仮説を紹介したい。その仮説は線条細胞のドーパミン受容体を閉鎖する薬物は運動機能を抑止するコリン含有神経細胞を活性化するという事実にもとづいている。この薬物は精神障害に結びついたある種の身体的症状を抑止するはたらきをもつ可能性がある。動物実験の結果は、躁うつ病が黒質線条ドーパミン系の過活性と過小活性によっておこる、という臨床医たちの予想の部分的支えになっている。

7 反射脳と人間の定型行動

7・1 ▼前言語的思考としての行動

前言語的思考、あるいは前思考とは、種に特有の、あるいは種を越えた定型的な日常行動を支配している反射脳のはたらきを指す。前脳の支援によって定型的日常行動を修正する経験の学習や記憶なども前思考に含まれる。前思考の生得性を強調するようなこのような規定は、〃人間行動のすべては学習されたものである〃というロックやパブロフを支持する心理学者には不満かもしれない。ロックやパブロフの考えは社会心理学者によって次のように拡大される。〃人間の独自性は、他の動物をとらえている定型的行動のすべてから解放されていることにある〃。しかし人間の行動のすべてが経験から学ばれたものならば、人間が理性や文化に規制されながら依然として動物の示す定型的行動の支配から脱却できないことが理解できない。

7・2 ▼人間と爬虫類の行動比較

表5・1では動物個体の生命維持行動を先に、種族維持行動と仲間同士の交信行動を次にリストした。この章でもこの順に考える。

―なわばり行動―

人間が本来なわばりを求める動物であるかどうかについては、長い論争がある。動物行動学では、特定の空間を守る決意の表明がなわばり行動である。なわばりの意味は、私が提案した〝生活空間〟という考えと対比させるとより明らかになる。生活空間は、なわばりのほかにさまざまな活動空間を含んでいる。移動性の動物、たとえばゴリラの場合、その日その日のねぐらと仲間集団の活動空間も合わせたものが生活空間である。この生活空間には食物を求める場所や捕食者などから身を守る退避場所、配偶と育児の空間も含まれる。ひとくちにいえば、個体維持と種族保存のために使われる空間が生活空間である。鳥の場合、オスは配偶行動に入る前に必要な空間を設定し、防衛する能力を表明しなくてはならない。同じことは爬虫類や多くの哺乳動物にもみられる。たとえばウガンダ野牛は普通の意味ではなわばり動物とはいえないが、繁殖期になると仲間と争いメスの関心をひくための直径二〇メートルほどの特定の草地を確保するために戻ってくる。

―なわばり行動の比較―

入手可能な食物の種類やその地域的な過不足が種の分化を促す、という考えがある。この考えは、種によるなわばり行動のあるなしや、なわばり防衛の身体的表現のちがい、という点から興味ある指摘である。遺伝型――ジェノタイプ――に対する表現型――フェノタイプ――という言葉は一九一一年にヨハンセンによってはじめて用いられたもので、動植物の視覚的なちがいをあらわす。フリッシュはその一例としてヨーロッパ種のタンポポの表現型のちがい――谷間では草丈が高く山側では低くなる――をあげている。

クロトカゲは食物事情によってなわばり行動をとったりとらなかったりする。熱帯に棲むサルや類人猿は牧牛のように食物を求めて移動する。この場合でもホエザルやチンパンジーやゴリラは、なわばりとともに移動し同類の仲間の侵入を許さない。この移動するなわばりをカルホーンは〝観念空間〟と呼んだ(一九七一)。サバンナに棲むヒヒは特定のなわばりをもたないが、好まない接近者には激しく攻撃する。

氷河時代には人類も狩りをしながら移動と移住を繰り返していたものと思われる。キャンベルは男が狩りに出かけたあと、子育ての場所に残り気候の安定化とともに種まきや収穫などの農作業を発明したのは、女の方だという(一九七九)。いいかえれば文明をつくったのは女性だというのである。子育ての場所を守るための壁や囲いは農業の副産物を利用すればよい。

❖なわばりつくり

ネコやイヌのように嗅覚が発達した動物は、尿をなわばり表示に使う。リスザルは勃起したペニスをなわばり防衛の意思表示に使う。ウィックラーは、アフリカのヒヒとミドリザルのグループ内の見張り役が仲間の食事中や昼寝中に見張り場所で股開きと勃起によるなわばり防衛表示をしているのを目撃したと報告している(一九六六)。彼はこれをなわばりの〝視覚表示〟の一例としてあげている。

サルと人間との間には長くて大きな飛躍がある。両者の類似点の対比には意味があるだろうか。神話に登場するパン、プリアパス、アモン、ミンなどの神々は豊饒を意味するとともに防衛の意味をもつ巨大かつ勃起したペニスとともに描かれている。小アジアでは果樹園の防衛地点に建てられたプリアパスの像はペニスの姿をしている。世界の各地にみられる原始文明では、勃起したペニスを形取った石碑が、家の守護神としてもなわばりの境界としても使われている。文化遺産の破壊や落書きも一種のなわばり表示行為である。式場などでのサイン帳への記帳も、洗練された視覚的なわばり表示の一形態である。

人間による記号の発明は〝観念空間〟の境界をかぎりなく拡大させた。米軍がベトナムの森林に数マイルにおよぶ数字の〝1〟を描いたように、記号自身が拡大することもある。またわれわれ自身の所属物である家の境界をこえて、街、学校、教会、市、県、州、国、から海域、さらに現代では宇宙にまで人間のなわばりが拡がっている。また、同じ会社のセールスマン同士が受け持ち地域の重なりを避けるように、教師や科学者たちは研究領域をかぎって名声の競合を避けようとする。人間がもしなわばり行動に関して白紙で生まれたとすると、人間が自分の領分に対してここまで敏感であることや、土地や財産の所有をめぐる紛争を調停するためのこれほど多くの法律や制度があることが理解できない。

エッサーは、重度の知恵おくれと学習障害をもつ子どもたちの間にみられる階層構造となわばり意識について報告している(一九七三)。もし人間の行動のすべてが学習されたものならば理解しにくいことである。

❖なわばりの巡回

哺乳動物であるオオカミの巡回行動もよく知られている。電波追跡の方法で、オオカミは一二五–一三〇平方キロメートルにおよぶ特定の地域を巡回していた例が報告されている。人工環境内でのハムスターやラットの巡回行動も観察されている。野生のチンパンジーの巡回行動はグッダルたちが報告している。チンパンジーは三時間半になる巡回中は、侵入者に対する警報の際にも声を出さなかったという。人間も警邏《けいら》行動をする。

――挑戦動作の比較――

〝人間が人間らしく振る舞っていることは、すべて他の人間から学んだものである〟という言葉がある。しかし、人間が動物から受け継いだものが日常活動の中に潜在しており、そのあらわれ方はきわめて微妙であり、行動学者の目にとまりにくいだけのことではないのか。

すでに爬虫類と哺乳類の間では、なわばりの侵入者に対する挑戦動作に著しい類似があった。トカゲは接近する侵入者に対して四脚で立ち上がり、相手に横姿をみせながら不安定で断続的な竹馬歩きをみせる。哺乳動物であるラットの同様の挑戦動作を、バーネットは次のように書いている。〝背中は可能なかぎりアーチ状になり、四つの脚は伸び上がり、横腹が相手に向けられた。この姿勢のままラットは小刻みなステップで獲物のまわりを回った〟(一九六三)。ストノロフは熊〝グリズリー〟についてこう書いている。〝歯をむき出し耳を水平にし、頭を下げて筋肉を引き締め、前脚を硬直させた〟。

私はわれわれの研究所のダイアン・フォッシーがトカゲの挑戦表示の身ぶりを真似てみせてくれるまでは、トカゲとゴリラの挑戦動作の間の類似性に気づかなかった。シェイラーの表現を借りると、ゴリラの挑戦動作は〝相手に横腹をみせて両手を肘から上に上げ、前腕の毛を立てた。上体は直立して硬くみえ、首は相手にときおり眼をやる以外は相手の反対側に少し傾けられた形で小刻みの〝気どり歩き〟をした〟。トカゲもゴリラも挑戦動作中は発声しなかった。

ゴリラの〝気取り歩き〟にはチンパンジーの〝威張り歩き〟が照合する。チンパンジーは両足で立ち上がり、腕を横に伸ばし、肩を丸くして体重を交互に左右の足にかける。日本の相撲の力士の四股を思い浮かべる。

爬虫類から類人猿にいたる動物の挑戦動作にみられる共通の小刻みな断続的竹馬歩き（〝スタカット歩き〟）は、小刻みに感動詞「！」を入れた人間の断続文章を思い出させる。このような行動様式の類似は動物種間の〝収束進化〟によるものか〝並行進化〟の結果なのか、という疑問が浮かぶ。しかし、横腹みせ、竹馬歩きなどの一連の挑戦動作が全体として類似しているのは、一連の遺伝子がひと組になって哺乳類の系統発生樹のはじめの部分に入り込んだためとも思われる。

ガジュセクは石期時代に関する論文の中で、リスザルとメラネシアの部族の間でのある表示動作の類似性に注目して次のように書いている。〝私はニューギニアのある部族とリスザルがみせる偶発的な動作と社会的に定型化された動作の両方にわたるある類似性に気づいた。それは攻撃のときにも優位を示すときにもみられる。……部族の男や少年たちが驚いたり興奮したりすると彼らは自発的に集まってリスザルによく似たペニス出しダンスをはじめる〟（一九七三）。ガジュセクはまた、ニューギニアの西部と中部の高地文化のひとつに、誇張された男根ケースの使用をあげている。アイブル＝アイベスフェルトはブッシュマンの青年たちの股開き踊りを映画に記録している。フロイトは人間の幼児の性器表示に対する関心に注目した。

鏡に映った自分の姿をみてペニスを勃起させるリスザルの鏡映反応の観察中に、私は片目だけの映像も反応の引金になることに気づいた。片眼と生殖器が脳の中で結びつき、同じ反応を引き出したものと思われる。二〇〇〇年近く前、イタリアでは勃起したペニスを形どったお守りが悪魔の眼から身を守るはたらきをするものと信じられた。パニックという言葉は、旅人(見知らぬ人)を怖がらせて喜ぶ神の名前パンからとったものである。精神分裂病患者の中には他人と目が合うとパニックに陥るものもある。"原始人"たちはさまざまに表示行為にともなう緊張を、体を覆うことによって緩和しようと考えたかも知れない。私はこれが衣服の起源ではないかと考えたことがある。

―静的、動的修飾行為の比較―

ヒングストンは動物と人間の色彩と装飾に関する書物の中で、人間の恐怖の静的、動的表現に注目した(一九三三)。彼はうなじの毛の生え方から、人間の男は突然変異によってたて髪を失ったのではないかと考えた。鳥や哺乳動物のあるもの(七面鳥など)は、羽や毛の房を求愛時の装身に使う。ヒングストンは原始部族の中に威嚇のために腕を上げわき毛をみせる例があると報告している。羽毛の房はスコットランドで使われるキルトの一部になっている。

人間行動のすべては人間から学んだものであるとすれば、人間はなぜ自分の体の大きさを誇張したり色彩を利用するのかを理解することはむずかしい。街でみかける制服サービスでは、派手な帽子や衣服を身につけた上で硬直したような気どった身ぶりや歩き方をする。人間にとって〝装う〟ことは食べることと同様に自然なことなのである。

―代替行為の比較―

世界の異なった文明の間で舌出しが威嚇の意志表示に使われている。アメリカのある有名なボクサーは計量時に舌を出す。熱帯アメリカ産の唇の白いキヌザルは、威嚇と求愛の際にペニスのかわりに出した舌を額の高さまで上げる。われわれは性的反応を支配する脳組織を調べたことがあるが、この組織に隣接した部分を刺激すると舌出し反応があらわれた。モリスは、人間が相手を威嚇したり敵意をあらわすときに示す腕の動作は、勃起したペニスを形どったものだとコメントしている(一九七九)。

―権力への意志―

なわばりを維持、拡大したいという〝なわばり衝動〟は優越への生命の衝動である。この衝動の起源はなにか。その進化論的起源は? その表現の個人差の起源は? 権力への意志と超人という考えは、ニーチェが一八八一年八月に受けた永劫回帰の思想をめぐる啓示の一部と不可分である。彼の自伝的回想によると、〝人間と時を超越した六〇〇〇フィートの高みに立ったとき、この至高の確信が萌した〟のである。〝ツァラトゥストラ〟が生まれたのはこのすぐあとである。ニーチェは、権力への意志は全宇宙の基本的な生命力であると結論する。彼は次のように書いた。〝人生が私にそう教えた〟。ニーチェの超人の中には、アリストテレスの〝偉大な魂〟の残響がきこえる。ニーチェの超人の中には、アテナイの執政官ドラコンの他人を軽視する権利がみえる。ニーチェにとって〝権力から発するものはすべて善であり、弱さから生まれものはすべて悪〟なのである。

動物の世界ではトカゲのある仲間ほど権力への衝動をドラマティックにみせてくれるものはないだろう。ニジトカゲのきらびやかな色彩と侵入者への激しい攻撃は、アーサー王の騎士たちを思い起こさせる。一度長手袋が投げられると闘いは止まらなくなる。われわれの研究所で、なわばりを支配したオスが闘いに敗れた例が二度あった。いずれも敗者は色彩と輝きを失い、屈辱から立ちなおることができず二週間後に死んだ。

トカゲのあるものは止まり木の上で上位を確保しようとしたり、あるものは体の大きな仲間に近づこうとする。彼らは動物の大きさを見分ける特別の能

図7•1▶メスのニジトカゲ(手前)によるオスの誘導行為。

力をもっているようにみえる。コモドドラゴンは接近者の大きさをすばやく測定し、自分より大きいと道をよける。しかし、トカゲにとっては体の大きさのほかに自分が自分のなわばり内にいることによっても優位を示すことができる。政治家も自分の姿を数多く表示できる選挙区内では優位を持続できる。トカゲのなわばり争いでも、体の大きさよりも一定の地点での表示回数が勝者をきめることがある。

ラウィック・グッダルはガソリンの空カンを見つけ、それを蹴る音で仲間を驚かせ、一夜でグループのリーダーになったチンパンジーの例を報告している(一九七一)。人間の場合も、色彩や装飾品や従者の数でたりない大きさをおぎなおうとする。

——服従動作の比較——

いままで、なわばりをめぐる防衛行動や挑戦動作をとり上げてきた。過去の動物行動学者もそこに重点をおいてきた。しかし、不必要な対決を避け、多くの動物個体の生命を維持してきたものは服従動作(図7・1)であるといってよい。

——求愛行為の比較——

多くの動物種にとって、なわばりづくりは求愛、配偶、育児の第一歩である。人間の求愛行動の諸相は誇張された形でミュージカル・コメディでみられる。

自然界には擬態の例が少なくない。雄鹿や雄羊の顔の模様は彼らの角を大きくみせる。色彩は眼を大きく、

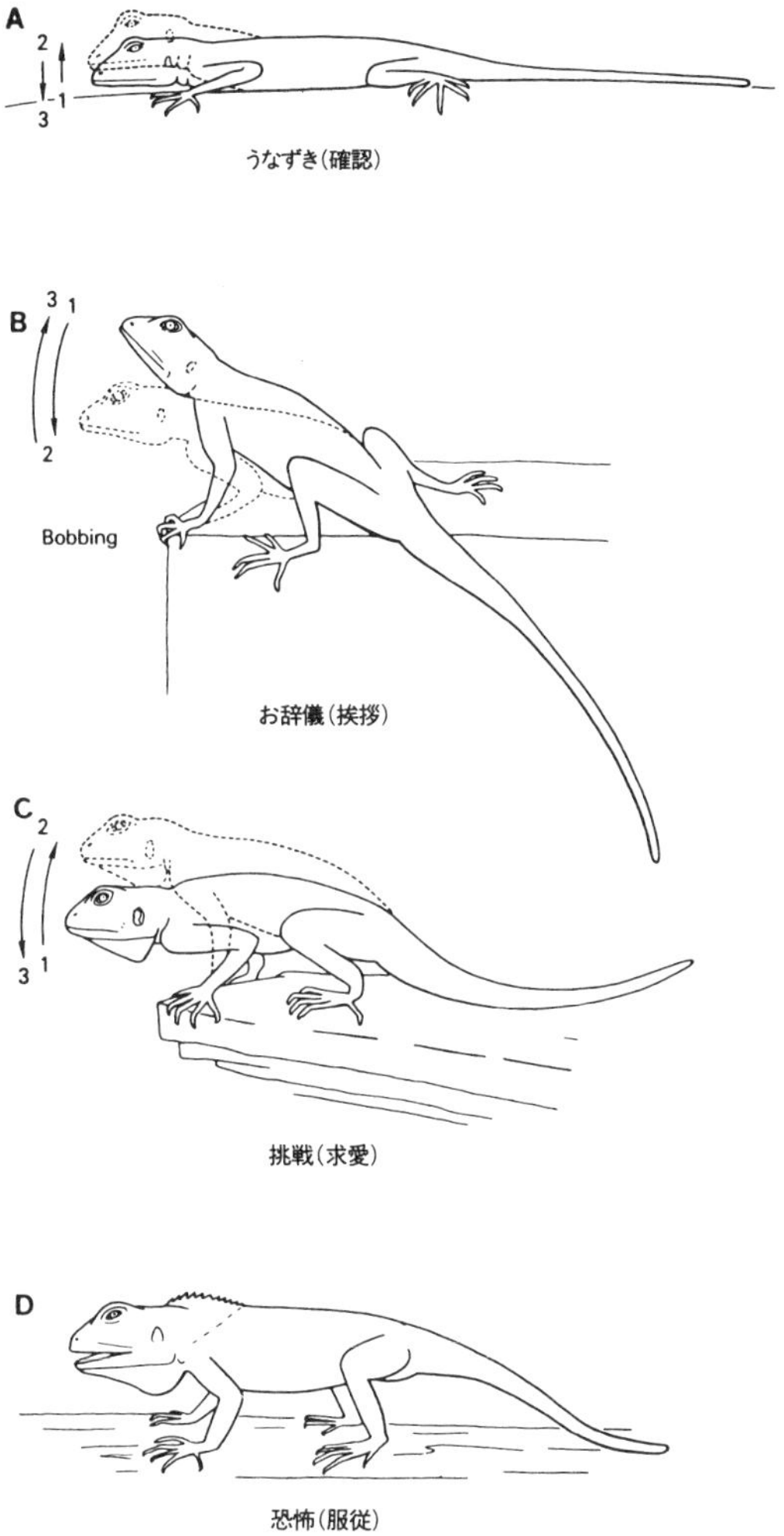

図7・2▶挑戦(求愛)動作を含むニジトカゲの定型的個体間交信動作。うなずき(A)は相手との相互関係の確認終了の表現。お辞儀(B)には四肢の伸縮運動がともなう。挑戦(求愛)動作(C)は遠距離から示される挨拶(B)の逆動作。挑戦動作に四肢の伸長と"静的修飾"……背楯立てとノドブクロの拡張……を加えると服従表現(D)になる。

頬の横の毛の房や筋は犬歯を大きくみせる。モリスは婦人の強調された胸はでん部の擬態だという。

爬虫類の尻突き出し動作(図7・2)は、哺乳動物の熱帯アメリカ産ピグミーキヌザルや旧大陸のサルや類人猿にもみられる。霊長類のメスの尻出しは相手の挑発と鎮静のはたらきをもつ。チョーサーの『粉屋物語』にさまざまな人間の例が出てくる。

アイブル＝アイベスフェルトはさまざまな文化の間にみられる人間行動の〝共通分母〟をみつけようとした。そのひとつは男女間の恋愛遊戯にみられる、人を横目でみながら眉を上げる仕草――流し目――であるという(一九七〇)。

――社会グループの比較――

カルホーンは、哺乳類の多くの種のグループの観察から、グループの成員の最適数は一二であると推定した(一九六四)。トカゲの野外観察から得られた数字も一二から大きく離れない。群棲するウミトカゲもこのくらいの数がまとまって日光浴をする。野生の七面鳥やチンパンジーのオスも小グループをつくる。小グループのメンバーは一緒に遊び、一緒に狩をし、一緒になわばりを巡回する。グループには支配的な地位にある一頭のオスが含まれる。配偶期以外はメスや子どもは〝家族〟をつくって生活する。オランウータンも同じである。

チンパンジーはゴリラよりも生物学的に人間に近いとみられているが、社会的生活という点ではゴリラの方が人間に近い。一九六七年からはじまる調査で、ダイアン・フォッシーは七つのグループのマウンテン・ゴリラの成員は六から二〇までの範囲にわたり、平均数は一四であると報告した。どのグループもシルバーバックと呼ばれる成長した一頭のオスが支配している。彼は数頭の成熟したメスとその子ども——幼児と青年を含む——を抱えている。その中にはブラックバックと呼ばれる若いオスの成人がいるのが普通である。シルバーバックの娘たちは〝家族〟から離れて他のグループのシルバーバックの支配下に入る。稀に一頭の孤立したシルバーバックが、他のシルバーバックの従者を奪うために闘う。この闘いで七五パーセントほどが致命傷を負う。フォッシーは頭蓋骨に相手の歯が喰い込んだ遺体を二例報告している。一頭のシルバーバックが他のシルバーバックの従者を奪うと、まずそのメスの幼児の頭蓋骨を、次に腹を噛んで殺してしまう。フォッシーはゴリラの幼児が兄と母に喰べられた一例を報告している。

これまでのところ、動物たちの社会行動——グループづくり、階層づくり、リーダー選びなど——を支配するR-複合体の神経行動学的考察はない。

7・3 ▼人間と爬虫類の戦略比較

爬虫類の前脳が関与しているとみられる六つの行動戦略——行動の定型化、集団模倣、選好、反復、再演、擬動作——は、人間行動にも投影しているように思われる。

― 定型行動 ―

反射脳の病変の観察から、淡蒼線条領が動物の日常の定型的行動を統括していることが推測される。

爬虫類は定型的行動の奴隷である。たとえば捕食者に追われて逃げ込んだ岩の隙間が安全であれば、その隙間はそれから何度も利用される。危険を避けるための迂回路が、危険がなくなったあとも使われ続けるニジトカゲの例がある。ローレンツは次のように書いている。〝どちらが成功するか、どちらが安全か、不確かなときは定型行動を選ぶのが最善である〟(一九六六)。チェスでも不確かな局面では定跡が選ばれる。

ヘディガーは著書『拘束された野生動物』の中で、哺乳類が時計のような正確さで同じ径《こみち》を通るいくつかの例をあげている。彼は七年間キノボリヤマアラシを観察し、次のように書いている。〝動物は毎晩七時から八時までの間に湖畔の同じ径にあらわれた。……残念ながら動物たちのこのような日常行動の繰り返しの事実は研究者たちに無視されてきた〟(一九五〇)。

ヘディガーはまた人間の定型行動に関するヒンシェの観察にも注目している。ヒンシェは八〇〇人の小学生に通学路の詳細をたずねた。柱の左右どちら側をまわるか、屋根のひさしの下を歩くか外を歩くか、マンホールの蓋を跳びこえるか、踏んで通るか。〝もしこれらの定型行動を守らないと、彼(女)らはテストの成績が下がると思っているらしい〟(一九五五)。

科学者は一般人の迷信に近い定型行動に批判的であることによって、ひとつの評価を受けている。しかし同僚の研究者が好みの方法で同じ実験を繰り返しているのを見なかった研究者が幾人いるだろうか?

また責任ある公的地位についたことのない人びとにとって、いかに多くの公的な資金と時間が前例を探すために費されるかを理解するのはむずかしい。裁判では判例が、とくに高名な裁判官や高等裁判所の判例が重んじられるが、そのような裁判官や裁判所が重視するのは控訴を免れた判決の前例である。

定型行動からの逸脱

定型的日常行動からの逸脱が動物たちにもたらす混乱を、ローレンツは彼がマルチナと呼んでペットにしているメスのアヒルの観察例によって説明している。マルチナは生後一週間になるまで、ローレンツ家の正面階段を昇って寝所に向かう習慣があった。彼女は階段を昇る前にまず飛び上がってから直角に曲がった。ある晩、彼女は急ぐあまり曲がるのを忘れ、階段の五段目に昇ったところでパニックに陥った様子で〝警戒声〟を発しながら階段の最下段に飛び下り、いつものようにそこで九〇度転回した。動物の定型行動を支配する脳組織は定型行動からの逸脱も監視しているように思える。

まだ情動反応を支配する大脳辺縁系のはたらきについて触れていないが、爬虫類的な定型行動を支配する脳組織が情動の乱れを導く可能性は否定できない。人間の場合、日常の定型的行動の中断である週末や休日には、ある種の情動的な乱れがあらわれる。会議や催し物や講演会などの行事には、あらかじめプログラムや講演要旨などが配布される。いずれも日常の定型的行動の中断による情動の乱れを緩和するためである。アメリカのアイゼンハワー元大統領は事前に協議事項を示されないと激怒したものである。

集団模倣行動

集団行動は、同種認識や性差認識のための種内の社会的交信行動のひとつである。しかし、神経学の教科書の索引項目に、集団行動や関連した模倣行動があげられていないのは不思議である。さきに注意したように同語反復や動作反復を含むジル・ドゥ・ラ・トゥーレット症候群は線条体の病変によるものとみられている。一九一二年にウィルソンは被殻と淡蒼球が退化していく病気について報告している。報告によれば一七歳になる少年の患者は〝さよなら〟が言えなかった。社会的交信行為に障害があることを示す。

神経学とは反対に、心理学の論文や書物には模倣行為についての豊富な話題が紹介されている。『社会的学習と模倣』(一九四一)という書物の中でミラーとドラードは、人間には生まれついての模倣という行為はなく、人間行動のすべては試行錯誤を通して学習されたものである、と主張している。しかし彼らは同時に動物間でたがいに他を模倣することを教える困難についても注目している。動物たちはむしろ放置されることによって模倣する能力をあらわす。われわれの研究所で生まれた三頭のリスザルは野生ではみられないとんぼ返りをする。このとんぼ返りは同じオリに入れられた近縁種のカツラザルからはじまったものである。若いメスの一頭からニホンザルのコロニー全体に拡がった、海水によるイモ洗いの習慣は、伊谷の報告(一九五八)によってよく知られている。ルイジアナのチンパンジーのあるグループでは、尿を掌に受けて飲む習慣がグループ内の一頭からはじまった。ダイアン・フォッシーによると、体をかく動作はゴリラを安心させる。彼女はこの動作によって一頭の若いゴリラとの接触に成功し、ゴリラの手に触れることができた。

もし人間行動のすべてが学習されたものならば、学習の座とみられる大脳新皮質の発達に大きな障害のある子どもたちが他人の動作をよく真似ることを理解するのがむずかしい。彼らのすぐれた模倣能力は彼らの生活にある種の秩序をあたえている。反対に、他人の言葉や動作を模倣する能力の障害は、自閉症の子どもの生活から秩序を奪っている。

ガジュセクは石器時代の文明の段階にある部族と白人とのはじめての出会いで、部族の全員が白人の動作――頭をかいたり、腰に手をやったり――を真似したと報告している。動作の模倣は、〃私もあなたの仲間だ〃というメッセージの発信であると考えられる（一九七三）。たがいに対峙した二頭のツノトカゲの挑戦動作も集団行動のひとつである。R-複合体の障害がこれらの行動にあたえる影響からして、同種認識や集団行動も類似の脳組織の支配下にあるものと推測される。

――選好行動――

選好《えりごのみ》行動には、対象が生物であれ無生物であれ、その対象に近づき所有しようとする正の行為と、遠ざけ逃がれようとする負の行為がある。オスのニジザルが彩色されておじぎする人形をメスとまちがえて反応するのは正の反応である。地面にある羽毛に配偶動作を示したオンドリの例もある。私は砕石のある場所や干しわらが置いてある場所で、そのような動作をするオスの七面鳥を見たことがある。多分このオスはメスの背中の硬い羽と同じ足ざわりを感じたためだろう。メスブタの皮をかぶせた人形はオスブタの精液採取に使われる。

さきの〃定型的行動〃や〃インプリンティング〃――刷り込み――は選好行為である。人間のフェティシズム――呪物崇拝――もひとつの選好行為である。行動学者の多くは、心理学者の批判を恐れて、人間の〃本能的〃行動に関する問題を避けて通ろうとする。彼らは人間の生まれつきの行動について尋ねられると、幼児が生まれてはじめて笑ったこと、立ち上がったこと、歩き出したこと、話しはじめたこと、などを列挙するのに止まってしまう。確かに幼児の笑いを誘導する視覚刺激についてはよく研究されている。幼児は人間の目をあらわす二つ(ときには三つ)のマルにはじめて笑いかけ、次第に顔に表情をあたえる細部への〝正の選好〟を示すようになる。

また、人間は多くの人間――社会――の中で育つので、幼児期をすぎた人間の選好の対象には美術や商業広告などが行動学者によってとりあげられる。たとえばピカソが同じ平面内に人物の二つの目と臀部を同時に描くのは、多分それが人間の古代画法への選好や部分描写への選好に訴えるからだろう。心理学者によるインクの染み模様を使ったロールシャッハテストは、患者の潜在的選好を発見するために利用される。

心理学や行動科学の研究が脳の知識なしで進められている現状からすると、選好行為と集団行動が結びついたファッション(髪型やリーバイスのブランドなど)、ゲーム(フラフープなど)や刊行物(ヘイリーの『ルーツ』など)が一夜にして地球上を覆ってしまうような日常的現象さえほとんど理解できない。また気候や生態学や経済学に要因が求められている周期的、非周期的な民族移動も、人間の脳に潜在する選好性を避けて理解することはむずかしい。

現在世界の各国で進められている認知科学の最終目標のひとつは、動物や人間が対象物の全体を瞬時に理解するメカニズムの発見である。しかし、その反対の、対象物の一部から全体を推測する脳のメカニズムについてはあまり関心が払われていない。現在、視覚系の個別的細胞の電気的活動の記録から、対象物の濃淡コントラスト、曲り角、方向、運動、色彩、などに別々に反応する細胞が発見され、コントラスト検出器、方向検出器、などと呼ばれている。あたかも個々の細胞が一種か二種の外部刺激を感じるライプニッツのモナドになったかのようである。しかし正確にいえば特定の外部刺激に反応するのは、特定の細胞が属している神経組織である。リスザルの場合、同じ種の仲間の声をききわけるのは辺縁皮質と新皮質内の細胞群である。またリスザルは鏡に映った自分の片目に〝挨拶〟する。私は、サルの身体の一部(片目)に反応する特定の細胞群がその細胞群が属する神経組織を活性化させ、そこに貯えられていた遺伝的反応をひきだした可能性があると考えている。

――反復行為――

トカゲは仲間への交信行為を繰り返しによって強調する。一九六〇年と一九七二年のアメリカ大統領選挙のとき、主要な出版物に四五三六回候補者の写真があらわれたが、選挙の勝者はいずれのときも写真の数が敗者より多かった。

予期できない緊急時にあらわれる強い情動反応にともなう反復動作は代替動作と呼ばれる。恐怖におそわれたときの鳥のあわただしい身づくろいなどがその例である。大脳辺縁系が情動反応の座であり、反復動作はR-複合体のはたらきであるから、代替動作は辺縁系と複合体が同時に関与する行動であると考えられる。実際、辺縁系古皮質の海馬に電気刺激を受けたネコは恐怖の表現のあとで激しく毛づくろいをする。電気刺激を受けた海馬の放電がR-複合体に拡散して反復動作を誘導したものと解釈される。代替動作はまた〝ストレス〟の〝修復〟の手段であるとも解釈される。辺縁系のストレスがR-複合体が司令する筋肉運動によって修復される神経回路が、脳の中に備わっているものと解釈される。

人間が情動的に不安になったときに示す毛髪掻き、顔叩き、手叩き、咳ばらい、鼻ほじり、爪かじり、つば吐き、などは動物の身づくろいにみられる反復動作に対応する。高名な指揮者バーンスタインがこう語ったことがある。〝私はからだ中を清めなければ気がすまなかった。もう二度シャワーを使ったが、またシャワーをあびた。それは儀式である〟。大学、会社、政府組織などでみられる頻繁な委員会の設置や委員の任命は、組織の緊張度を測る目安である。

―― **再演行為** ――

誕生パーティーや革命記念祭などは毎年繰り返される再演行事である。イグアナの産卵行動は動物の再演行為の一例である。北米産モルモットが冬眠から覚めてその年はじめて地上に出てくる日を祝うキャンドルマス(二月二日)は、炭酸カルシウムの摂取をすすめ、豚の生肉を食べるのを禁止しようという集団的同意からはじまった行事と思われる。人間の大脳新皮質が発明した再演行為の一例である。イグアナによる産卵の再演行為はイグアナのR-複合体のはたらきによっている。

―― **擬動作** ――

生物が他の生物を捕食して生活するようになってから、擬動作は捕食者にとっても被補食者にとっても生き残りのための重要な戦略である。擬動作を司令する神経組織については何も知られていないが、R-複合体内で発見される可能性は非常に高い。実際ネコの視床下部と淡蒼球間の伝達路を刺激すると、獲物に近づくときに使われる忍び足が誘導される。コモドドラゴンは何日も忍び足で鹿のあとをつけたり、一か所で何時間も獲物を持ち伏せしたりする。

動物であれ人間であれ、擬動作の評判は悪い。数学者でもある現代を代表するある哲学者は書評家に次のように書かれたことがある。〝真実こそ彼が仕えた神である。しかし婦人をだますことは彼にとっては日常茶飯事だった〟。

実際われわれの文化が〝正直は最大のポリシー〟と教えるのに、なぜわれわれはこのようにしばしば人をだます危険をおかすのだろう。教師は、教室内では誠実であるべきことを教えながら、教室の外でおこなわれるスポーツの試合では相手に勝つかけ引きを教える。

――結びとコメント――

これまで、動物の神経行動学的考察を通して、人間行動とのちがいや類似点を考えてみた。たとえば動物の反射脳が生殖行動となわばり行動の両方を支配していることから、人間社会にみられるさまざまななわばり行動も、種族保存のための空間の確保という遺伝的衝動から発しているものと推測される。

人間の正常な反射脳のはたらきを知るためには、R-複合体とその神経伝達路の病変がもたらす精神や行動の障害の観察が必要となる。観察には二つの方向がある。さまざまな障害や異常を詳細に記録し、それらの比較から〝負の症候〟、つまり正常な行動があらわれなくなる症候をもたらす病変の部位を特定する方向と、最新の計算機技術や組織解剖学や神経化学を利用して、過去には死後解剖によってしか得られなかった脳内の構造を細胞レベルで把握する方向である。ドイツの神経学者オスカー・フォークトが死ぬ二年前に私に次のように話したのを思い出す。〝研究者の多くがR‐複合体に関心を示さないのは、その断層映像が知られていないからである〟。今日の磁器共鳴法、陽電子放射トモグラフィなどの非破壊検査技術の進歩は、R‐複合体の今後の研究の進展に役立つものと思う。このR‐複合体が運動機能に結びついていることは以前から考えられていたが、本書では、その運動とは動物の個体維持と種族保存の衝動から発する定型行動と仲間同士での前意味論的交信行動であることを示した。

動物が霊長類に進化する過程で、R‐複合体が視床と同調しながら拡大していったことは注目すべきことである。ステファンは、線条R‐複合体の拡大を脳進化の指標と考え、類人猿の爬虫類に対する進化指標は六・五倍、人間は一四倍と推計した(一九七九)。過去にR‐複合体は〝退化組織〟、またはまだ周辺的な役割を残している〝進化の遺物〟と考えられてきた。また、大脳新皮質の進化によってそのはたらきを奪われた組織、とも呼ばれた。しかし、〝未来の超人間は線条複合体をもっていないだろう〟というキニエ・ウィルソンの一九一四年の予言を支持する事実は現在ひとつもない。

本書の目標は理性脳、情動脳、反射脳が一体となった〝主観脳〟を研究する〝エピステミクス〟の提唱である。この本の前半にあたるこれまでの各章で考えたのは、このうちの反射脳、つまり線条複合体、またはR‐複合体(爬虫類脳)である。自分自身の脳について考える人間の主観脳の出現のためには、情動脳(前期哺乳類脳)と理性脳(新哺乳類脳)の進化をまたなければならない。次の章では、爬虫類から哺乳類への進化の過渡期に地球上にあらわれ、その後絶滅した哺乳類型爬虫類から哺乳類への進化の足どりをたどってみる。

8 哺乳類型爬虫類セラプシド

哺乳類型爬虫類は、爬虫類の中では人間の祖先にもっとも近い。しかし進化に関する書物の中では、同じ絶滅した爬虫類の仲間である恐竜《ダイノザウルス》などにくらべて大きく扱われることはなかった。このことについてアルフレッド・ロマーは次のように書いている。〝哺乳類が爬虫類の王国の継承者となったのが比較的新しいことから、哺乳類は爬虫類の歴史の後期に出現したと考えられがちである。しかし現実はその逆である〟(一九六六)。

実際、哺乳類型爬虫類は、恐竜の時代よりはるか昔の二畳期(図8・1)に世界に広く棲息していた。その化石は地球上のすべての大陸で発見されており、二億五〇〇〇万年前には地球にはパンゲアと呼ばれるただひとつの大陸(図8・2)しかなかったというアルフレッド・ウェゲナーの仮説(一九一五)とも符合する。一九六九年から一九七一年までの間に、南アフリカのカルー台地に類似した南極で哺乳類爬虫類の化石が発見されているが、かつて南極は南アフリカとつながって大南極大陸を形成していた。南アフリカと南アメリカにみられるテーブル・マウンテンがインドのゴンドワナ地方を思い出させることから、この大陸はスエズ(一九〇四)によってゴンドワナ大陸と呼ばれた(図8・3)。

高名な古生物学者ロバート・ブルームは次のようにコメントしている。〝鮮新世を別とすれば生物の歴史の中で二畳紀中期から三畳紀前期にかけてほど重要な時期はなかった。この期間に爬虫類は少しずつ哺乳類型に移行し、原始的ではあるが最初の哺乳類を出現させたからである。南アフリカのカルー泥板岩層では、この重要な時期の陸棲動物のほとんど連続的な進化の歴史をみることができる〟。

数百万年も前に絶滅した動物の行動をどうして知ることができるだろうか。古生物学では骨格や歯の変化から動物の行動ばかりでなく、新陳代謝や体温調節の進化を推測する。たとえば骨の形や筋肉やアキレス腱の挿入個所を調べれば体の部分がどのように使われたかを知ることができる。また、骨への血流の供給様式からは動物の〝冷血〟か〝温血〟かを推定するヒントが得られる。

今までに多くの古生物学者が哺乳類型爬虫類について研究してきたが、脳の形や大きさについてはまだよく知られていない。本書ではこの問題を中心にして哺乳類型爬虫類の仲間の間の異同を考察し、哺乳類との比較を試みたい。

8・1 ▼哺乳類型爬虫類の進化

ギリシア語の *phylon* は部族または民族という意味がある。英語の phylogeny は生物または生物グループの進化の歴史という意味である（日本語では系統発生学と訳される）。セラプシドのもっとも進んだタイプであるシノドント（犬歯類）を爬虫類と哺乳類の境界におくと、哺乳類型爬虫類の系統発生学上の位置を次のように定めることができる。

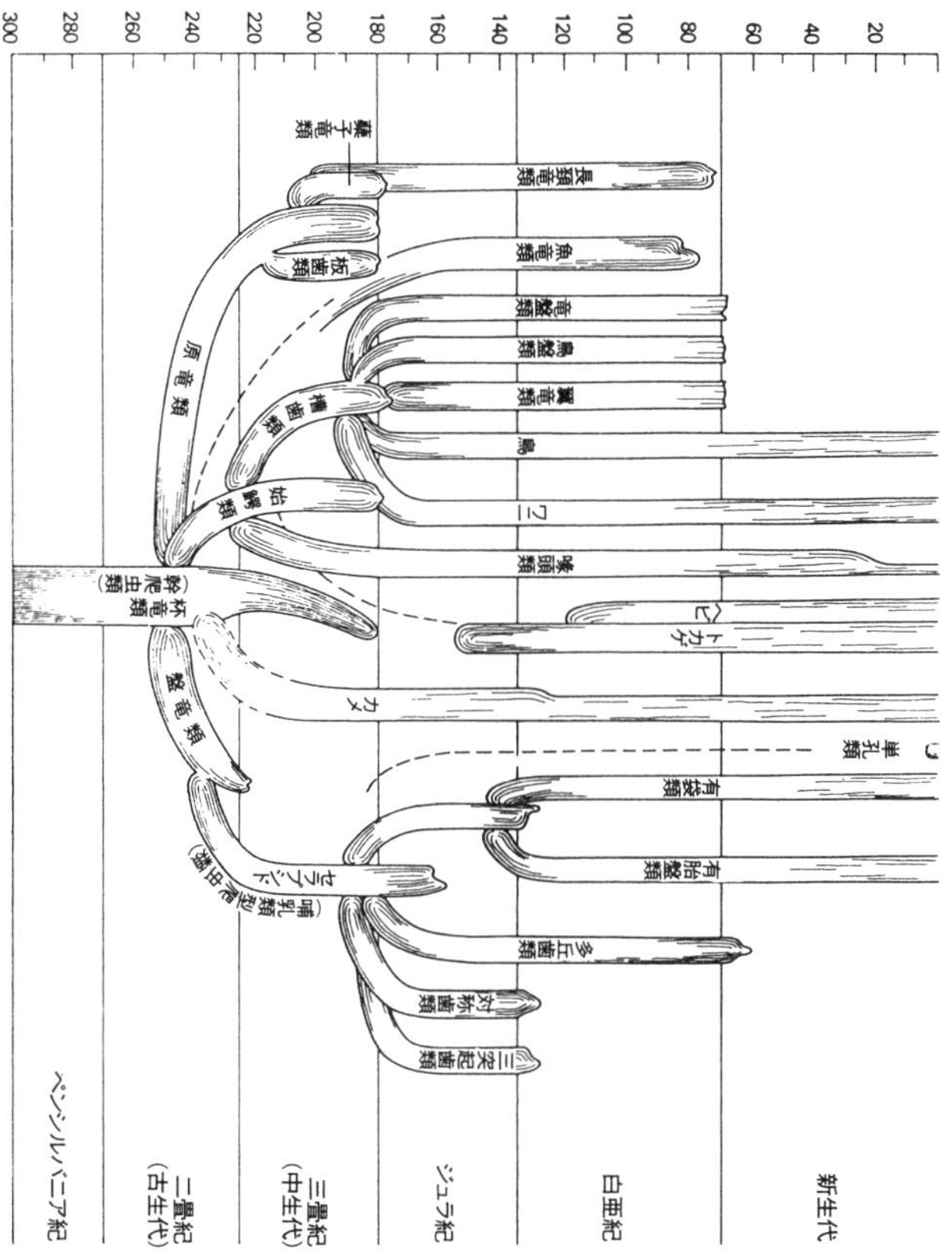

図8・1▶ 爬虫類の系統発生を示すサボテン図。主幹は古生代にあらわれた幹爬虫類(コチロザウルス)を示す。右側の第1側枝は哺乳類に達する。セラプシドは哺乳類の出現の足場になった哺乳類型爬虫類である。セラプシドは二畳紀に分岐してダイノザウルスが栄えはじめる中生代の初期に絶滅する。セラプシドと現存するカメ、トカゲ、ヘビ、ワニやニュージーランドのムカシトカゲの時間的前後関係に注意。水棲の爬虫類は左側に示す。縦軸は100万年を単位としている。Romer and Colbert(1966)より。

綱　（爬虫類）
亜綱　（單弓類）
目　（獣弓類）
亜目　（獣歯類）
下目　（鼬竜類）
科　（可動顎類）

―爬虫類の頭骨の分類上の特徴―

オズボーンによると、〝爬虫類を側頭骨で分類する〟考えは一八六七年にギュンターが喙頭類《かいとう》と有鱗類の分類に使ったことからはじまる。現在使われている分類用語はコープ（一八九二）、オズボーン（一九〇三）、ウィリストン（一九二五）、コルベール（一九四五）に負うところが大きい。原始的な形では側頭の上皮骨は固い屋根のようにみえる。コープははじめて、アゴの内転に必要な筋肉を用意するために側頭骨面に開口部ができたという仮説を唱え、開口部の天井となるアーチ状の骨に注目した。のちにオズボーンはこのアーチにラテン語のapsis――アプシス――という言葉をあてた。壁をへこませたアーチのある小部屋を意味する建築用語であ

図8・2▶パンゲア大陸。最初の哺乳類型爬虫類が出現したころ、現在みられる諸大陸は集まってひとつの超大陸パンゲアをつくっていた。現在の地中海とインド洋はひとつになってオセアヌスの女神にちなんでテシスと呼ばれる海になっていた。小さなひもという意味のコーディリアと呼ばれる海は現在の南北アメリカ大陸の南側にあり、その海岸線に沿う山脈が南北に走っていた。インドとマダカスカルの位置に注意。その後インドはテシス海を移動してヒマラヤ山脈に突き当たった。Irving(1977)より再構成。

る。

図8・4に示すように、開口部を特徴づける二つの骨――眼窩後方骨と鱗骨――が爬虫類の分類に重要な役割を果たす。側頭開口部やアーチをもたない幹種爬虫類はapsisをもたないという意味でanapsids――アナプシド（無弓類）と呼ばれる（図8・3A）。同じことはカメ類にもあてはまる。オズボーンは単一の開口部の上部に単一のアーチをもつものをsynapsids――シナプシド（単弓類）――と呼んだ（図8・3C）。二つの開口部をもつものはdiapsids――ダイアプシド（双弓類）――である（図8・3D）。この仲間には――恐竜類、ワニ類、喙頭《かい》類、ヘビ、トカゲなどがある。水棲のプラコドント、ノソザウルス、長頚竜類（図8・1）を含む絶滅したグループは中央を親骨で、後部を広い頬骨で区切られた（図8・3B）単一の開口部が特徴である。コルベール（一九四五）はこのグループをその広い鱗骨と後部眼窩骨によってeuryapsid――ユーリアプシド（広弓類）――と呼んだ。

進んだシナプシドの仲間では、開口部が拡大してアーチ（弓）は哺乳類の頬骨のように縮少するのでギリシア語で哺乳類に相当するtherionをとってtherapsids――セラプシド（獣弓類）――と呼ばれる。

――セラプシドにいたる形態変化――

一八八〇年と一八八二年にコープは彼が幹種と考える爬虫類の目を杯竜類と呼んだ。その最古の例はノヴァ・スコシアの石炭層から発見されたヒロノマスで、側頭開口部をもたないアナプシドである。ローマーが説明したように、シナプシドは古いタイプのペリコザウリア目と新しいタイプのセラプシダ目に分けられる。前者に属するバラノザウルスは小さな側頭開口部をもち、その相対的な大きさはトカゲとあま

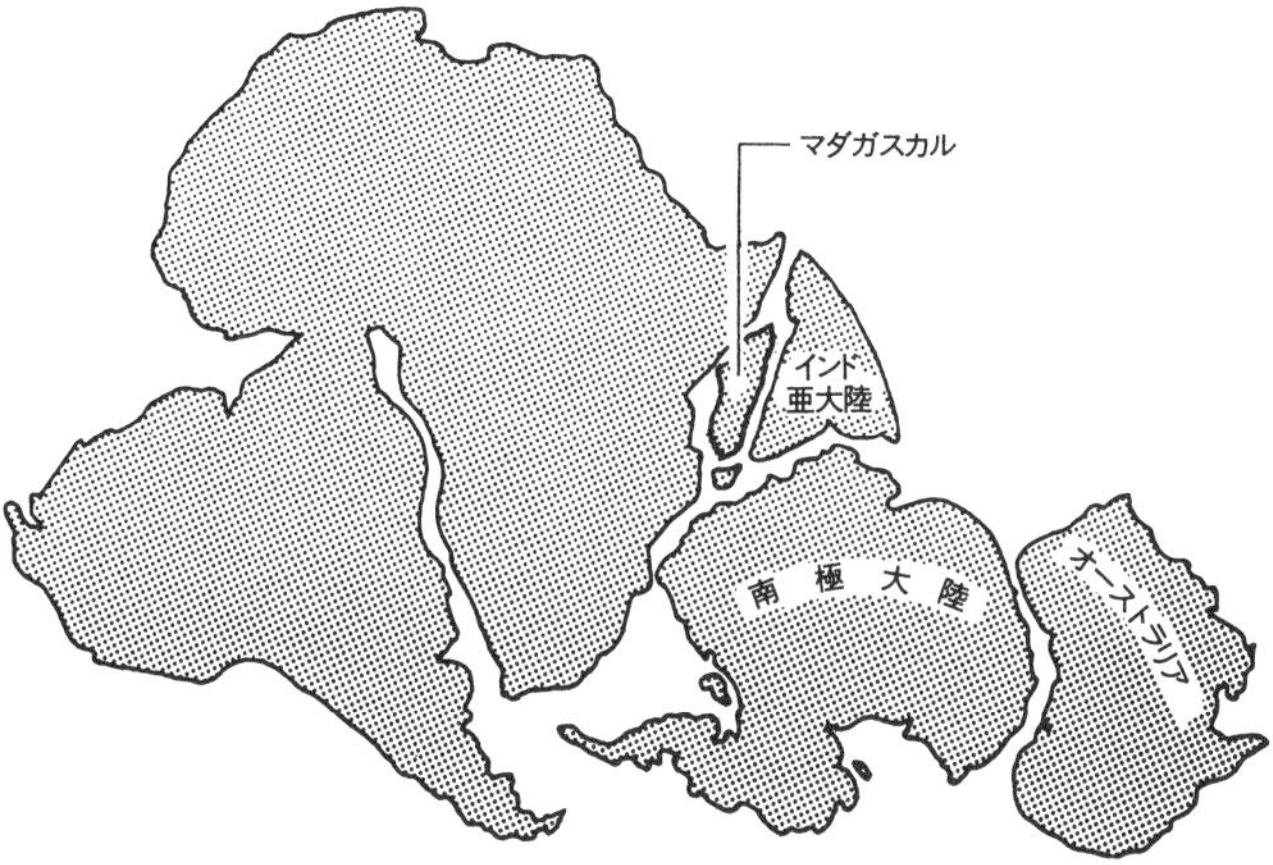

図8・3▶ ゴンドワナ大陸。インド大陸のゴンドワナとの地質学的類似から、スエズ(1904)は南方の大陸の存在を予想し、ゴンドワナ大陸と呼んだ。1969年にコルベールたちは南極大陸にある南アフリカの初期三畳期岩床に似た斜面で哺乳類型爬虫類の化石を発見した。その後の探検(図8・13参照)で南極大陸とアフリカが続いていたことがわかり、哺乳類型爬虫類がローラシアと呼ばれた北方大陸の一部を含む地球上の全大陸に分布していたことが推測される。ローラシアとゴンドワナ大陸はパンゲア大陸が分割して生まれたものと考えられる。Palmer(1974)から再構成。

り変わらない（図8・5B）。新しいタイプの代表的な例は背中に長い〝帆〟をつけたディメトロドン綱（図8・6）に属するスフェナコドントである。スフェナコドントのうち背中に帆をつけていないグループからセラプシドに進化したものと思われる。

ロマーは、ロシアの二畳紀の地層で発見されたフシノスシドをセラプシドの原始型（図8・7）と考えている。この仲間はペリコザウルスより大きな側頭開口部と上歯にかみ合う下歯をもっている。これらの特徴はセラプシドのものである。

―セラプシド―

セラプシド（獣弓類）はセリオドンティア（獣歯類）とアノモドンティア（乱歯類）の上位目である。セラプシドは後期二畳紀と前期三畳紀の間に地上でもっとも栄えた脊椎動物である（図8・7）。南アフリカのカルー岩層には八〇〇〇億以上のセラプシドや他の哺乳類型爬虫類の遺体があるというロバート・ブルームの試算がある。獣歯類は肉食、乱歯類は主として草食である。哺乳類は肉食の仲間、とくに犬歯類から派生したものとみられるので、これからは考察を図8・7の左側に示す獣歯類に限ることにする。

―哺乳類への要件―

古生物学者たちは、セラプシドがつぎつぎに運動骨格や頭骨や歯やアゴ関節や中耳を変化させて哺乳類に近づいていったものと考えている。しかしこのことは変化がゆるやかで調和がとれていたということを必ず

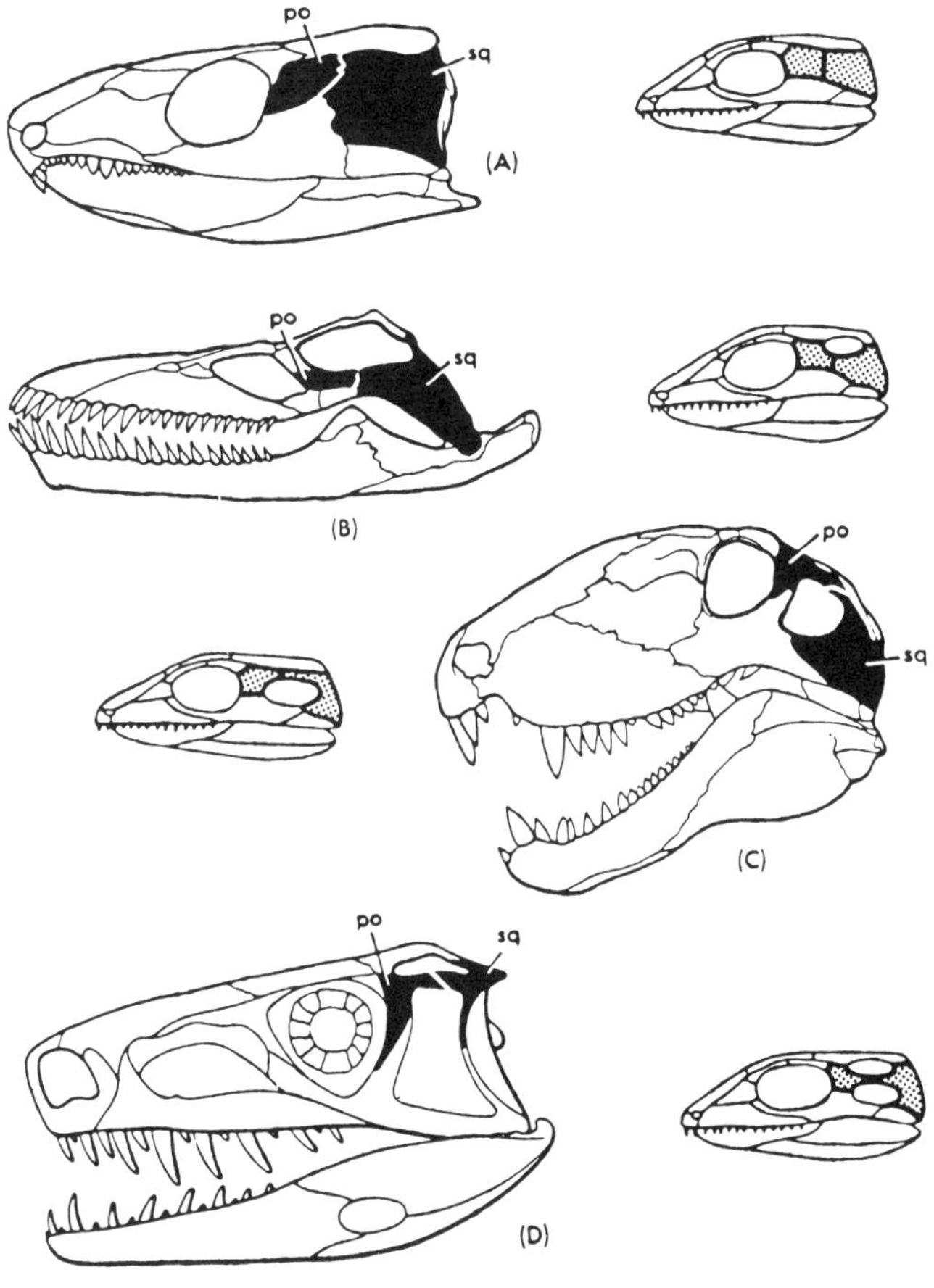

po……眼窩後骨
sq……方形骨

図8・4▶爬虫類の分類に使われる頭蓋骨の二つの特徴。(1)こめかみ開口部の数。(2)開口部と眼窩後骨(po)と方形骨(sp)の位置関係。オズボーン(1903)は哺乳類型爬虫類(C)の中で開口部上部のアーチがひとつのものをシナプシド(単弓類)と呼んだ。アプスはアーチのギリシア語である。(A)アナプシド：アーチがなく、幹爬虫類とカメの特徴をもつ。(B)ユーリアプシド：開口部の下に方形骨と眼窩後骨で形成される板状の広い頬骨をもち、絶滅した水棲爬虫類の特徴をもつ。(D)ダイアプシド：ダイノザウルスやヘビ、ワニ、トカゲの特徴をもつ。Colbert(1969)。

しも意味しない。

図8・7の左側の肉食セラプシドは獣頭類、恐歯類、犬歯類、獣形類、鼬竜類、そして三塊歯類である。

――体骨格――

セラプシドは初期の爬虫類に比べて直立に向かう準備体形をとる。またたとえば前肢のひじは後方に、後肢のひざは前方に曲がり、骨格が軽量化してすばやい動作や長距離の移動が容易になる。後期の獣頭類や恐歯類にみられる比較的に細長い骨からも行動の敏捷性がうかがえる(図8・8A)。しかし大多数のセラプシドは熊や穴熊のように頑丈な重い骨格をもっている(図8・8B)。セラプシドがより直立形に近づくためには指骨の長さの比が人間の手足のように2―3―3―3―3になる必要がある。獣頭類はこの条件を達成した最初のセラプシドであると思われる。

――頭蓋骨の変化――

獣頭類は哺乳類に近づくためのもうひとつの達成をとげている。側頭骨開口部の拡大と後部眼窩アーチの縮小である(図8・7)。哺乳類らしさは獣形類になるといっそう進んで、後部眼窩アーチがなくなり後部眼窩開口部と眼窩がつながってくる(図8・7)。これはまさに哺乳類の特徴である。獣形類と鼬竜類では後記する〝頭頂眼〟のための頭頂孔もなくなる。

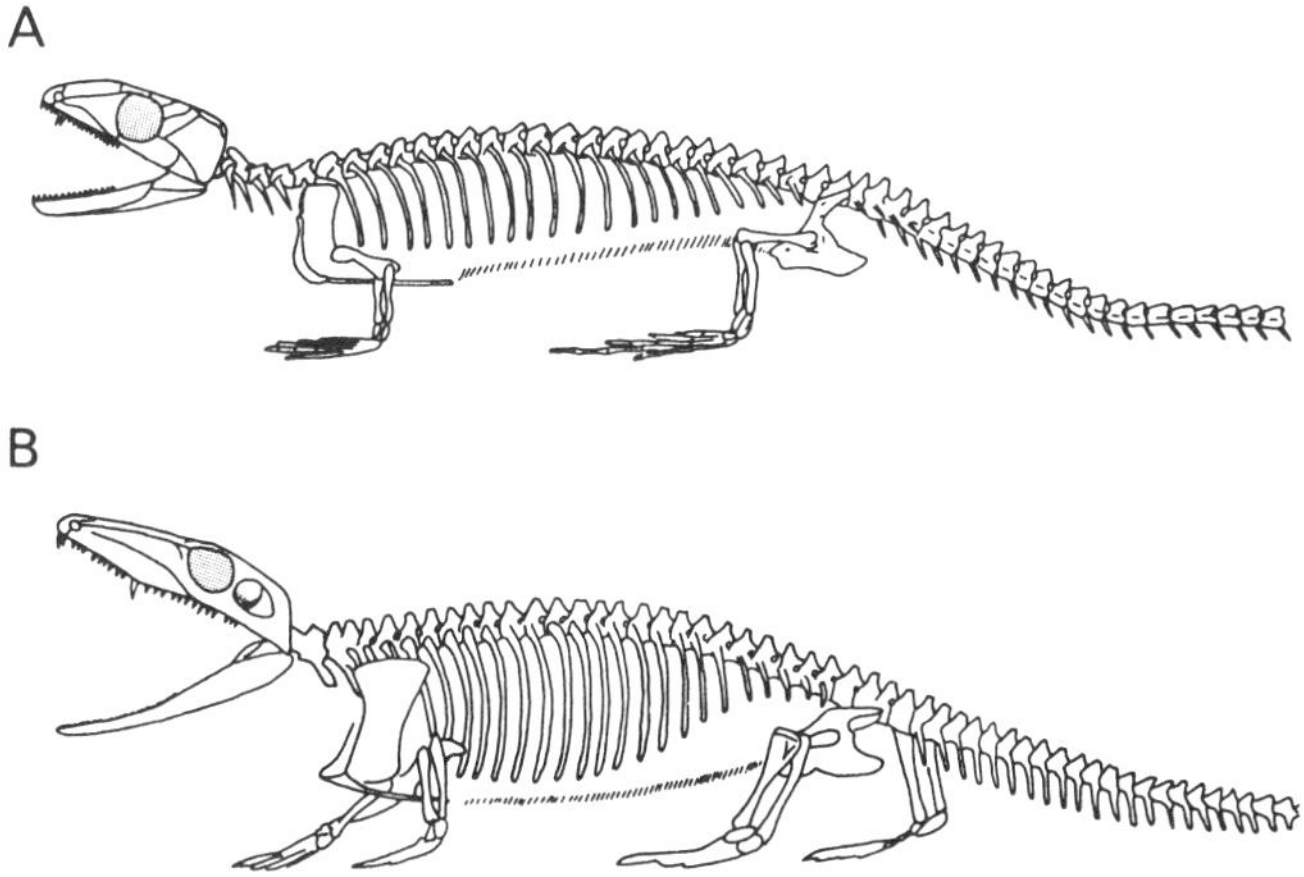

図8・5▶ 初期の爬虫類の骨格。(A)最古の爬虫類とされるヒロノマス。幹爬虫類(コティロサウルス)の1例。アナプシドの特徴に注意。(B)トカゲに似た初期の哺乳類型爬虫類ヴァラノザウルス。ペリコザウルスの仲間。後期の哺乳類型爬虫類シナプシドの特徴があらわれはじめている。Carrol(1964)とRomer(1966)からの再構成。

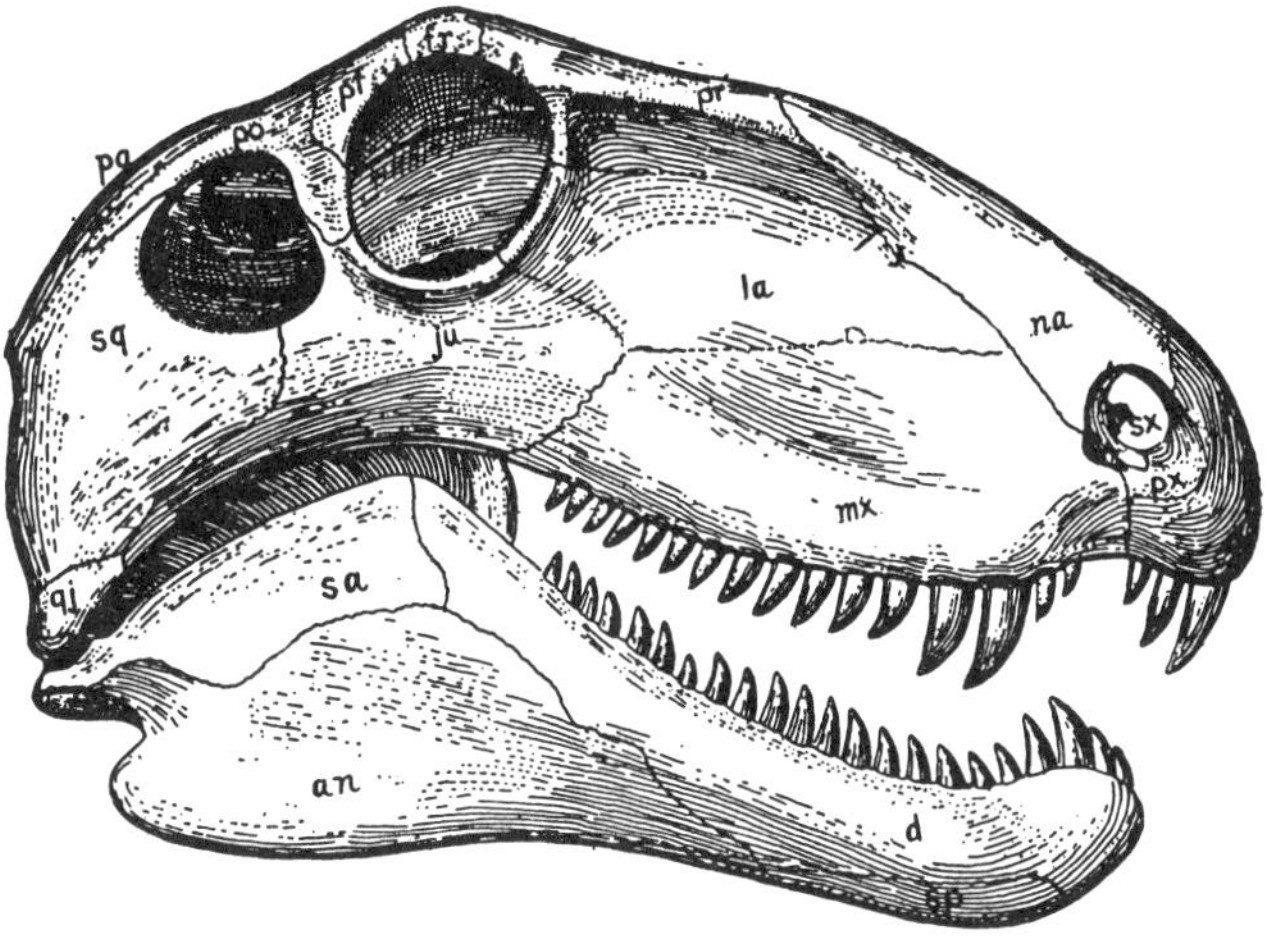

図8・6▶ 後期ペリコザウルスの仲間ディメトロドンの頭蓋骨。幹爬虫類からセラプシドへの過度期の特徴を示す。Williston(1925)。

換歯性

大多数の初期の爬虫類は現存する仲間と同様に一生の間に絶えず歯が生えかわる（多換歯性）。セラプシドではこの間に歯の特殊化が進められる。獣頭類と恐歯類では、前歯が大きくなり後歯が小さくなるか消失する。犬歯類と獣形類では歯はものをはさみ、つかまえるための門歯と、ものを裂くための犬歯と、ものを切断し砕くための臼歯に変化していく。三塊歯類と鼬竜類（図8・7）では臼冠が哺乳類のものと似てくるが、哺乳類の二生歯性にはいたっていない。

二次口蓋

初期の獣頭類と犬歯類はいずれも二次口蓋をもたない点で原始的な特徴を残している。後期の獣頭類は膜状の口蓋をもっていたかもしれない。犬歯類と獣形類による骨性の二次口蓋の獲得は爬虫類にとっての大きな革新的出来事だった。食物を細かく嚙み砕く作業と呼吸が同時に行えるようになったからである。このような口蓋をもたない爬虫類は大きなかたまりの食物をのみ込むとき窒息しやすい。食物を嚙み砕くことは消化とエネルギーへの変換時間を短縮するという生理学的効果をもつ。

アゴ関節

一九三二年にブルームは次のようにコメントしている。〝鼬竜類は関節骨—方形骨でつくられるアゴ関節をもつ点以外ではきわめて哺乳類に近い〟。すべての爬虫類はアゴ関節の下部は上部の方形骨に関節骨によって

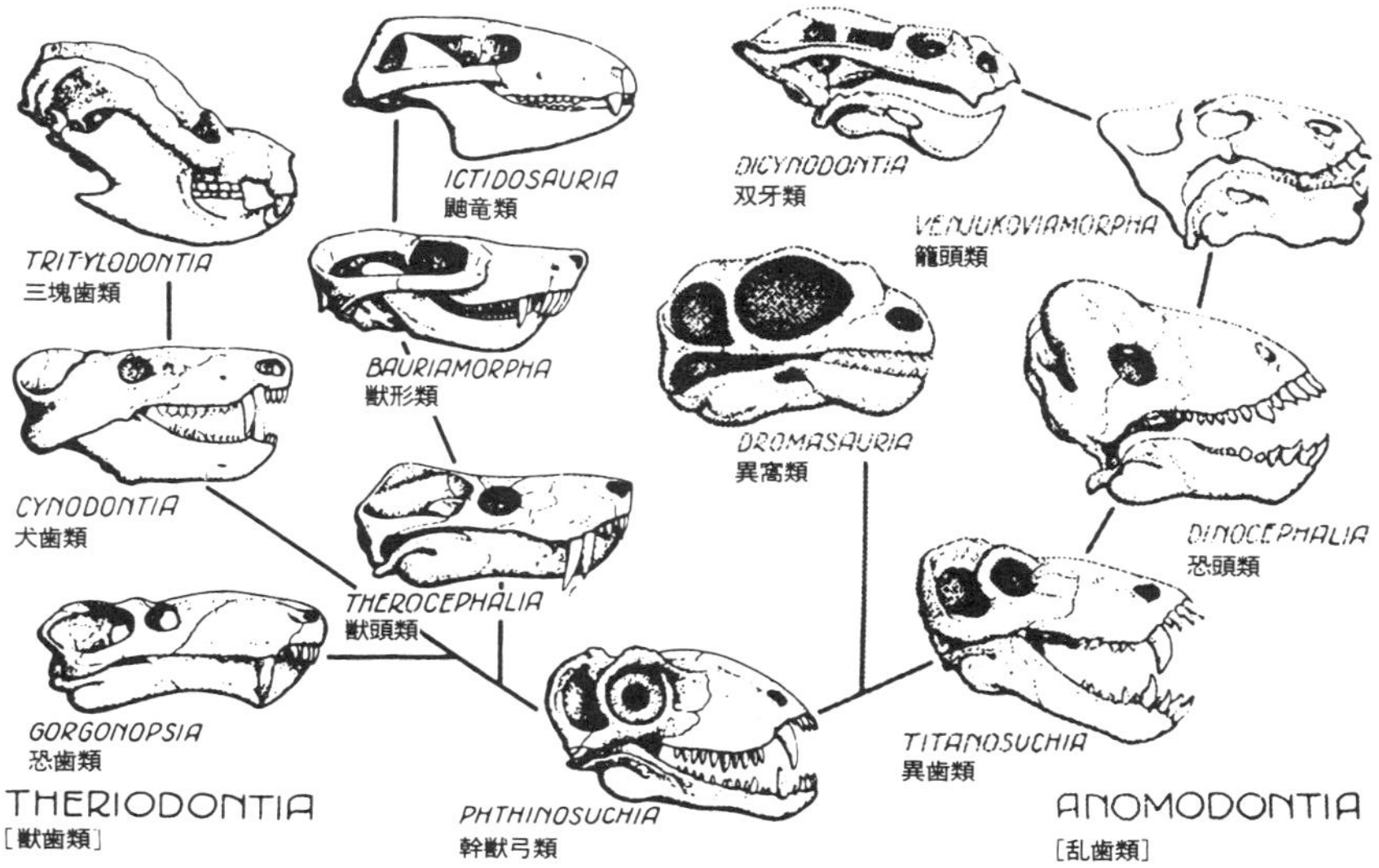

図8・7▶ セラプシドの"家系図"。ロマーはフシノスチアを肉食性と草食性の2グループのセラプシドの元祖と考えている。左側の肉食の系統から哺乳類があらわれた。頭蓋骨、歯、アゴの特徴が哺乳類に近づいていく様子に注意。Romer(1966)。

ちょうつがい状に取りつけられているが、哺乳類では反対に下アゴの大きな歯骨が頭蓋骨の鱗骨に直接ちょうつがいになっている。この二つの骨は犬歯類では小さくなり、鼬竜類では消失する。爬虫類と哺乳類の境界上にある鼬竜類の仲間はディアルスログナサス――二重可動顎類――と呼ばれる。歯骨―鱗骨、関節骨―方形骨という二重のちょうつがいでアゴがつながっているからである。

8・2 ▼進化への問題点

セラプシドから哺乳類にいたる進化の過程で生理学的、行動学的に重要であると思われる次の五つの問題を考えてみたい。(1)セラプシドは冷血か温血か? (2)情報交換の方法は? (3)育卵・育児の証拠は? (4)音声を発したか? また聞こえたか? (5)脳の大きさと形は?

――冷血か温血か――

現存する爬虫類は〃冷血〃と呼ばれる。同じ場所に静止していると体温が環境の温度に近づくからである。変温動物とも呼ばれる。

骨の管束化の状況から絶滅動物の体温調節機能を推測できる。〃温血ダイノザウルスに対する冷い観察〃というシンポジウムで、その骨の断面の骨小洞のパターンが鳥類や哺乳類のものに似ているところから、ダイノザウルスは温血ではないか、という意見もあった。しかし爬虫類、鳥類、哺乳類の間でも管束化の程度に変化があり、鳥類や哺乳類でも管束化が進んでいないものがあるとの指摘もあった。とくにセラプシドには

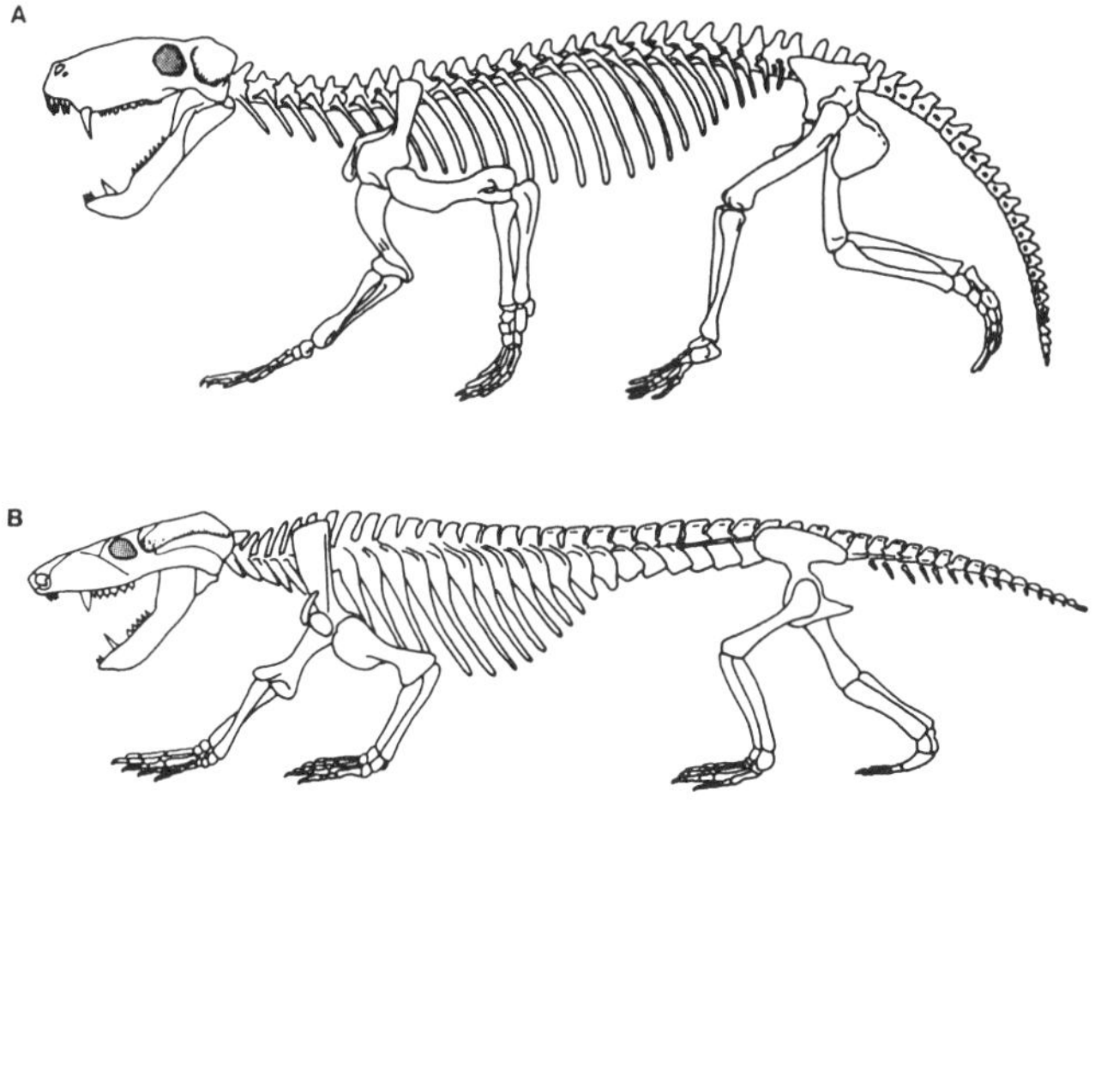

図8・8▶肉食性の哺乳類型爬虫類の2例。(A)オオカミに似た恐歯類。(B)イヌに似た歯をもつ犬歯類。Colbert(1969)とBrink(1956)から再構成。

二つのタイプの管束化された骨があり、そのひとつは多くの哺乳類のものとよく似ている。

哺乳類型爬虫類の進んだ仲間は温血だった可能性を示す頭頂眼——第三の眼——の観察がある。頭頂眼は二つの頭頂骨の境界線の中央にある光受容器官である。頭蓋骨の開口部はこの眼から松果腺（大脳骨端）に向かっている。脊椎動物を骨端と頭頂眼によって次の三種に分類することができる。

	骨端	頭頂眼
O	なし	なし
I	あり	なし
II	あり	あり

ロスたちはダイノザウルスはO型らしいという。ワニ、デュゴン、マナティもO型である。I型はほとんどの硬骨魚、鳥、哺乳類、赤道近くに棲むトカゲなどである。初期の肉鰭類（肺魚を含む）そして、一八科中一一科のトカゲはII型である。肉鰭類の総鰭類（シーラカンスを含む）は迷歯類（迷宮状の歯をもつ両生類）の先祖で、幹種爬虫類の祖先であるとみられる。

トカゲの頭頂眼を破壊するとサーモスタットが約二度高く再設定される。この事実から、哺乳類型爬虫類の頭頂眼の消失を温血動物への移行に結びつけることが可能である。しかし肺魚のように頭頂眼を失いながら今日まで存続している多くの変温動物がいることにも注意しなければならない。

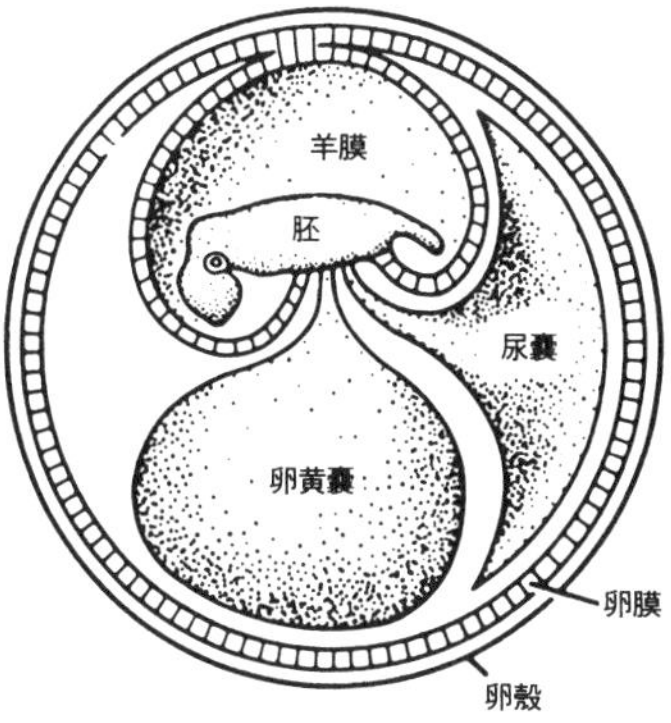

A

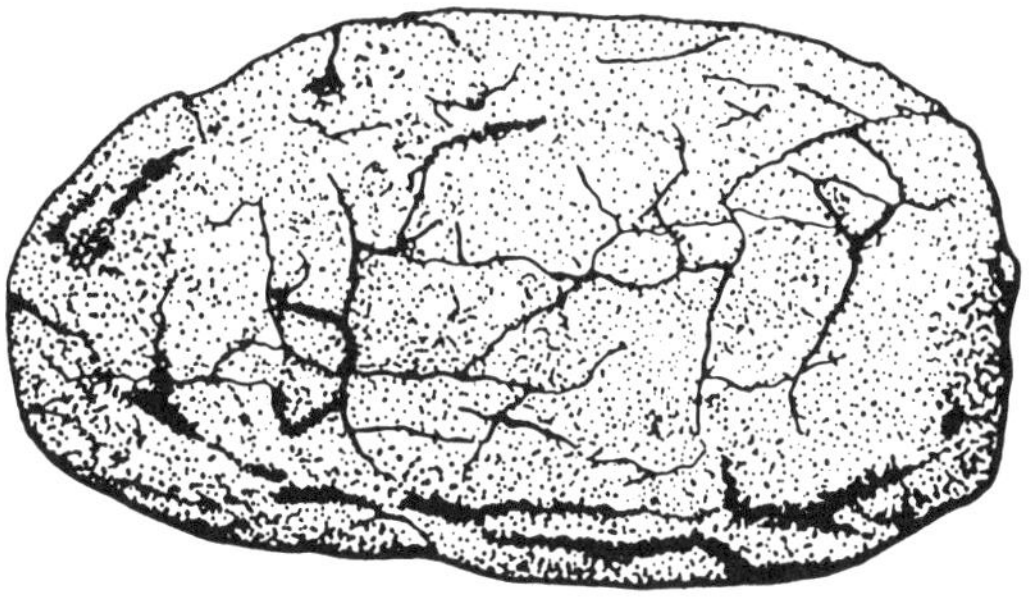

B

図8・9▶ 爬虫類の羊膜卵の断面図と最古とされる卵の化石。(A)emb=胚、am=羊水、y=卵黄嚢、al=尿嚢、ch=卵膜、s=卵殻。Colbert(1969)。

体温調節にともなう動物の自律的行動の変化は、動物の進化過程を神経行動学的な面から考える上で興味深い。たとえば鳥類や哺乳類が寒さを防ぐための逆毛立ては、敵に遭遇した動物が自分を大きく見せるのに役立つ。グリーンバーグは同様の反応を示す四種のトカゲの例もあげている。セラプシドの骨格に筋肉をつけてみて、ノドブエの張り、頭蓋矢状縫合の拡張、つま先の延長など、現存のトカゲにみられるような情報発信行為にみえるかどうか。

育卵と育児

ロマー(一九六六)は羊膜卵を〝爬虫類の進化の歴史で最大の発明〟と表現している。危険の多い水中で幼生をすごすことなく、陸上で成体になるまで保護されるからである。カエルやサンショウウオなどの卵のように、成体まで幼生を育てるには十分ではない大きさのものもある。図8・9Bは、テキサスの二畳紀岩層下部で発見された爬虫類最古のものとして知られる卵を示す。図8・9Aは羊膜卵の内部構造を示す。羊膜——amnion——の ammos はギリシア語の羊である。この名前は多分羊の幼生を包む輝くような膜との連想からつけられたものだろう。羊膜卵は次の三つの袋を含んでいる。(1)羊膜、(2)卵黄嚢、(3)尿膜。これらはすべて卵膜に包まれ、卵膜は卵殻で保護されている。爬虫類の卵は柔かく、湿った吸取紙のような感触をあたえる。

セラプシドの進んだタイプのものは卵を育てただろうか。現在のところ、この問いに答える証拠はないが、現在する哺乳類の中でもっとも原始的な単孔類の育卵の観察はひとつの手がかりになる。単孔類は爬虫類のように単一の排泄口しかもたないためその名がある。カモノハシとハリモグラがその代表である。カモノハ

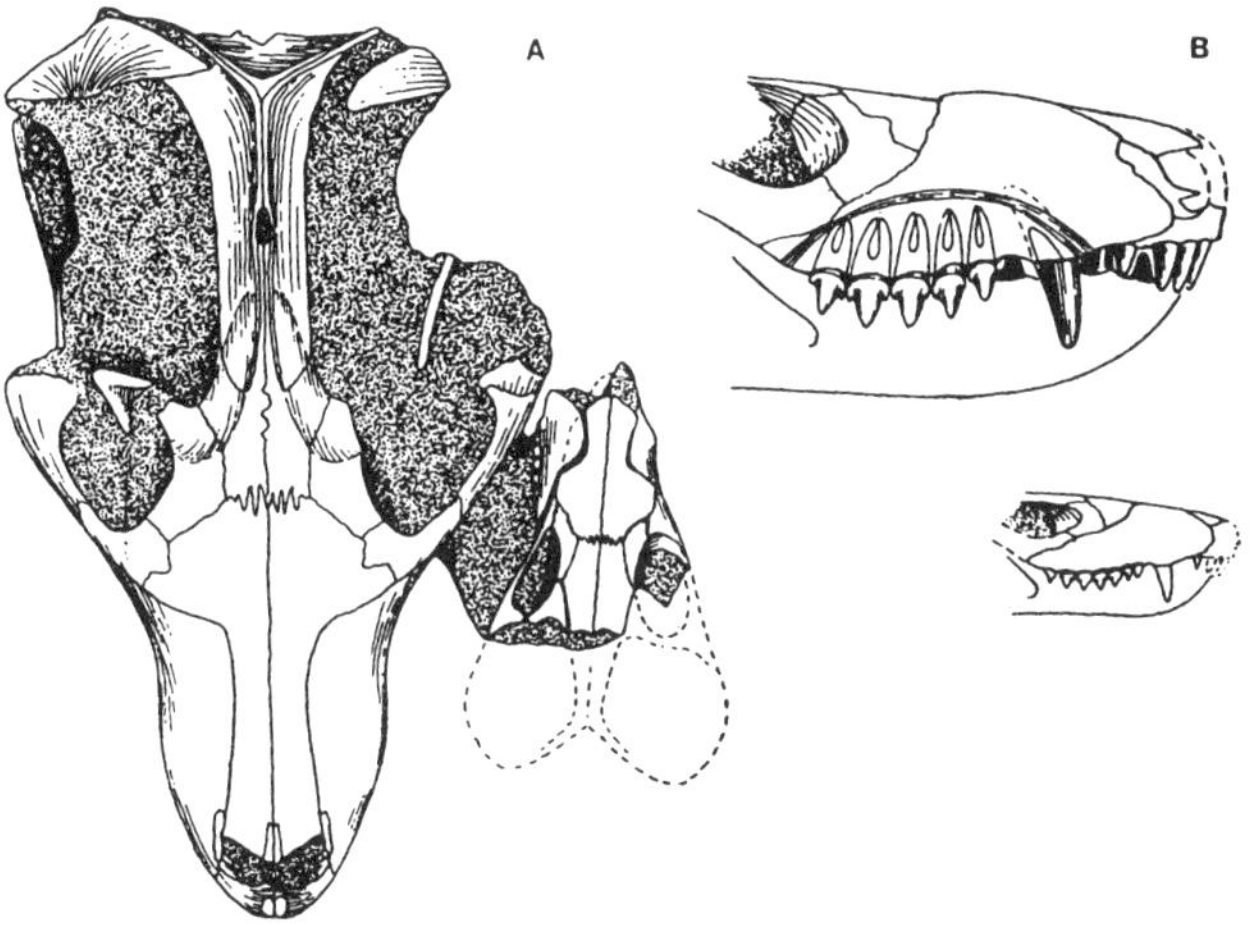

図8・10▶ 犬歯類のオトナの頭蓋骨の化石の傍らで発見されたコドモの頭蓋骨の化石(A)と歯の側面図(B)。ブリンクは母子ではないかと推測した。哺乳類型爬虫類の育児の可能性を示す唯一の例。Brink(1955)。

シは一生を水流の中ですごし、ハリモグラは森の奥深くに身を隠す。彼らは高等哺乳類の乳頭のかわりに汗腺を利用して子どもに授乳するため哺乳類の仲間に入れられる。大脳新皮質の発達段階からみて、カモノハシ（そのクチバシが新皮質の役割を果たす）はハリモグラより原始的である。単孔類の祖先を更新世（図8・1）を越えて過去にたどることはできないが、ロマーは彼らが哺乳類型爬虫類の子孫である可能性は非常に高いと考えている。単孔類のように、哺乳類型爬虫類も卵を育てたものと考えられる。

　哺乳類型爬虫類は育児をしただろうか？　またコモドドラゴンのように彼らの子どもは肉食動物を逃れて木の中に逃れただろうか？　一九五五年にブリンクは、南アフリカの〝オールド・ブリックフィールド・ドンガ〟でキチングが発見した頭蓋骨を調べているうちに、子どものシノドントが成長した個体に寄り添う形になっているのを発見した（図8・10）。彼は成長した個体はメスらしいことを説明したのち、二つの化石は母子である可能性が強いと考えた。

　フィッチは卵生と抱卵はひと組になって進化したと考える（一九六六）。彼はまず抱卵性の爬虫類は分泌性であり、メスの卵に対する関心は嗅覚を通して誘導されると指摘する。卵と子どもへの距離的接近が母性愛への準備になったのである。三畳紀に向かって気温が周期的に上下しながら寒冷化に向かうと小型のセラプシドは卵を抱くことをおぼえたはずである。さらに卵を卵管内で保護しようとする努力から羊膜と胎盤が次第に形成されていったのだろう。

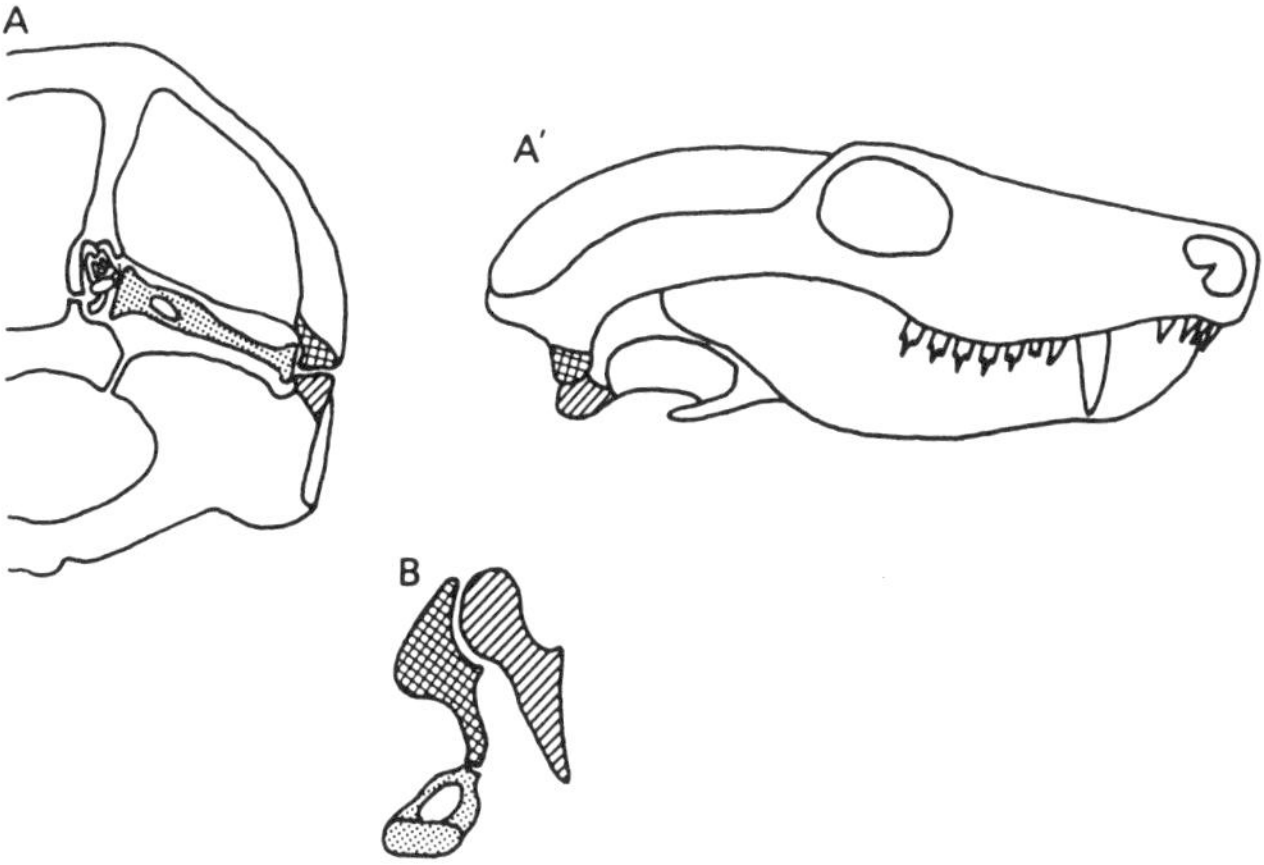

図8·11▶ アゴ関節の進化により中耳が形成される。哺乳類型爬虫類の頭蓋骨の断面(A)と側面(A')に示すアゴ関節の2個の骨(関節骨と方形骨)が金槌(斜線)と金床(交線)の形に変化して哺乳類の中耳(B)をつくる。網点部はあぶみ骨。Romer(1966)。

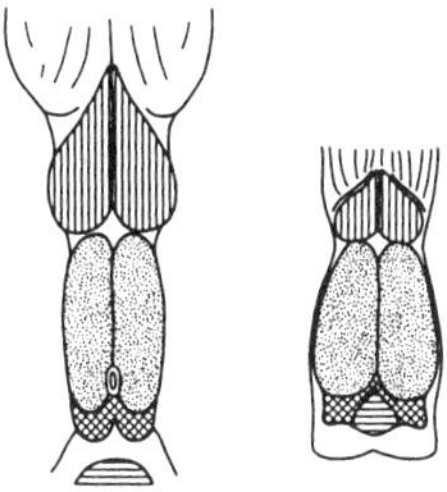

図8·12▶ 哺乳類型爬虫類と犬歯類の仲間ニソザウルスと初期爬虫類トリコノドンの脳の形状比較。前脳(付点)の大きさはいずれも約1.3センチメートルであるが、哺乳類型では前脳半球が相対的に膨張している。嗅覚球(縦線)のちがいにも注意。中脳は交線で示す。ニソザウルスには松果体が認められる。Simpson(1927)から構成。

図8・12からわかるように、シノドントの頭蓋骨は発達した嗅覚器官の存在を示す。このことから少なくともセラプシドの一部の母子関係は嗅覚によって維持されていたことがうかがえる。単孔類の例からわかるように、胎盤形成は子育ての準備としては本質的であるとはいえない。子育ての発達を考える上で多くの古生物学者がもっとも進化の段階の新しいセラプシドの仲間を哺乳類型爬虫類と呼ばずに爬虫類型哺乳類と呼んでいる。しかし爬虫類型乳房類と呼ぶ方がより適切かもしれない。

前世紀から、乳腺は汗腺または皮脂腺から派生したものと広く考えられてきた。セラプシドの進んだ仲間は毛穴と分泌腺をもち、体毛があった可能性が強い。また皮膚の状況から子どもが乳を吸うのに役立つ唇をもっていた可能性も強い。そこで暖を求めて母親の腹側に入りこんだ子どもは分泌腺から栄養物を受ける機会があっただろう。

― 音声交信 ―

セラプシドは音声を発し、またそれを聞くことができただろうか。それとも多くの現存するトカゲのように無声だっただろうか。動物の聴覚の広範な比較研究をしてきたウェーバーは次のようにコメントしている。〝脊椎動物の聴覚を研究する上でトカゲの耳の研究は特に重要である。なぜならトカゲは現存する他のどの爬虫類よりも幹種に近いからである〟。彼はまた、過去の行動学的アプローチは不毛だったと指摘する。しかしホットン(一九五九)は初期の哺乳類型爬虫類(ペリコザウルス)は低周波数の音を感じていたはずだという。アリソンも同じ考えである。関節骨と方形骨はそれぞれ哺乳類の中耳の槌骨と砧骨になるが、セラプシドではまだ

A

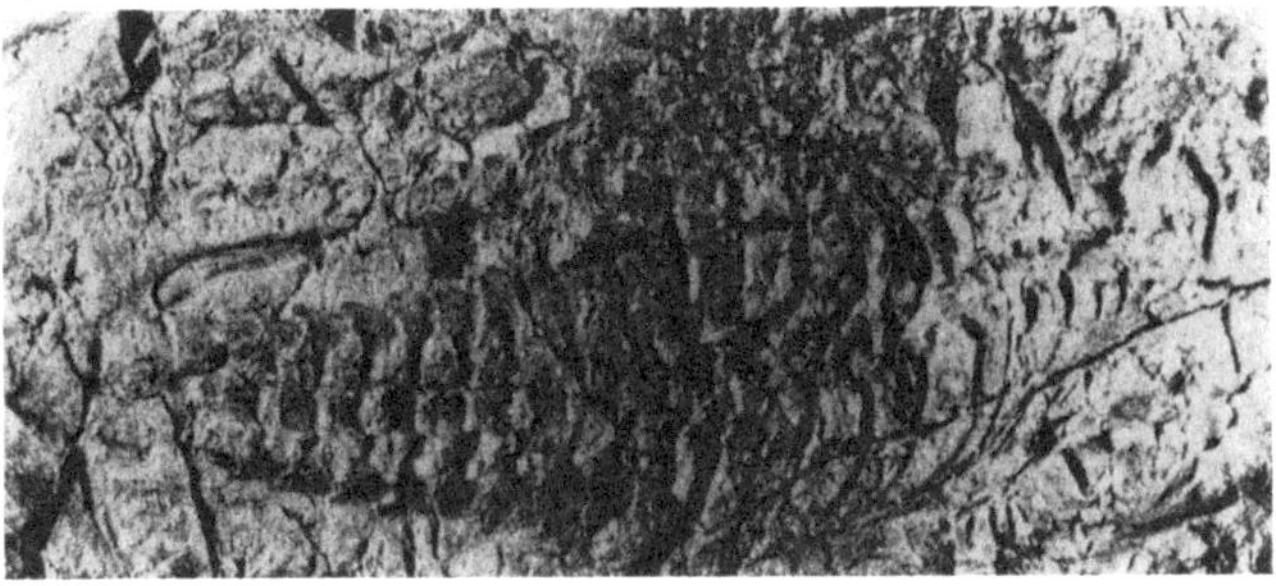

B

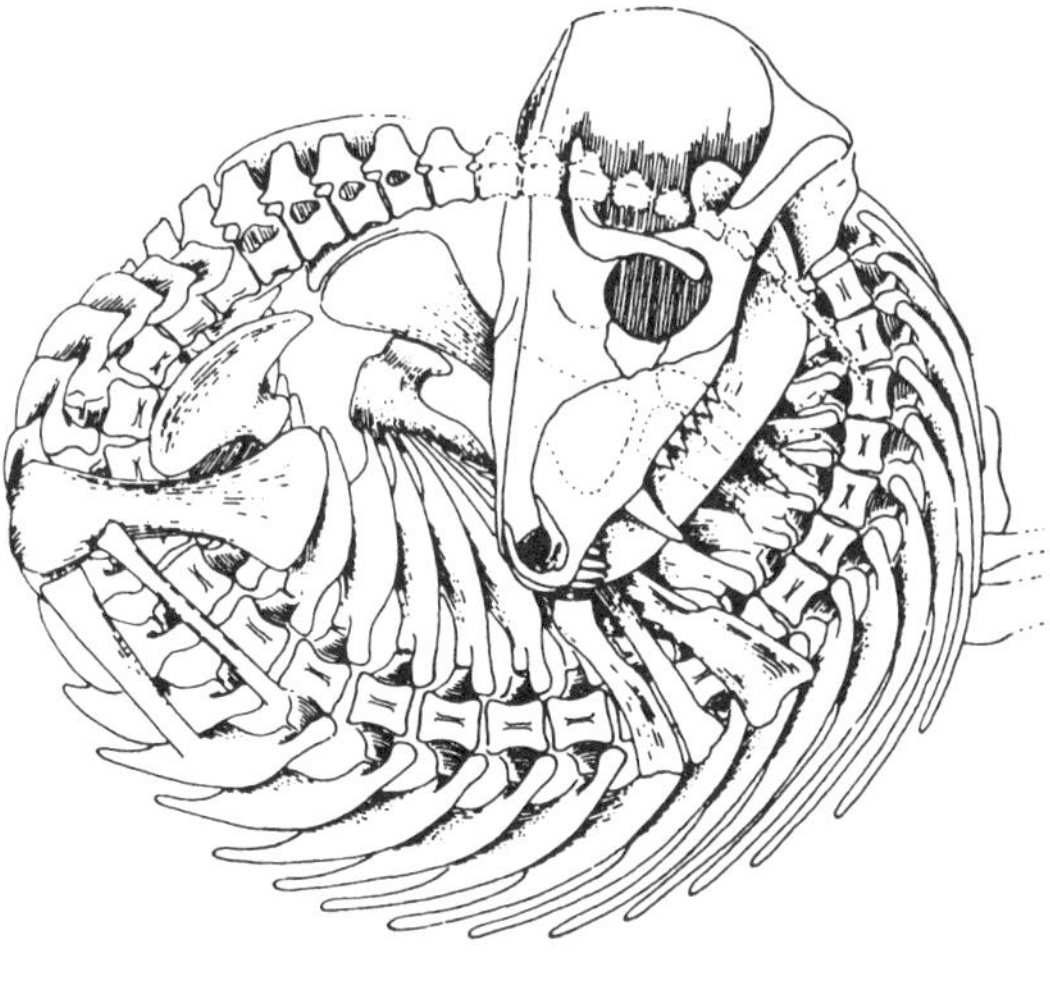

図8・13▶ 南極とアフリカで発見された犬歯類の仲間スリナクソドンの痕跡。(A)南アフリカのカルー岩床で発見された哺乳類型爬虫類の研究で知られる、ジェームス・キッチングを含むグループによって1970年に南極マクレガー氷河で発見されたスリナクソドンの痕跡。Colbert(1972)。(B)南アフリカのスリナクソドン。体を巻いて寝る姿勢で死んだものらしい。Brink(1958)より。現存のトカゲはもっとゆるく巻いた姿勢で寝る(個人的観察)。

アゴ関節の一部分であるので（図8・11）、音を感じていたにしても低周波領域に限られるはずである。もしそうなら、仲間同士の交信には音声はあまり役立たなかったことになる。しかしシノドントの蝸牛角は音声増幅器であるというウエストルの指摘には注目しておきたい。

―脳の形と大きさ―

セラプシドはわれわれの祖先をたどる上で重要な地位を占めているのにもかかわらず、その頭蓋骨の標本があまりにも少ないのは残念である。オルソンは化石の断片から再構成してみせたが、一般には七五年前のワトソンの写真がよく引用される。シンプソンはワトソンの標本を使って中期シノドントと初期の哺乳類の頭蓋骨を比較した。図8・12の左に示すシノドントの大脳は細長く、両生類のものに似ている。ジェリソンは、哺乳類型爬虫類の脳は哺乳類よりは爬虫類の脳に外観が似ていると結論している。

育児に関してはシノドントの嗅覚球の大きさと幅の広さに注目したい（図8・12）。フィッチは、抱卵性のトカゲは〝分泌性〟をもち、母親の関心をひいたものと推測している。

8・3 ▼絶滅の原因

三畳紀後期（一億九〇〇〇年前）からジュラ紀初期（図8・1参照）にかけて哺乳類型爬虫類は絶滅への道を歩んでいた。一般には、より速くより残忍なセコドント（歯がケースに包まれているためそのように呼ばれる）の数が増え、哺乳類型爬虫類の生活空間を奪ったためだと考えられている。ダイノザウルスの先行者であるセコドントは短い腕と長い脚をもち、多分速く走れたものと思われる。

もちろん、哺乳類型爬虫類の絶滅の原因の第一は気候変動だった可能性が大きい。しかしその気候変動の原因として大陸移動が視野に入ってきたのは比較的に新しい。図8・1にはパンゲアが南極大陸として描かれている。これは現在の南極がパンゲアの一部であった時代からあまり移動していないという暗黙の仮定の上に立っている。一九六八年に哺乳類型爬虫類の化石が発見されたという報告があった。図8・13はそのひとつ——シノドントの仲間のスリナクソドン——の痕跡の写真である。一般に三〇度の緯度変化が気候や気温に目立つ変化をもたらす。大陸の移動速度を毎年一〇センチとすると、三〇度の緯度変化は三三〇〇万年の時間経過に相当する。アービングは、生物活動を豊かにする大陸棚の露出が古世代末期でのシノドントの絶滅をもたらしたと推測している。

8・4 ▼定向進化

定向進化という言葉は目的論的な語感をもつので使うのをためらう研究者もある。しかし同じ言葉も記述的に使うと、たとえば並列進化という言葉よりも現実をよりよく表現できる場合がある。少なくとも南アフリカのカルー岩層では明らかにセラプシドから哺乳類に向かう次のような頭蓋骨の定向変化が認められる。(1)側頭窩の縮小と後部眼窩の消失。(2)松果腺孔の消失。(3)二次口蓋の形成。(4)歯の変化(二生歯性は無変化)。咀嚼機能の向上は食物の消化とエネルギー変換の時間を短縮した。このこととすばやい行動を可能にする骨格の変化とあいまって、セラプシドは温血動物に近づいていったものと思われる。

温血性のほかに、セラプシドの社会的行動や育児行為を推測するためには、現存する爬虫類にみられるような自己表示と交信のための骨格や筋肉の条件や育児の状況を示す化石を発見しなければならない。また、頭蓋骨の化石の内側の形から、セラプシドから初期の哺乳類にいたる大脳変化を推測する必要がある。

ロバート・ブルーム(一八六六―一九五一)は、哺乳類型爬虫類に関する記念碑的研究よりも、レイモンド・ダートを助けてアウストラロピテクスを人類の正統的祖先と認定したことで知られている。彼は爬虫類の進化を調べるためにはじめてアフリカに行ったが、そのまま帰国することはなかった。

―進化論についてのコメント―

方形骨と関節骨の中耳への統合が獣類と非獣類という二つのセラプシドの系統で独立に進行したことに注目するオルソンは次のように書いている。〝哺乳類型爬虫類の歴史で著しいことは、さまざまなセラプシドの系統がそれぞれ独立に哺乳類の特徴を獲得し発達させていったことである〟(一九五九)。オルソンは哺乳類の特徴として第二口蓋の発達、脳基底の拡大、後頭骨の二重突起の形成、指骨構造の縮小、などをあげ、これら諸特徴の定向進化と遺伝子選択を基礎におく現在の進化論との両立はむずかしいと考えている。セラプシドの場合、どちらの進化論が正しいのだろうか。過去と未来とでは異なる進化論が支配しているのだろうか。人間による書き言葉の発明が〝未来の発明〟を可能にしたように、体温調節、羊膜卵、自己表示、音声交信などの発明が爬虫類から哺乳類への進化と生き残りを可能にしたのではないか。自然が特定の突然変異を選択したのではなくて、新しい発明が動物に新しい進化の径路を選択させたのではないか。

9 哺乳類型爬虫類から哺乳類への進化

哺乳類の脳が爬虫類や鳥類の脳と違うのは大脳皮質の拡大と分化である。セラプシドと哺乳類の間の絶滅した中間型の頭蓋骨を調べれば移行の過程がわかるはずである。図8・12からわかるように前期哺乳類のトリコノドント頭蓋はシノドントのものより広い。しかしその変化の原因は不明である。

トリコノドントやその中生代の仲間は現存していないので、その原因を調べることはむずかしい。アゴの後部の骨格構造に特徴をもつ有袋類は完全な胎盤をもっていないので後獣類と呼ばれる。哺乳類への移行型という意味である。しかし図8・1は、有袋類と有胎盤類はジュラ紀に汎獣類から枝分かれしたことを示す。

現存のフクロネズミの骨格は白亜紀からまったく変わっていないため、この動物は生きた化石と呼ばれる。夜行性（白亜紀からそうだったのだろう）のフクロネズミは植物、昆虫、小動物などを餌にしている。爬虫類と同様に鼻先を上げ、口を大きく開けて威嚇の表示をする。攻撃のときは更に歯を噛み下ろす仕草をする。グレゴリーは、現存のフクロネズミの骨格は三畳紀の哺乳類型爬虫類のものに驚くほど類似していると指摘している。

一九二四年まではフクロネズミは初期の哺乳類の脳の進化の理解に手がかりをあたえる唯一の生きた化石とみられていた。脳梁のない有袋類の脳は哺乳類の脳とは著しく異なる。一九二四年にモンゴリアの白亜紀層で小さな頭蓋骨の断片が発見され、哺乳類の第二の生きた化石であると認められた。この断片からグリゴリー(一八六七―一九七〇)たちは頭蓋骨を復元した。グリゴリーは次のように書いている。〝すべての証拠は、人間を含む高等哺乳類の祖先は小型の鼻先の長い食虫哺乳類で、フクロネズミに近い外観をもっていたことを示す。同じように食虫の樹上生活者であるボルネオのリスの仲間のトガリネズミも生きた化石と呼ばれている。これら初期の哺乳類からキツネザル、メガネザルなどを経て霊長類が出現したものと思われる〟。

しかしこのトガリネズミの脳を調べてみると、その新皮質の発達は初期哺乳類ともっとも進んだ食虫動物の皮質の中間程度であることがわかる。

現存する哺乳類の中では、イギリスハリネズミが生きた化石と呼ばれるのにはもっともふさわしい。この仲間の新皮質は原始的有袋類と同様に旧皮質に比べて小さい。このため脳全体が先端を丸めたピラミッドのようにみえる。初期のラクダの仲間の脳も同じ特徴をもつ。これらのことから、新皮質は進化の歴史が比較的に新しいことがわかる。哺乳類でも初期のものの脳では新皮質――理性脳――の発達は不十分で、哺乳類の脳を代表しているとはいえない。

哺乳類型爬虫類に萌芽がみえる哺乳類の三つの発明、(1)育児、(2)母子間(個体間)音声交信、(3)アソビ(擬似狩猟)を可能にしたのが、情動脳――前期哺乳類脳――の〝発明〟である。

10 情動脳の構造とはたらき

10・1 ▼情動脳の構造

人間を含む哺乳類は、図10・1で黒塗りしてある前脳の組織を共有している。この組織は脳幹を円環状にとり巻いているので辺縁葉と呼ばれる。命名者のブロカ(一八二四-一八八〇)は、この辺縁葉を哺乳動物の〝共通分母〟と考えた(一八七八)。辺縁葉の古皮質とこれと神経経路で結ばれている脳幹の部分を合わせて辺縁系と呼ぶことを筆者が提案したのは一九五二年である。

図10・2は、辺縁系を構成する三つの部分組織――扁桃体、隔膜、視床帯――とそれぞれの部分領域の〝中核都市〟を示す。数字1、2、3で示すこれら中核都市は、辺縁系と脳幹を結ぶ神経伝達路の中継基地になっている。このうち終脳に属する扁桃体と隔膜は構造的に嗅球に密接し、幹脳に属する視床帯は嗅覚系をバイパスするすべての神経伝達路の集散地になっている。図10・3に示すように、扁桃体と隔膜はアーチ状の海馬の両脚となる形で相互に結ばれている。

辺縁系を構成する三つの部分組織のうちの二つ――扁桃体と隔膜――は進化の歴史が古く、それぞれ個体維持と種族保存に必要な外界からの情報や外界への反応を強めたり抑えたりする情動をつくり出すはたらきをもっている。進化の歴史の新しい視床帯は爬虫類にはその対応組織がなく、哺乳動物に新しい行動——育児と家族行動——を促すための情動をつくり出すはたらきをもっている。辺縁系は、そのはたらきから、情動脳と呼ぶことができる。

過去数十年の実験的、臨床的観察から、情動脳の不調は恐怖感から恍惚感にいたるさまざまなレベルの情動をともなうてんかんの発作をもたらすことが知られている。このとき稀にあらわれる浮遊感、高揚感、存在感、自己同一感、などは外からみえる直接的な行動を導かないが、エピステミクスにとってはるかに重要な意味をもっている。そして、そのような感覚を生み出す神経生理学的機構の研究は、現在の認識論が逢着した袋小路を脱出する手かがりをあたえてくれる。

10・2 ▼辺縁系という考えの発展

―嗅脳という考え―

ブロカは嗅覚器官と辺縁系の前部の解剖学的な関連性に着目した。ブロカの着眼はヨーロッパの研究者たちに支持されたが、エディンバラのシェファーは彼の解剖学の教科書(一九〇〇)の中で〃嗅覚領と辺縁葉をまとめて嗅脳と呼んでよいだろう〃と書いている。彼はしかし次のようにつけ加えている。〃嗅覚をもたない哺乳類もあるので、辺縁葉は他の機能ももつはずである〃。

エリオット・スミスによると〃嗅脳〃という言葉は最初にひとつ目の怪物に対して用いられた。のちに大英博物館の初代館長であるリチャード・オーエン（一八〇四―一九〇二）によって嗅球と嗅柄を指すのに使われた。

解剖学者は人間の嗅球が小さいことに早くから気づいていた。一八九〇年にターナーは動物をその嗅覚器官の相対的大きさによって分類した。人間の嗅覚器官が小さいことと一九世紀には衛生環境が改善されたため、人間にとっては嗅覚は重要ではないと考えられた。医学校の解剖学の授業では、嗅脳は望まれない子どものように扱われた。また嗅脳という言葉を辺縁葉全体の見出し語として使う教科書もあった。

―嗅覚器官の付加的役割―

嗅覚が情動的経験や記憶に関連していることは早くから指摘されていたが、辺縁系全体が視野に入ってきたのは一九一二年以降である。一九一九年にエ

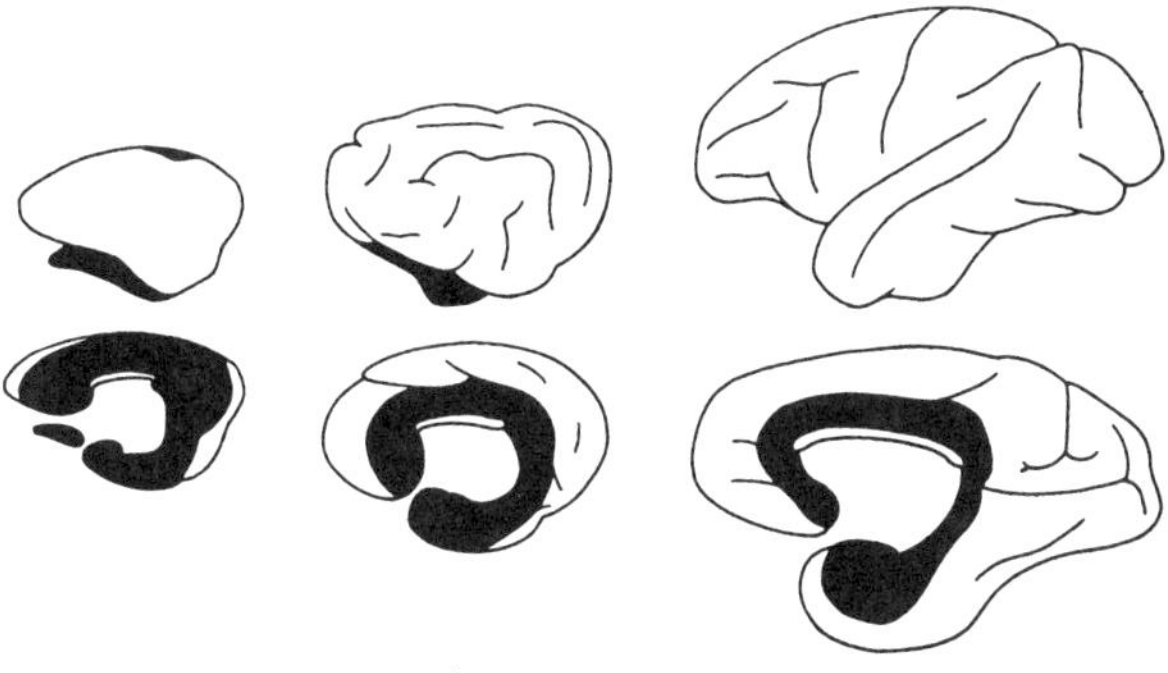

図10・1▶ 代表的な哺乳動物の脳。辺縁葉（黒地）は哺乳動物の共通分母といえる。発生的に古い皮質の大部分はこの辺縁葉に含まれている。辺縁皮質と脳幹の関連組織をまとめて辺縁系と呼ぶ。新皮質（白地）は霊長類になって著しく拡大する。MacLean（1977）より。

リオット・スミスは、嗅覚は他の感覚とちがって人間の期待と達成をひとつの〝感情的トーン〟として記憶するという、記憶の嗅覚起源説を唱えた。このとき彼は帯状体を除いた嗅脳を考えている。彼は帯状体を彼が〝心の器官〟と呼ぶ新外套に含めた。ダートもまた、梨状体と海馬を結ぶ領域を新外套と考え、梨状体上部外套を〝筋肉的熟練の表現の座〟、海馬上部外套を〝感情的表現の支配器官〟であると予想した。嗅覚に関する論文でヘリックは、嗅脳を〝すべての皮質活動の刺激場所〟であり気分や感情やさまざまな身体的表現の〝内部器官〟であると考えた。臨床的観察から、二人のドイツの神経学者クライストとスパッツは、前側頭の基底部の障害は感情的変化や人格の全体に影響をもたらすと報告している。

——感情の発現機構に関するパペスの仮説——

前記したように、ターナーは嗅脳から海馬を除いた。一方、エリオット・スミスは〝嗅脳という言葉とは別に海馬はそこに含まれる権利がある〟と書いた。このような論争はその後も続いたが、一九四七年にブローダルは海馬は嗅覚には関係しないと主張した。しかし、この考えは最近の解剖学的、電気化学的知見によって否定されている。

海馬を辺縁葉に含めるべきかどうかという問題はまだ決着していない。ステファンが指摘するように、ブロカの一八七八年の最初の論文での辺縁葉の定義は、脳幹をとり巻くもっとも内側の皮質ということだった。ブロカは引き続く一八七九年の論文で大辺縁葉を〝動物脳〟、残りの大脳外套を〝知性脳〟と呼んだ。

ジェームズ・ウェンセラス・パペスは、ブロカが想定した広義の嗅脳が重要な非嗅覚機能をもつことを指摘

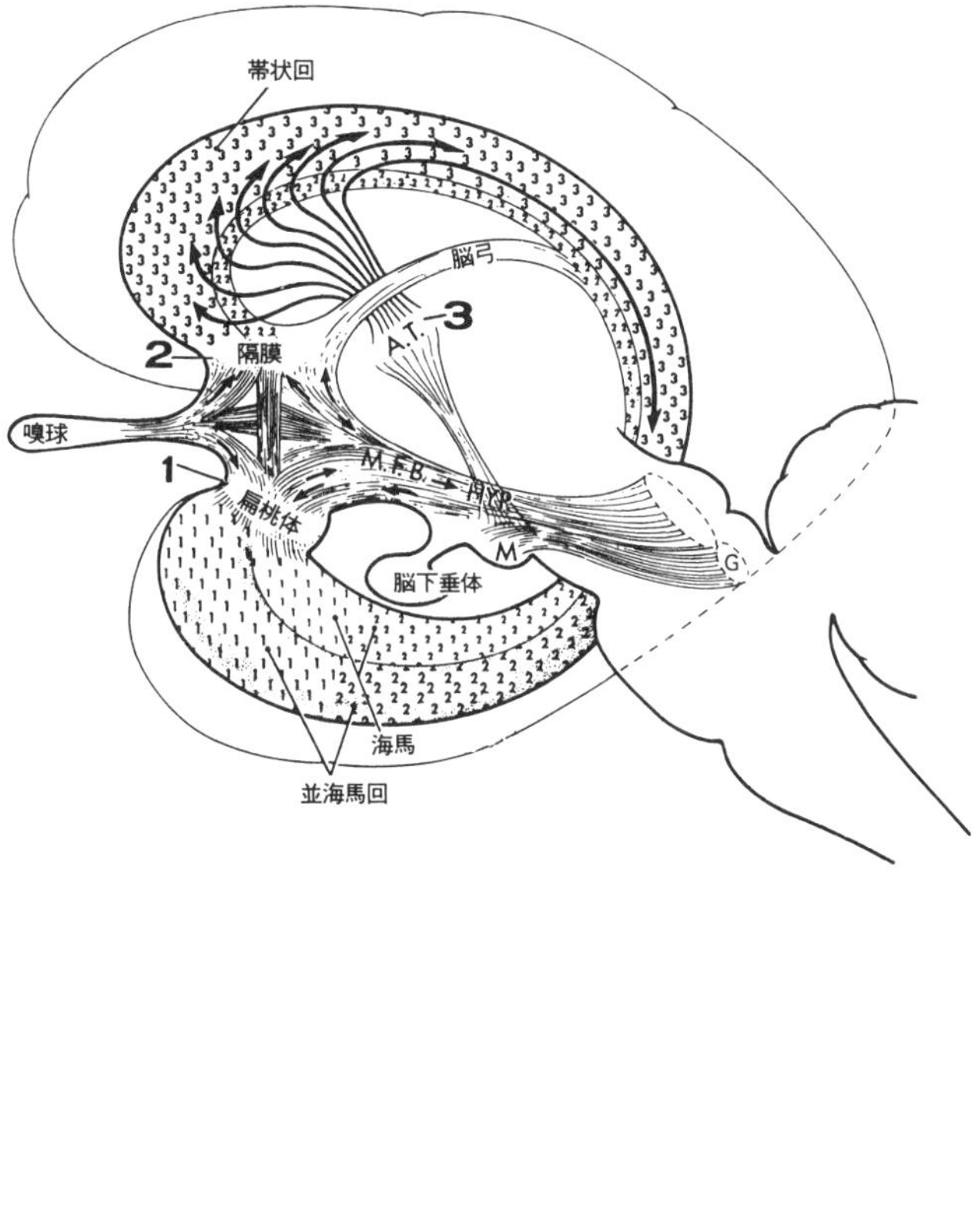

図10・2▶ 辺縁系の三つの主要な区分:1＝扁桃体;2＝隔膜;3＝視床帯。それぞれの区分に結びついた皮質部分は小数字で示す。古皮質部分はとくに小さい数字で示す。AT＝前部視床核;G＝背腹被蓋核;HYP＝視床下部;M＝乳頭体;MFB＝前脳内束。MacLean(1958、1973a)。

したおそらく最初の人だろう。彼は一九三七年に発表された『感情の機構についての提案』という著書で、最初に視床下部が感情の表現にとって本質的であることを示す研究に読者の注意を喚起している。彼はまず間脳に入り終脳に向かう神経伝達路の存在を指摘し、線条体に終る伝達路を〝運動の流れ〟と呼び、新皮質に達する伝達路を〝思考の流れ〟と特徴づけ、帯状回と海馬を含む嗅脳に向かう伝達路を〝感情の流れ〟と呼んだ。この最後の呼び方は、辺縁皮質と視床下部の強い結びつきに根拠をおいている。

パペスは次に辺縁葉の障害が情動の不安定をもたらす事例を引用し、とくにウイルスに海馬を侵された狂犬病患者が極度の恐怖におそわれることを指摘している。その反対に、腫瘍によって帯状回が圧迫された患者が感情と記憶を失う例も彼はあげている。パペスの次のような総括はよく引用される。〝視床下部、視床核前部、帯状回、海馬とそれらの相互的関連が情動行為や感情表現を統御しているとみてよい〟。

パペスはさらに感覚器官からの情報を乳頭体を経由して帯状回に伝える伝達路の存在を考えて次のように書いている。〝大脳皮質の視覚野が網膜からの視覚情報の受容器官であるように、帯状回は情動経験の受容器官とみなすことができる〟さらに〝帯状回から大脳皮質の他の領域に拡散する情動は別の場所で起っている心理過程にさまざまな色づけをする〟。

――辺縁系という呼び名についての個人的回想――

私はパペスの論文が発表されてから一〇年後の一九四八年に、彼の考えをよりくわしく知るために彼を訪問した。私はその前年に奨学金を得て、マサチューセッツ総合病院の心理療法科のスタンリー・コブ博士のと

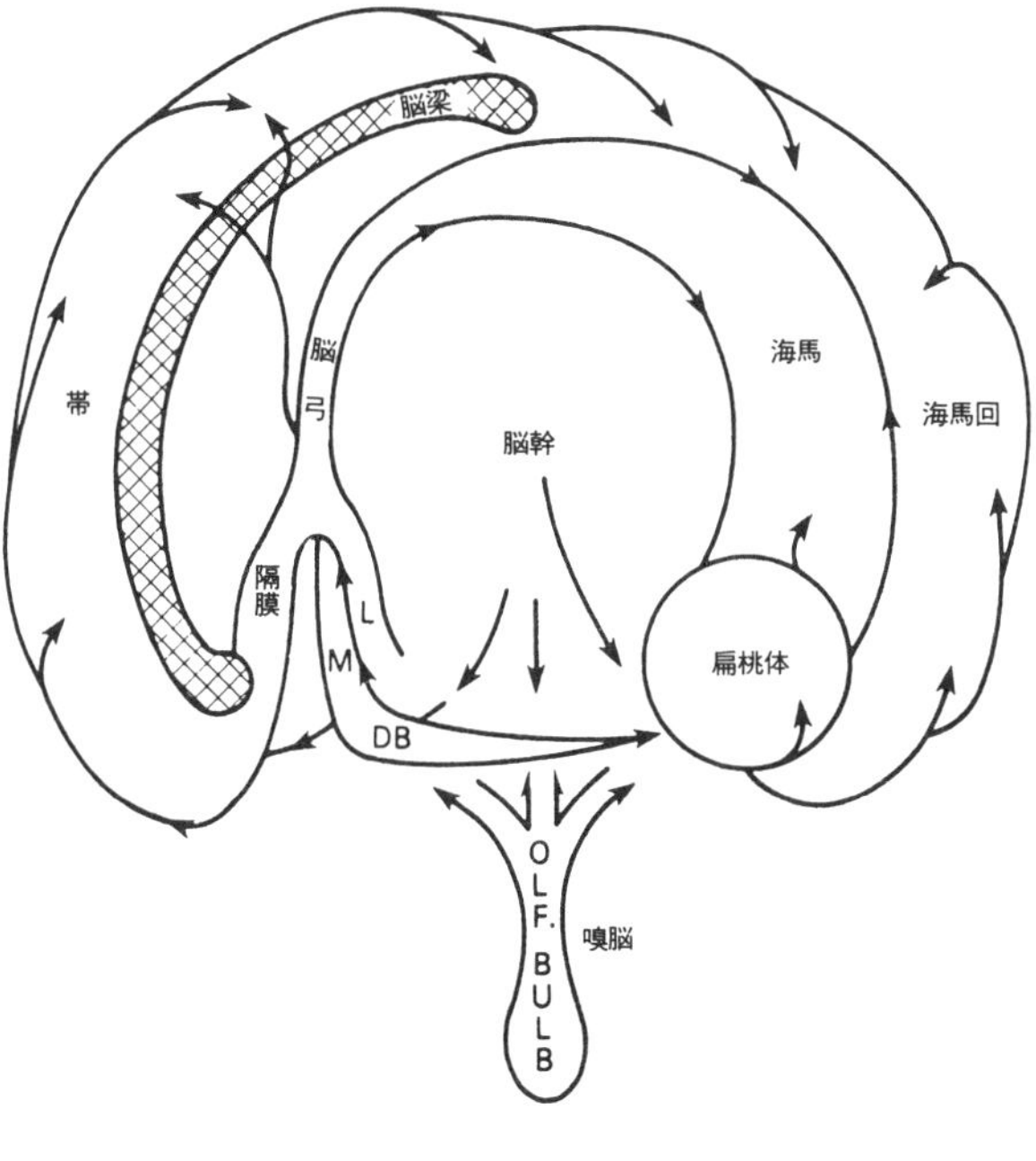

図10・3▶ 辺縁葉を立ててみたところ。海馬アーチの両脚が扁桃体と隔膜に支えられていることがわかる。DB＝対角帯;L＝側方隔膜核;M＝中央隔膜核;OLF.BULB＝嗅球。MacLean(1958)。

ところでしばらく病気におよぼす心身要因の重要さについて学んだのち、研究所のロバート・シュワブ博士の下で脳電位計を使う研究をはじめていた。私はそこでまず脳の基底部の電気的活動を調べるための脳電位計の電極を改良し、心身性てんかん患者の脳の診断に使った。この患者は発作がはじまるとさまざまな激しい情動におそわれた。私と協力者は、このような発作の間に患者の側頭葉の脳電位にスパイクがあらわれることに気づいた。海馬の近くに病変があることがうかがえた。

同じ頃私は、感情についてのパペスの論文に出会い、私が観察している患者の病状との照応に驚いた。しかしパペスの論文では嗅覚以外の感覚情報の海馬による受容経路について触れていなかった。私が観察している患者が発作時に経験する視覚や聴覚や身体や内臓の異常感は、どのような伝達路によって海馬に達するのだろうか。このような問題を議論するため、私は一九四八年にパペスを訪れた。

パペスの訪問によって得られた新しい知見をもとに、私は一九四九年に「心身症と内臓脳――情動についてのパペス理論をめぐる最近の発展」という論文を発表した。この論文では私は体外、体内の感覚受容器官から海馬への可能な伝達路の存在を推定した。パペスとの討論では特に視覚、聴覚、身体感覚の海馬への伝達についで学んだ。その後大脳皮質から海馬への新しい伝達路が少しずつみつかってきた。活動状態でのリスザルを使った実験では、単一の神経細胞の活動電位の測定から視覚、聴覚、消化器官、身体感覚などの海馬周辺部での受容と、嗅覚と迷走神経から海馬自身への伝達路の存在が確かめられている。

私の〝内臓脳〟に関する論文にはいくつかの新しいアイデアが含まれている。私はまず哺乳動物の共通分母である発生的に古い脳の部分が感覚器官からの情報をどのようにして受けとるか、というメカニズムに関するアイデアを提案した。そのようなメカニズムが存在するなら、たとえば海馬はぼんやりした感情を生み出す自律系とはみられなくなる。

自分の外部で起こった現象を自分の内部の出来事のように思いこむ傾向のある心身症の患者がある。私はこの患者では内部感覚と外部感覚が重なるほか、内臓脳の分析機能が不十分であるものと推定し、フロイトの表現を使って次のように書いた。"内臓脳は意識をもたないばかりでなく、言葉による交信ができない"。さらに、知的機能は発達の歴史のもっとも新しい脳の領域に依存するにしても"人間の情動的行動は比較的に未発達の部分に支配され続けている"。そして、"このことが感じることと知ることのちがいである"……と(一九四九)。

私は嗅脳という言葉が狭い意味に理解されないように内臓脳という言葉を使った。一六世紀に使われた内臓という言葉の本来の意味は、内臓のはたらきに影響するような強い内部感覚ということだった。のちに私がエール大学の生理学教室に移ったとき(一九四九)、そこでは"内臓"が血管を含む中空の器官を指していることに気がついた。そのため、私は辺縁葉の皮質とこの皮質に直接つながっている脳幹の諸組織を一括して辺縁系と呼ぶことにした。この言葉が公式論文ではじめて使われたのは一九五二年である。

10・3 ▼情動脳の実験的・臨床的観察

―ベンガルザルの辺縁系切除実験―

一九三〇年代にシカゴ大学の心理学の教授ハインリヒ・クリューバは、ベンガルザルを使って幻覚剤の効果を観察しようとしたところ、動物は唇を嚙んだり自分の舌を味わったりする辺縁葉の鈎状回に病変のある患者と同様の口腔機能の異常を示した。彼は同じ症候が辺縁葉の嗅覚皮質の除去によってあらわれるかどうかを調べるため、友人の神経外科医ブーシに動物実験を依頼した。ブーシは扁桃体と隔膜の大部分を含む辺縁葉の両側の切除をおこない、辺縁葉が嗅覚を支配しているというそれまでの考え方を覆した。この切除は動物に次のような著しい行動変化をもたらした。(1)情動変化、(2)口腔機能異常、(3)〝心理的盲目〟、たとえば(4)視覚対象の無差別な点検、(5)摂食動作の異常、(6)性行動の変化。

この実験に使われた野性のベンガルザルの性格は手術前は攻撃的だったが、術後はおとなしくなり、人間に従順になった。顔や音声からは恐れや怒りの表情が消え、自分の舌を食物の一部であるかのように味わう動作を繰り返した。実験の翌朝から動物はすべての視覚刺激——生きた動物、排泄物、ガラスの破片、金属片など——に近づき、臭いをかいだり、舌で味わったり、歯で軽く嚙んだりした。食物片や釘は〝何百回も〟口で点検され、制止しなければ繰り返し火焰にも手や舌で触れた。また果実の常食者だったこのベンガルザルも、術後は生肉や魚も食べた。術後二〜三週の間は生殖器を手や口でもてあそび、オス、メスにかかわらずマウンティングをした。

クリューバとブーシは彼らより五〇年早くおこなわれたサンガー・ブラウンとシェイファーの類似の実験を知らなかったが、次のような彼らの観察記録はクリューバとブーシによって再確認される形になった。

〝手術の前は狂暴でもあり、からかったり手なづけようとした人間に襲いかかった。しかし今では人間に誰

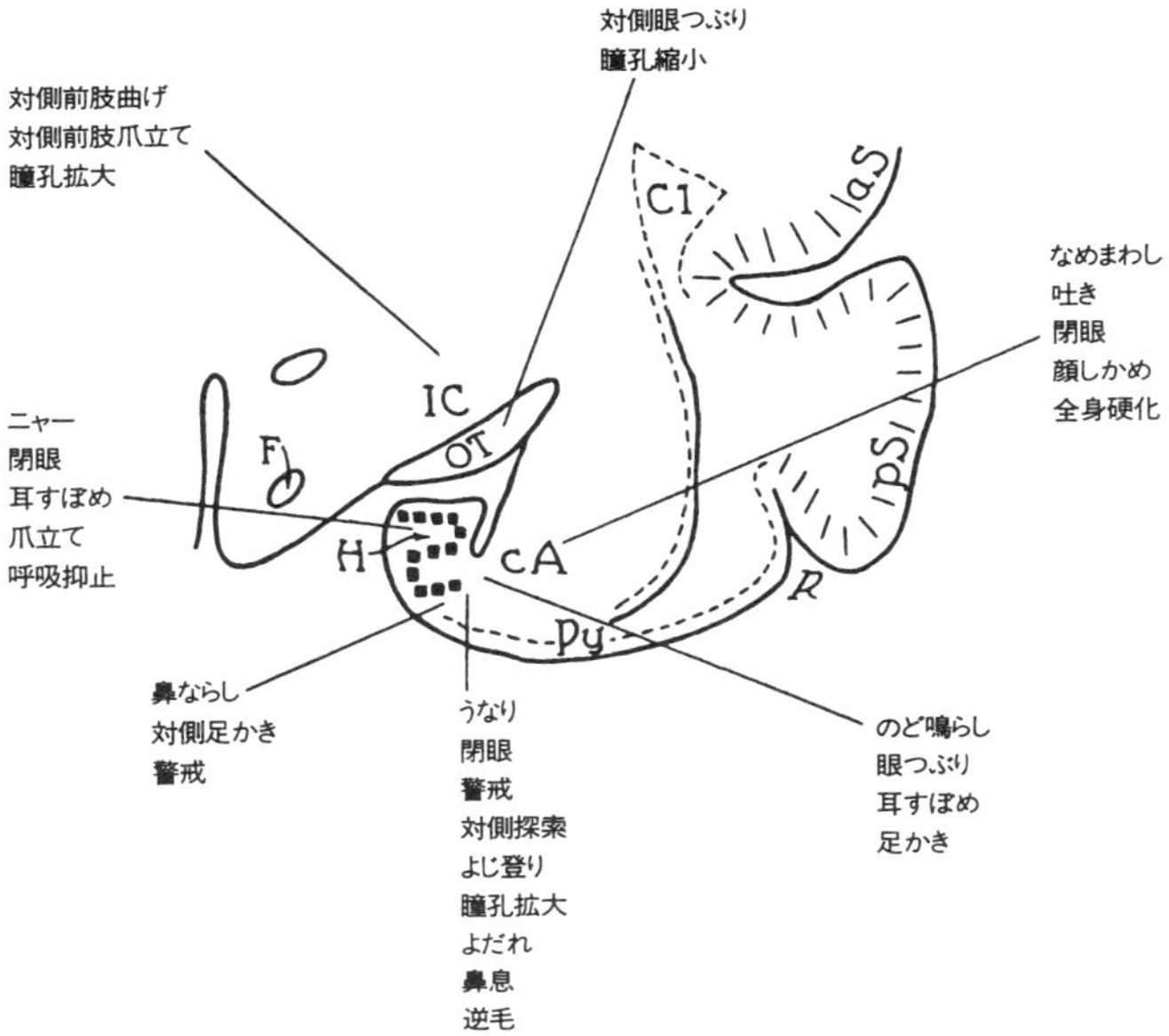

図10・4▶ネコの扁桃体の電気刺激が個体維持行動……摂食、防御、攻撃……を導きだす。

かれとなく近づいて人間のなすままになり、からかっても避けようとしなかった。彼（サル）は視聴覚などの感覚を失っていなかったが、その内容や意味を理解できず、とくに印象を受けたようでもなかった。反対に、今までなじみだった事物も新しくみえ、好奇心の対象になっているようだった。無生物ばかりでなく人間や仲間のサルも好奇心の対象となり、触覚や嗅覚や味覚で点検したあとも数分後に再会するとまた注意深い点検の対象となった。食物は手で口に運ばれるかわりに顔が食物に浸された。皿の干しぶどうを拾い上げるかわりに、皿の上に並べられたものは何でも口にむさぼり入れた。味覚は失われたわけではなく、キニーネに浸した干しぶどうには明らかな嫌悪の反応を示した。……彼はあらゆる種類の音響に反応を示したが警戒の気配はみえなかった〟。

クリューバとブーシの研究では一六頭のサルが使われた。彼らの実験では彼らのいう〝嗅覚脳〟、つまり扁桃体と海馬を含まない両側頭葉の切除はサルの行動に影響をあたえなかった。彼らは動物が安全と危険な状況の見分けがつかなくなる状況を〝心理的盲目〟、事物の過剰点検衝動を〝過変成行為（ハイパーメタモルフォシス）〟、感情の喪失を〝不可知症（アグノシア）〟と呼んだ。

――ネコの扁桃体の刺激実験――

筆者たちは、一九五三年にネコの扁桃体の電気刺激が動物の摂食器官と防衛・攻撃反応と、防衛・攻撃行動を導く恐怖と怒りの表現をひき出すのを観察した（図10・4）。扁桃体が個体維持のはたらきに関係していることを示している。動物の摂食にはつねに競争者との争いがともなっているからだろう。図10・5は、リスザル

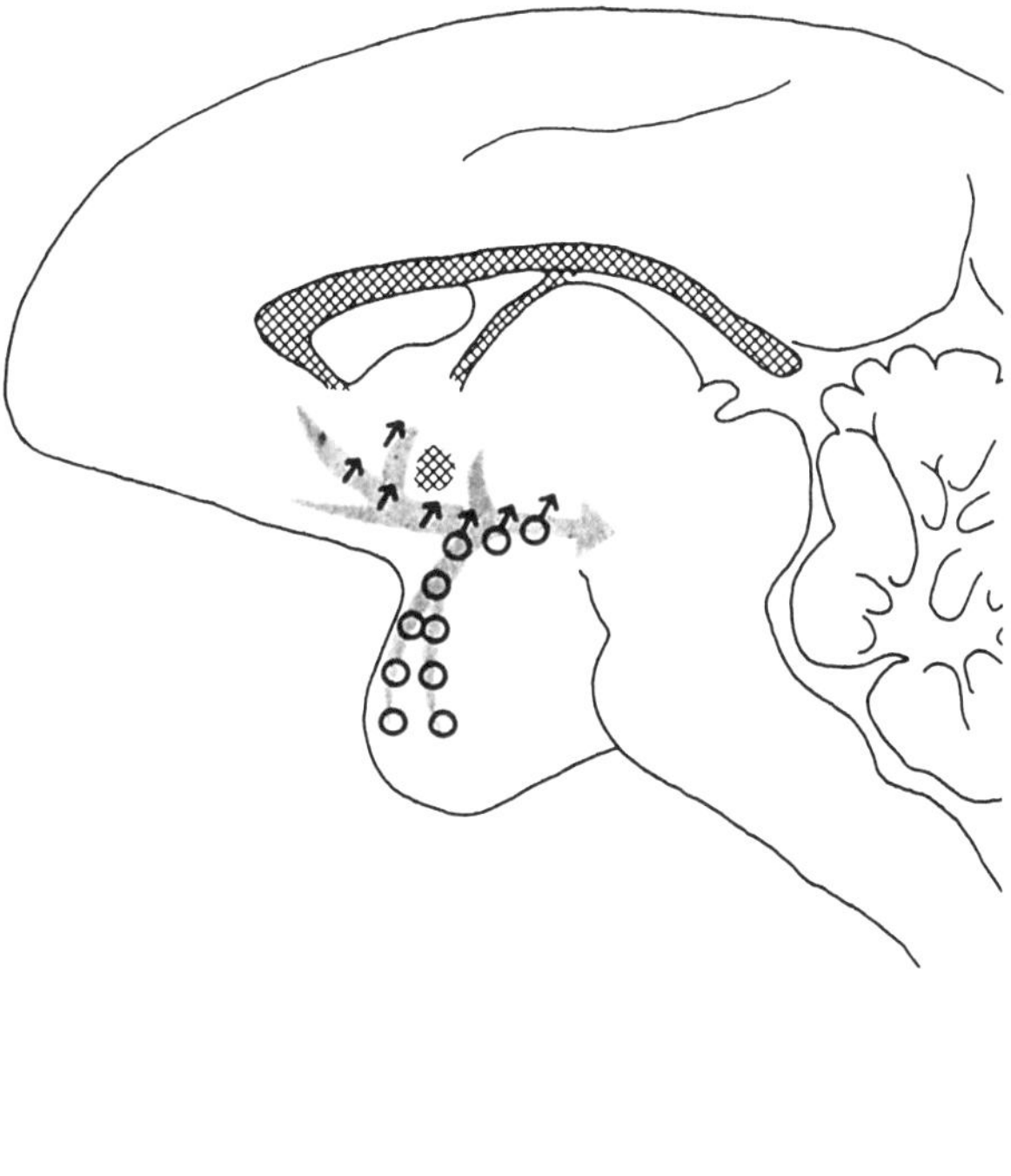

図10・5▶ 摂食・生殖器官の反応をひきだしたリスザルの脳の断面内の電気刺激点。扁桃体領域に集中した摂食器官の刺激点（軍神マースの楯印……丸印）と隔膜……視索前野領域に集中した生殖器官の刺激点（マースの楯印……矢印）は合流して（マース印）後方の視床下部の怒りと恐怖の座に向かう。MacLean(1964)。

の摂食・生殖器官の反応と怒りと恐怖の表情を引き出す扁桃・隔膜領域の刺激点を示す。

―人間のクリューバ＝ブーシ症候群―

一九五五年に、自分では抑えられない暴力行為の発作を除くための両側頭葉切除の手術が一九歳のイタリアの少年に施され、パドヴァの医師によって報告された。この少年は三歳のとき発熱につづく幻視と無意識行動の発作におそわれはじめた。発作にはしばしばけいれんがともなった。その後数年の間に少年には激発性の狂暴行為をともなう性格変化があらわれた。狂暴行為には母親の首を締めたり弟を足蹴にしたりする行為が含まれる。手術前の入院中の一～二週間の間、彼は正気と明るさを取り戻し、記憶も理性も正常で他人の手助けもした。脳電図は彼の左側頭葉とその反対側の右側頭葉に病変箇所があることを示した。左側病変部分の切除によっては症状の改善がみられなかったので右側の病変箇所も切除した。その結果クリューバ＝ブーシ症候群と呼ぶべき次のような行動変化があらわれた。感情の喪失と過剰点検行為と摂食および性行動の変化である。あれほど密着していた母親を彼は奥さんと呼んだ。のちにお父さん、お母さんと正しく呼べるようになったが、両親に対する正常な親近感の表現はなかった。発話は単調であり感情をともなわなかった。彼は出会った人間のすべてに近づいて立ち止まり、相手の動作――看護婦や医師の職業的動作までも――を真似した。彼は病院のまわりを散歩することができたが、自分の位置の認識はなかった。彼は時間の感覚を失ってはいなかったが、最近のことも昔のことも覚えていなかった。彼の食欲は異常で、すべての食品を口にし、皿をなめ、おかわりを要求し続けた。手術後一五日目に彼は〝露出的〟になり、ホモセクシャルな性向をあらわした。

この少年の事例は、大脳側頭葉の辺縁系の障害が人間の記憶のはたらきにおよぼす影響についての最初の報告のひとつとして歴史的興味がある。

11 情動脳視床帯と家族行動

視床帯は前部視床核を含む視床構造と伝達路で結ばれた間脳の帯状構造である。一九五〇年にクラークとマイヤーは、この組織は哺乳類以外の脊椎動物には対応構造がなく、哺乳類が爬虫類から進化する過程で新しく獲得した組織であると考えた。

この組織は哺乳動物に三つの新しい行動様式――(1)育児、(2)母子間の音声交信、(3)アソビ――を加えると同時に、のちの人間の脳に責任感と連帯感を育てて地上に文明をもたらしたものと考えられる。

哺乳動物の中でもとくに齧歯類、偶蹄類、鯨類、霊長類の間脳の帯状構造に関する詳細な研究がある。ブロードマンの脳地図（図17・1）の二三番地にあたる帯状構造後部の発達は人間ではとくに著しく、視覚系の発達に連動したものと考えられる。

11・1 ▼神経行動学的発見

現在の帯状回の神経行動学的研究は、一九四五年のウィルバー・スミスの研究からはじまったといえる。彼は軽く麻酔をかけたサルのブロードマンの脳地図二四番地（帯状回皮質前部）を電気的に刺激して心拍数、呼吸数、瞳孔数の変化と発声を観察した。アーサー・ワードはひき続く実験で同じ二四番地の切除を四頭のサルにほどこし、二か月間観察を続けた。その間サルは物まねをしなくなり、人間に対する警戒心を失った。また、大きなサルのオリに入れられたとき、他のサルに対しても毛づくろいのような親近行為をみせず、仲間を無生物であるかのようにまたいで歩いた。

一九四〇年代に脳外科医たちは、ワードのサルの実験に示唆されて、帯状回前部の切除が強迫観念に悩む患者の治療に有効であると考えた。多くの治療例が報告されている。

一九五五年にジョン・スタムは、ラットの帯状皮質の切除によって〝貯め込み〟行為とともに母性的行動が失われることに気づいた。

スタムの実験は一〇年後にスロトニクによって追試され追認されたが、筆者たちはハムスターを使って、帯状組織の欠損がオトナからは母性的行動を、子どもからはアソビを奪うことを発見した。リスザルを使った筆者たちののちの実験は、帯状皮質が母子間の音声交信――セパレーション・コール――に関連していることを示した。

11・2 ▼母性行動

ラットの場合、親らしい行動は脳下垂体や生殖腺の支援がなくても、数日間の幼児との接触によって誘導されるが、完成された母性的行動は内分泌腺の成熟によってはじめて可能になる。

母性行動としては、次の六つの行動が考えられる。(1)新生児の胎盤からのとり出しと清め、(2)巣内への保護、⑶育児姿勢、⑷巣から離れた子どものとり戻し、⑸離乳、⑹巣づくり。

❖帯状皮質の切除

スタムは帯状皮質が母性行動に果たす役割を調べるため、妊娠したラットを三つのグループに分けた。帯状皮質の両側を切除されたグループ、ほぼ同面積の新皮質も切除されたグループ、そして比較のための自然のままのグループである。このうち帯状皮質を切除されたグループだけに母性行動と出産前の巣づくりに退行がみられた。三つのグループは、それぞれ平均九匹の子どもを産んだが、生存率は自然のグループで九三パーセント、新皮質の切除を受けたグループは七九パーセント、帯状皮質を切除されたグループは一二パーセントだった。帯状皮質を失ったグループに子探しをさせたところ、ラットたちはオリの中を目的もなく走り回り、子どもを拾い上げてもすぐ離した。一九六五年にスロトニクは同様の観察を映画に記録した。マウス、ネコ、サルなどの母性行動におよぼす帯状皮質——隔膜領域の切除の影響も報告されている。モルヒネの投与がマウスとラットの母性行動を阻害するという報告もある。

11・3 ▼アソビのはじまり

これまで、ラットを使ってその帯状皮質が母性行動に果たす役割を調べたが、ここではさらにハムスターを使って、帯状皮質が哺乳類のアソビ行為にも関連していることを示す。これらの観察は、線条複合体と辺縁系が動物種に特有の行動を支配している、というわれわれの仮説を支持する。

― 実験方法 ―

筆者たちは、生後一～二日のシリア産のハムスターの新皮質を除去し、その後の行動の発達を観察した。除去には加熱と吸引法を用いいた。比較のために実験動物の同胞の何頭かには手術が施されなかったが、手術を受けた動物の中には帯状皮質に損傷がおよんだものがあり、行動観察の対象になった。

実験動物は一頭ずつ透明なプラスチックの容器に入れられ、水と餌と巣づくりのための綿くずと木片があたえられた。一日の照明には白色光が一六時間、淡い赤色光が八時間使われた。

― 実験結果 ―

❖ハムスターに特有の行動の維持

新皮質を除かれたハムスターは、体重の増加や身体の成長、種に特有の行動型の出現などに関しては新皮質をもつ同胞との差は認められなかった。新皮質のないハムスターは、母性行動やアソビのほか、高温地点への移動、巣づくり、穴掘り、種割り、餌の頰張り、餌のためこみ、トンネル塞ぎ、嗅いづけ、なわばり防衛、同種の異性認識と性行動など、通常の種に特有の行動を示した。配偶行為は不器用だったが、メスの発情ホルモンの分泌サイクルは正常であり、オスを受け入れ、妊娠し、出産した。

❖母性行動

右側の先端部を除くほとんどすべての新皮質を除かれたメスのハムスターは、のちに五匹の子どもを産み、離乳期まで育てた子どもを巣に戻した。新皮質のほかに中央辺縁皮質の後部板状皮質と上丘帯状皮質が完全に失われ、左側隔膜前帯状皮質が広範囲に損傷を受けたメスの例では、生後一〇〇日目に配偶行為を示し、一六日後に一〇匹の子どもを産んだ。出産の最初の日に七匹が巣の中に、三匹が巣の外に残されたが、母親は三匹の子どもを〝盲目的〟に拾い上げた。次の日、三匹のうち元気な二匹が巣に戻っていたが、母親はこの二匹に母性行為を示さなかった。並膝状および隔膜前帯状組織を含む前頭皮質中央部が保存されたメスの一例は、子育て行為に異常をみせなかったが、上丘と後部板状皮質を失った他のメスは、巣から離れた子どもに関心を示さなかった。

❖アソビ

ハムスターのアソビは〝ケンカアソビ〟である。このアソビは生後一三日頃から巣の中ではじまる。一〇匹の子どもを産んだ前記のメスの母親はアソビに近寄ったオスの子どもを遠ざけた。帯状皮質のほか下方の近隔膜海馬を失ったオスの二例では、彼らが子どもたちを〝あたかも存在しないかのように〟踏んで歩く様子がしばしば観察された。

❖コメント

哺乳類にはじめてあらわれるアソビは、人間行動への進化に向かう重要な一歩である。それにもかかわらず、従来の心理学や神経生理学の教科書にアソビがほとんど取り上げられていないのは不思議である。アソビに定型がなく、その計量的尺度を導入することがむずかしいためと思われる。ラットのケンカアソビの激しさを相手を抑え込む回数で測定しようとする試みがあったが、筆者たちは次のような複数の尺度を考えてみた。(1)誘い込み、(2)追い込み、(3)耳や尾などの引張り、(4)からかい噛み、(5)レスリング、(6)抑え込み、(7)疑似交尾、(8)発声。これらの尺度を使って筆者たちは神経行動学的研究を進めようと考えている。

サルのアソビの神経行動学的研究の二つの例をあげておきたい。一例では生後二〜三年のベンガルザルの脳弓切除が相手のアソビの仕掛けに対する反応を失わせるのが観察され、他の例では前頭切除がサルの社会行動とアソビを非活性化した。いずれもアソビの計量化はおこなわれていない。

一八九六年にグルースが『動物のアソビ』という本を書いた。この本では、おとなによって挑発されるまでは潜伏している本能の解発がアソビであると考えられている。現在では、アソビはおとなの行動の模擬と生命保存の技術と力の獲得手段、余剰エネルギーの解放などと考えられている。筆者自身は、アソビの起源は巣の中での同胞間の調和維持にあり、同種の社会グループの成員間の調整行動に発展していくと考えている。

11・4 ▼音声交信のはじまり

哺乳類の祖先が夜行性の小型の樹上生活者だったとすれば、音声交信は母子間のつながりを維持するのに重要な役割を果したにちがいない。巣から遠く離れることは生後間のない子どもにとっては致命的である。

このような子どもと母親の間に交わされる〝セパレーション・コール〟を哺乳動物間の音声交信の起源とする仮説も可能である。

ロマーが指摘するように、中生代の哺乳類のあるものは、爬虫類からの移行期にあり、アゴ関節の鱗歯骨中にいくつかの爬虫類型の骨を残していたが、哺乳類への完全な移行後は方形骨と関節骨が中耳の一部になる。このような変化は聴覚の発達に結びつく。

セパレーション・コールは、ほとんどの哺乳類の子どもに観察される。一九五四年に齧歯類の子どもが親から離れたときや不快な状況下で超音波を発するのが認められた。この超音波は子どもの喉頭から発することもわかった。このとき、体温も低下する。ノイロは、超音波が母親の子探し行動を導くのを観察した。二〇キロヘルツ以上の超音波は多分フクロウなどの捕食者から子どもを守るはたらきがあったのだろう。初産のマウスが子どもが生後一三日頃になると子探しをしなくなることから、ノイロはこの時期の子どもは超音波の発生機能を失うものと推定した。

――リスザルのセパレーション・コール――

リスザルの音声発信型を、筆者はウインターたちやニューマンの先行研究を参考にして次の六つに分類した。

(1) キーキー鳴き。巣から離れた恐怖、警報、アソビ、求愛、など広範な状況であらわれる。

(2) よびかけ。唇や舌を吸ったり、乳首から口を離すときにあらわれるような音で、子どもが母親の乳首を探すときや、母親が子どもに授乳を再開しようとしたり遠くへ離れようとする子どもを呼び戻そうとするときに発せられる。子どもが母親の手もとに戻ったとき、発声が二、三度繰り返され、繁殖期の性的接触時には震えがともなう。また未知のものと遭遇した場合には激しい警戒音が発せられる。

(3) 震え鳴き。鳥のさえずりに似て、摂食時や餌探しの時のほか、仲間を見失いかけたときや仲間をみつけたとき、仲間とのあいさつのときなどに発せられる。

(4) のど鳴らし。授乳の要求や発情期のメスからオスへの接触催促、優位のオスからの挑発を受けたときなどに発せられる。挑発に対しては発声が怒りの表情を帯びることがある。

(5) きゃっきゃ鳴き。仲間の一部が争いにまき込まれたり、環境に異常があらわれたときに発せられる。

(6) 悲鳴、叫び。自分が捕えられるか、仲間、とくに子どもが捕えられるのを見たときに発せられる落胆の最大の表現。母親から離れた生後一年未満のリスザルのアイソレーション・コールの前後に聞かれることもある。

——脳刺激と音声発生——

ユルゲンスとプルークは、覚醒し固定されたリスザルの脳の皮質から髄質にかけて電気刺激を加えて、刺激場所と音声発信の型の関係を調べた。彼らの実験では刺激中の発声と刺激直後の発声との区別が不明であるが、実験結果は次のようにまとめられる。

(1) キーキー鳴き。脳梁下回、直回尾部、側位核の直回連接部、中背核に連接した視床の中心線、囲水道灰

(2)白質尾部、脊髄―視床伝達路の橋部の刺激であらわれる。

(3)震え鳴き。脳梁下回、直回尾部、交連前脳弓、脊髄―視床伝達路の橋沿いの数か所の刺激であらわれる。

(4)のど鳴らし。脳梁の膝レベルでの帯状回の背部、扁桃体に向かう鈎状束と側頂領域、線条端とその床核、前視覚領、囲脳腔灰白質、前視床下部、並水道灰白質と中央被蓋索、並鰓状領などの刺激であらわれる。

(5)きゃっきゃ鳴き。前膝状帯皮質、腹中眼窩皮質、側頂領と鈎状束尾部、扁桃体の基部および中央核、視床脚下部と前部視床放射、視床の前中核、囲脳腔束、並水道灰白質尾部、並鰓状核などの刺激であらわれる。

悲鳴。扁桃体中央部、線条端とその床核、視床下部の腹中部、中央灰白質前部との側方の被蓋構造、などの刺激によってあらわれる。

❖コメント

筆者たちのリスザルを使った刺激―発声の実験結果は、発声の刺激点が前膝部帯状皮質にあり、脳梁下回や直回にはないことを示した。ユルゲンスらとの差は、彼らが刺激中の発生と刺激終了直後の発声を区別しなかったことからきているものと思われる。

―セパレーション・コールの脳機構―

セパレーション・コールは、哺乳動物の最初の基本的な音声交信であるばかりでなく、人間を含むすべての

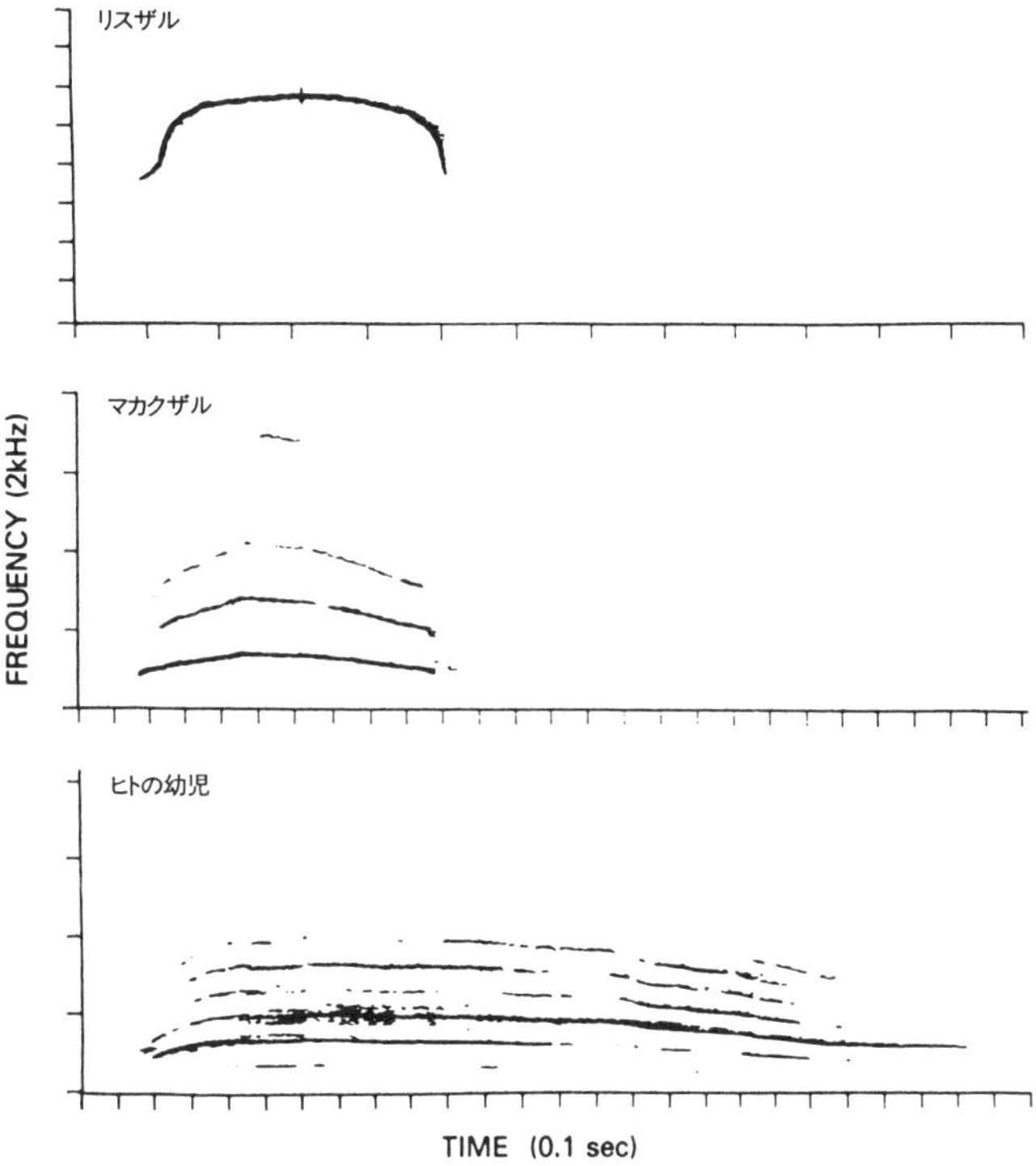

図11·1▶ リスザル、マカクザルとヒトの幼児のセパレーション・コールの音声スペクトル。Newman and MacLean(1985a)。

哺乳動物種に共通の特徴をもっている。図11・1に示すように、リスザルとマカクザルと人間の幼児の音声スペクトルは、ともに音声周波数がほぼ一定している。発声の脳神経機構に関する知見は、その進化の歴史を知るのに役立つ。

しかし、リスザルの場合も他の多くの哺乳動物の場合も、セパレーション・コールは母子間の交信のためばかりでなく、動物個体と動物集団の間の交信のためにも使われる。遺伝子型の異なるリスザルの仲間——ゴシック型とローマン型——では、セパレーション・コールの音声スペクトルの型が明らかに異なっている。このことや、セパレーション・コールが一頭の動物をグループから離すとただちにあらわれること、二~六頭の間で合唱されること、などから、セパレーション・コールの指令源を脳幹と前脳皮質中心線上に想定することができる。

—脳幹での発見—

視床—中脳連接部に近い脳幹の一部を凝固させた場合のセパレーション・コールの音声スペクトルの変化を図11・2に示す。

—前脳皮質中心線上での発見—

❖研究の背景

アイソレーション・コールに新皮質がどのように関与しているか？　サルの場合、新皮質の電気刺激は発声に影響しないことが研究者の間に知られている。一八七六年にフェリエは、サルのブロカ領の電気刺激は声帯を動かしたが発声させるまでにはいたらないことに気づいた。プルークは〝数ダースのリスザルの新皮質の数千個所のどのひとつも単独では発声に結びつかなかった〟と書いている。シルヴィア裂近くの運動領の刺激も声帯を動かしたが発声まではいたらなかった。筆者たちは扁桃体の両側切除がアイソレーション・コールに影響しなかったことから、刺激位置を前脳中央部に想定した。この想定は、視床—中脳連接部に近い〝帯状発声路〟を発見したミュンヘングループの仕事によって確かめられた。

❖結果

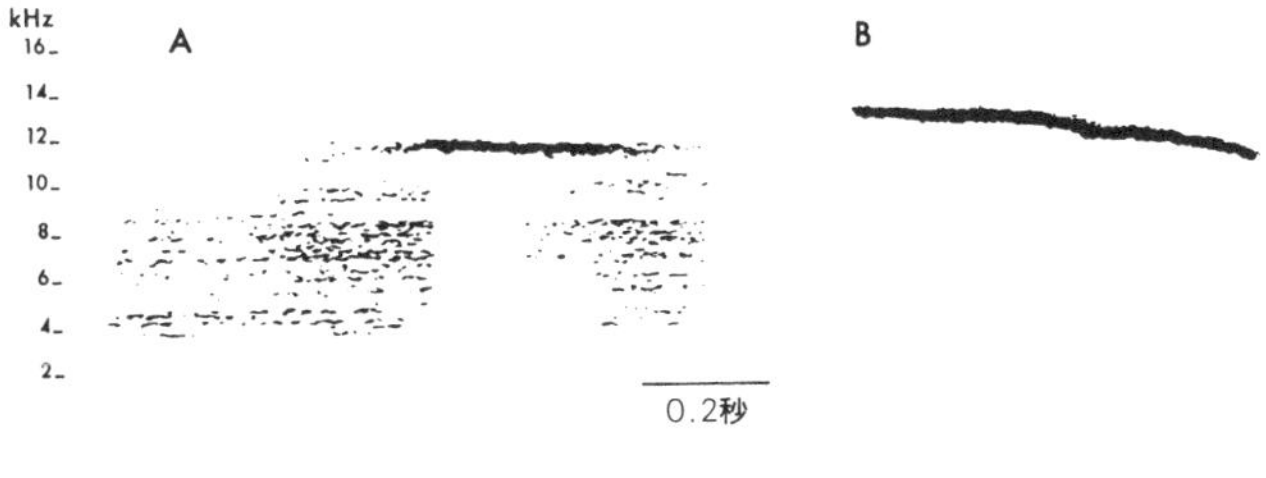

図11・2▶被蓋を切除されたリスザルのセパレーション・コールの音声スペクトル。(A)は隔離とともにあらわれる呼吸の乱れを示すが、9か月後の(B)では正常のパターンに回復している。Newman and MacLean(1982)。

帯状回前部の前脳両側切除は三か月のテスト期間中、リスザルのコールにはほとんど影響しなかった。反対に、脳梁膝前と側方脳室前での前脳または側脳を切除されたサルは自発的にコールする機能を失った。領域番地24、25、12、8、9を吸引した四番目のサルは九か月のテスト期間中コールの機能を失った。コール以外ののど鳴らしや呼び声などの機能は失われなかった。

人間の場合、前部帯状皮質上部の補足運動野の刺激はさまざまな発声を誘導し、この領域の切除は一時的に発語障害をもたらすことが知られている。新皮質の中心線上を広範囲に切除されたのちコールを回復したサルの場合がこれに対応する。

❖まとめ

アイソレーション・コールは、膝部帯状皮質と直回尾部に含まれる辺縁皮質のひとつの連続したバンド状領域全体の活動に結びついている。

❖コメント

キルツィンガーとユルゲンスは、前部補足運動野の切除がリスザルの発声を抑制し、アイソレーション・コールを抑止することを報告しているが、彼らの実験では実験動物は仲間から隔離されていない。同じ領域を吸引した筆者たちの実験では、サルは術後二~三週間でコールを回復した。

筆者たちはリスザル、マカクザル、人間の幼児のセパレーション・コールの類似性をみた。類人猿の母子間で交わされるアイソレーション・コールはローウィックとグッダルによって観察されている。人間の幼児では対応するコールは母子間の距離的分離ばかりでなく、空腹や痛みの訴えにも使われる。

11・5 ▼コメント――文明の萌し

爬虫動物からの進化の過程で哺乳類の脳にあらわれた視床帯構造は、哺乳動物に育児、母子間交信、アソビという新しい行動型を加えると同時に、のちの人間の脳に責任感と連帯感を育てて地上に文明をもたらしたものと考えられる。

12 情動脳の障害と心身性てんかん

心身性てんかんは、人間の心を動かす神経機構を臨床的にうかがうことができる最良の窓である。この病気は、大脳辺縁系が人間の主観的な情動を支配していることの決定的証拠をわれわれにあたえる。てんかんの発作の前駆症状として、患者は強い恐怖からエクスタシーにいたるさまざまな生々しい情動におそわれるばかりでなく、人間の基本的・身体的欲求と特殊な感覚の高まりを経験する。ここでは、行動や動作によって表現されるデカルトの意味での感情に対して、心の動きだけを表現する言葉として情動という言葉を使うことにする。

12・1 ▼心身性てんかんの歴史

てんかんという言葉はけいれんの発作を思い出させるが、けいれんの発作だけがてんかんの特徴ではない。発作のはじまりには主観的状態の特殊化が起こり、その後に患者の記憶に残らないさまざまなタイプの無意識運動がともなう。ヒポクラテスの時代から、けいれんをともなわない偶発的な発作もてんかんの一種ではないかと考えられていたが、このような発作も脳内の異常放電をともなっていることがわかったのは脳波計が開発されてのちである。ハンス・バーガーが人間の脳波の記録をはじめて報告してから九年後の一九三八年に、ギブスたちは、てんかんを意識が残る軽い症状から区別するために心身性てんかんという表現を用いた。前世紀にはフランスのP・ジャネが神経発作という言葉を使っていた。

てんかん症状の精神の側面と身体の側面に注意を向けるための〝心身性〟という言葉は、脳波計の発明後は〝側頭葉発作〟という言葉で置きかえられるようになった。側頭葉にあらわれる異常放電に注目したからである。一九五三年にフルトン（一八九九－一九六〇）は側頭葉発作よりも適切な表現があるのではないかと注意した。発作には側頭葉ばかりでなく、後部眼窩回、帯状回が関与するからである。このような注意を受けてグルーザーは辺縁発作という表現を用いた。しかし本書では歴史的な用語である心身性てんかんを使うことにする。一九七〇年以来、脳波学者は〝複合部分発作〟を公式用語にしている。

―**放電の辺縁葉内の伝播**―

辺縁皮質内または隣接組織内の発作にともなう放電は辺縁系――情動脳――内に伝播する傾向をもつ。この現象に最初に気づいたカーダはフルトンの研究室で次のように報告している。〝海馬に発生した放電はただちに辺縁皮質両側から嗅裂側方の皮質に伝わった……〟。麻酔をかけられた動物を使ったカーダの発見は、のちに覚醒状態の動物でも再確認された。人間の脳外科手術の少ない例で同様の現象が臨床的に観察されている。

12・2 ▼病因と病理

人間の場合、辺縁系の扁桃体連接領域の障害が発作の原因になりやすい、脳の基部にあるため、機械的衝撃を受けやすいからだろう。側頭葉は比較的に閉じた骨の箱と靱帯で囲まれており、側頂部と側中部で損傷を受けやすい。側頭葉におよぶ髄膜炎をともなう中耳炎が側頭葉発作のもうひとつの原因とも考えられる。ヘルペスに起因する急性脳炎による辺縁葉の侵害もある。また、辺縁葉を含む脳炎は肺の燕麦ガンに結びついている可能性がある。一般にグリア細胞のガンは側頭葉発作に結びついている可能性がある。しかし、この種の腫瘍は星状膠細胞ほどの大きさのため、X線検査にも死後の組織検査でも見逃されやすい。

誕生時の障害と発熱性ひきつけが心身性てんかんの主因であるという考えには、多くの研究者が同意している。以下に詳しく述べる。

――誕生時の障害――

モントリオール神経研究所の高名な神経外科医であるウィルダー・ペンフィールド（一八九一―一九七五）は、側頭葉の中央、基底、周辺部など、間脳をとり囲む領域の誕生時の障害が、心身性てんかんの主因であると考えた。アールたちは、死産児の観察から、誕生時の頭部の圧迫がこの領域を変形させるばかりでなく、海馬の〝テント〟の自由端と交叉する前部脳膜および後部小脳動脈への血流を阻止していることを示した。海馬への血液供給は、主動脈がくま手の先のように分岐した末梢血管によっているが、血圧が低下するとこの血管が支配する細胞が死んでグリア細胞――神経膠――に置きかわる。

グリア細胞は一種の傷跡であり、生体の加齢とともに収縮、固化して隣接する組織を引き寄せ、灰白質が入っている毛細管をつぶしてしまう。損傷が神経細胞におよぶと、代謝障害から異常放電がおこり、細胞は消耗して死にいたる。年月がたつと、〝傷跡〟は並海馬回や側頭葉深部におよび、黄化、ゴム化する。

ペンフィールドと彼のグループは、側頭葉発作の一五七例のうち一〇〇例（六三パーセント）に海馬の固化を認め、出産時または幼児期の病因を示唆した。

―発熱性ひきつけ―

イギリスの神経外科医マーレー・ファルコナー（一九一〇―一九七七）は、一五〇例の心身性てんかん患者の側頭葉の観察から、誕生時よりも幼児のひきつけの方が海馬障害の原因であることが多いと結論し、その病因を側頭中央硬化と呼んだ。よく知られているように幼児は歯生期にバクテリアやウイルスの感染による発熱性ひきつけを経験することがある。風邪、扁桃腺炎、風疹、百日ぜき、さまざまな抗原のとりこみなども病因になる。

ファルコナーは、発熱性ひきつけを側頭発作の主因とするとき、同時に病変の約八〇パーセントが側頭葉の片側にあらわれることの説明ができないことを認めている。この問題はあとでもう一度考える。

―歴史的展望―

一九三〇年にドイツのよく知られた神経病学者シュピールマイヤー（一八七九―一九三五）は海馬の硬変がひ

きつけの原因であるのか、結果であるのかを決定する試みの中で、ひきつけの間に海馬の血管がけいれんし、海馬への血流と酸素の供給が低下することを発見した。シュピールマイヤーの学生だったウチムラは〝隔膜血管〟は例外的に細長く、その末端間の横の連絡路が比較的に少ないことを発見した。この血管はソマー領域にも〝刃先〟にも血流を送っている。この血管の直径は赤血球の直径の二～三倍ほどしかない。この血管の親血管の直径も赤血球の一二―一五倍くらいしかない。シュピールマイヤーの後継者ショルツは、彼のモノグラフ(一九五九)で海馬の硬化はてんかんの原因ではなく結果である、という先任者の考えを再確認した。

一九三五年にドイツの神経病理学者スタウダーは、てんかんの病歴をもつ五三例の患者の自然死後の検査により、三六例に海馬の硬変を認めた上で、この硬変がてんかんの原因ではないかと考えた。数年後研究の舞台は大西洋を越え、モントリオール神経研究所でてんかんの研究が精力的に進められた。ここでてんかんの分類をしていたジャスパーとカーシュマンは一九四一年にてんかんの病因が側頭葉深部にあることを脳波計によって発見した。同じ頃、ギブス夫妻はウィリアム・レノックスとともに、のこぎり歯状の脳波の間に頭の平らな波形がてんかんの発作にともなって発生することに気づいた。彼らが脳波計の電極を片方または両方の耳につけて測定し、のこぎり歯状の波型は〝逆スパイク〟型で、このとき電極のひとつがスパイク源にもっとも近かったことに気づいた。一九四八年にギブスたちは、てんかんの発作時に前部側頭葉の片側または両側からスパイクが発生することを発見し、そのあるものは患者の軽い睡眠時にだけあらわれることに気づいた。以後研究室でのてんかんの診断は患者の軽い睡眠中におこなわれるのが普通になった。

一九四七年から四九年にかけて、筆者はマサチューセッツ総合病院のスタンリー・コブ博士(一八八七―一九六八）の下で合衆国公衆衛生特別研究としてロバート・シュワブ（一九〇三―一九七二）の脳波研究所で仕事をした。筆者は大脳基底部の活動を調べるための特別な咽頭用電極を考案した。海馬にもっとも近いこの電極は、睡眠中の発作の一二例中七例（五八パーセント）にスパイク放電を検出した。

一九五三年にサノとマルマッドは、てんかんの病歴のある患者五〇例の半数以上に海馬の硬化を認めた。その一三年後にマルゲリソンとコルセリスは、五五例のうち八〇パーセントが側頭葉の片側に病変があることを報告した。その後ファルコナーは、心身性てんかんの治療のために海馬を含む側頭葉の片側を切除した一五〇例を一連の論文で報告した。ファルコナーが残した病理標本の検討からも、海馬からはじまった硬変の拡大がてんかんの原因であると結論できる。

―病変の側方性―

長い間、海馬は前脳の中で一番発作に対する防壁が低い組織であると考えられてきた。海馬は機械的衝撃に対しても血流変動に対しても比較的容易に放電する。新陳代謝に対する海馬の特別な要求も発作に対する防壁を低くしている。放射線写真法によって、海馬皮質の特別に高い放射性メチオニンのとり込み速度を観察することができ、このことは蛋白質のとり込みの速度の大きさの間接的な証明になっている。

一九五三年にアールたちは、側頭葉のヘルニアは両側よりも片側だけに起こりやすいことを実験的に示した。この事実はてんかんにともなう側頭葉硬化が片側に起こりやすいことと関係があるかも知れない。しかし、ファルコナーは、ひきつけたギニア・ピッグの病変の側方性についてのマクラーディの説明にヒントを得て、発作時の脳の左右高低差による血量の左右差によって側頭葉硬化の側方性を説明しようとした。側方病変が神経線維の片側に沿った側頭葉中央部に達する可能性がある。一八九〇年にカロリ・シェイファーは、狂犬病ウイルスが神経線維に沿って移動するのではないかと考えた。一九二〇年にヘルペス・ウイルスは神経軸索または神経線維沿いの空間を通って中枢神経に達するのではないかと考えた。一九五五年に、このウイルスは辺縁皮質に集まりやすいことが示された。しかし多くの場合、炎症や封入体や組織壊死などは大脳前側領域の辺縁および隣接領域に局在する傾向がある。ジョンソンが指摘しているように、これらの領域への感染の拡大は、鼻から嗅覚神経を経由するか、あるいは神経節から中枢神経を包む脳脊髄膜を経由している可能性がある。筆者自身は歪んだ嗅覚系や三叉神経を経由して側頭片側を感染する可能性も排除できないと考えている。

てんかんの病因学的調査の中でも、一九七一年におこなわれた六六六人の調査は重要である。この調査では全体の六パーセントに発熱性ひきつけの病歴があり、五〇パーセント以上が二八歳になる前に最初のてんかん発作を経験している。しかし、ファルコナーは、発熱性ひきつけの病歴は側頭中央構造硬化の場合以外は頻度は少ないと指摘している。現在では免疫化学的方法などで脳組織中の感染源の検出が可能になっており、ウイルス起源の心身性てんかんの理解が進展することが期待される。

―病変位置と処置―

米国ではてんかん患者一〇〇万人のうち約六〇パーセントが〝部分〟発作で、その三分の一には治療効果があらわれていない。病変位置が側方にあるときは、その切除がきわめて有効であるが、切除手術の経験から、側頭葉皮質の前部と底部は硬いことがわかる。この硬さは海馬回ではいっそう目立ち、組織は黄味を帯びたゴム質になる。ときに病変部分を残して前側頭葉の部分切除がおこなわれたことがあるが、前側頭葉への大量の神経伝達路が海馬の一部と誤認されたためと思われる。プリブラムと筆者は、麻酔をかけたネコとサルの前頭葉皮質のどの部分にストリキニーネを施しても、伝達路で結ばれた他の皮質部分を興奮させることを見出した。このことから、側頭中央構造内の病変箇所の放電が側頭表面におよび、脳波計と脳外科医の判断を誤まらせたものと思われる。

現在では、病変位置の確定のために、脳波計のほか、陽電子放射トモグラフィ(PET)などの非破壊的方法が使われている。PETではフッ素一八で標識されたフッ化デオキシグルコーズが利用されているが、この方法では発作にともなう病変部の代謝増加が検出される。ヨウ素一二三で標識されたヨウ化アンフェタミンを用いる血液からの単一光子検出法は、コストのかかるPETの簡便な代用として利用される。この方法を二五例に適用し、側頭中央部の慢性的ヘルニアが発見され、そのうち一二例はその後の手術と組織検査で病変位置が確認された。

12・3 ▼主観の脳神経機構に向けて

本書の目標である主観の脳機構を解明する上で、心身性てんかんの研究はわれわれに多くの情報を与えてくれる。

てんかんの病因には、出生時障害、幼児の発熱性ひきつけ、頭部障害、感染、腫瘍などが考えられる。海馬の中にある辺縁中央構造は、これらの病因に対する防御力がとくに弱い。海馬の硬変は、一八〇〇年代から知られていたが、この硬変が心身性てんかんの主要な原因であることがわかったのは今から五〇年ほど前である。出生時の辺縁中央溝のヘルニアは海馬硬変の主要因とみられる。発熱性ひきつけも海馬硬変の主要因のひとつで、この硬変は側頭葉中央部に拡大していくものと考えられている。海馬硬変の側方性は嗅覚系または三叉神経を経由するウイルス感染による可能性もある。幼児期の感染のその後のゆるやかな拡がりは、青年期、壮年期の発症を説明できる。

13 心身性てんかんの現象論

基本的・個別的情動の顕在化

大脳辺縁系の病変による精神障害をうけた患者の主観的な訴えに科学的、実証的なデータとしての価値はあるだろうか。一般に、科学的〝事実〟には人間の感情が関与していないだろうか。このような問題に答える前に心理、主観、感情、といった用語の操作論的な定義をしておきたい。

13・1 ▼心理学的情報の主観的表現

― 心理 ―

心理(psyche)という言葉(英語)はギリシア語の呼吸の音訳である。ギリシア時代には空気(ギリシア語の *pneuma*、ラテン語の *anima*)は遍在的で非物質的な不滅の生命の素と考えられていた。その呼吸によって生物は魂を吹き込まれると考えたのである。アングロ・サクサンが心理を魂(soul)と訳したのはこのためである。現代の辞書では〝人間の心〟、〝生命体が環境にはたらきかけ、適応するための神経構造〟などとなっている。

ウィーナーによれば、情報は情報である。情報は物質でもエネルギーでもない。心理も同じである。バートランド・ラッセルは、内省的な心理は物理法則に従わないから科学的研究の対象にならないと考える。しかし、内省的な心理も、それが外部から観察可能であるかぎり心理学的情報であり、少なくとも情報理論の伝達法則に従う。この法則によれば、いかなる情報も伝達媒体の物理的変化なしには伝達されない。内省的な心理も、人間の脳の神経系にあらわれた物理的変化であるかぎり、この変化は自分自身にも他の人びとにも伝わるのである。

―主観―

脳の神経系には主観をつくり出すはたらきがある。カントならば主観を生得的な〝意識の形式〟に結びつけるかもしれない。睡眠中の夢にも主観的要素が認められる。脳波計による昏睡時や放心状態での主観の検知は今後の課題である。

主観にも、はっきりしたものから微かなものまでの間にさまざまなレベルがある。主観はそれが動作や行動に表現されなければ言葉で定義するのはむずかしい。人間でも動物でも、その声の調子、眼の動き、顔の表情、身体の構え、などから意識のはたらきを読みとることができる。近年では、眼球の動きから睡眠中の意識の動きをとらえることができるようになった。

〝情報は情報である〟といわれるのと同様に、主観は言葉の上でしか存在しない、という議論がある。たとえば、心を別のところにおきながら講演することができるからである。しかし、この講演者も、演台から落ちそうになると反射的にバランスを回復しようとする。この動作は講演者の主観のはたらきである。主観は人間が環境の変化に対応しようとするときに引き出される臨機の情報である。主観がはたらかなければ、人間は他の人に伝えるべき言葉を生み出さなかっただろう。

―思考―

感覚刺激とほとんど同時にあらわれる反射的、情動的、概念的反応におくれて、思考という心理過程があらわれる。主観が生まれるのはこの事後段階である。思考は外部世界で起こっている事象の脳内での反映であり、再構成である。主観を特徴づけるものは、デカルトによれば〝生々しさ〟であり、ヒュームによれば〝鮮やかさ〟である。主観があらわれる前の反射的、情動的、概念的反応にはこの生々しさも鮮やかさもない。

13・2 ▼情動の分析

デカルトは一六四九年の著書『情念論』の中で感情という言葉を使った。彼は悲しみ、喜び、憎しみ、愛、などの激しい感情を単純な身体感覚から区別しようとしたのである。デカルトは、松果体を魂の座と考えた。松果体は脳の中で左右の対をつくらない唯一の器官であり、両眼のような〝対器官〟からの感覚情報を統合し、脳腔の前方から後方に流れる非物質的な魂の方向を調節できる位置にあると考えられるからである。デカルトは人間の思考を増幅したり乱したりする魂の乱れを熱情と呼んだ。

今日ならば、魂は神経軸索を伝わる電気パルスの流れとして理解されるにすぎないが、ギリシア人(クローディアス)は魂は心臓から脳に流れ込み、中空の神経線維を通して脳と身体各部の間を往復するものと考えた。このとき、外界からの感覚刺激は魂によって感覚受容器官から脳腔へ、脳腔から身体各部に伝達されて身体的反応を促す。デカルトは、感情は心臓を中心とする内臓と筋肉から生まれ、感情のさまざまな形と激しさは松果体を通る魂の流れの方向と乱れの大きさによって決まると考えた。

デカルトのいう感情(emotion)は主観性と可観測性——身体的表現——という二面をもっている。ここではデカルトのいう感情から主観的な部分をとり出して情動(affect)と呼ぶ。

——情動の性質——

情動は概念化された環境情報や思考に生物学的色彩を加え、個体維持と種族保存に有利な主観的解釈と行動計画に変換する。情動は身体の特定部分に快い、または不快な痕跡を一時的または永続的に残すことから、それが個人の主観に属することがわかる。図13・1は三種の情動を快と不快に分け、南北半球上に表示したものである。快、不快に対して中立な情動は存在しない。しかし、記述的な文章ではなく数字のゼロを提示された人が情緒的に中立であることは可能である。しかし、この人が〝私は情緒的に中立である〟と言明するとき、この人は情緒的に中立でない科学者に対する不快感を表明しているのである。

情動の分類をさらに進めてみたい。ひとつの方法は、情動が内部刺激受容系のいずれに属するかを考えてみる方法である。図13・1に示す基本的情動は摂食、睡眠、排泄、性的放出などの身体的要求に結びついた内部感覚受容系から生まれた情動で、個別的情動は生得的に快、不快感に結びつけられた芳香、悪臭、調和音、不協和音や、非生得的に快、不快感に結びつけられた芸術作品などから外部感覚受容器官を通してよび出された情動である。

一般的情動は当面の内部感覚からも外部感覚からもよび出されず、感覚受容のあとに持続または反復される情動である。一般的情動は個体維持または種族保存に対して脅威となる状況に対して不快感を、満足すべき状況に対して悦びをあらわす。

13・3 ▼基本的欲求に関連した情動

内部感覚にただちに結びつく情動は、基本的身体的欲求の発生を示す。この欲求をフロイトは本能的衝動と呼んだ。衝動とは飢え、渇き、痛み、などの即時解消を迫る強い内部刺激を指す。衝動の主観的側面が図13・1の基本的情動である。

13・4 ▼心身障害と基本的情動の異和

心身性てんかんの発作時に、個体維持と種族保存機能に関連のある消化器官、心肺器官、排泄器官、

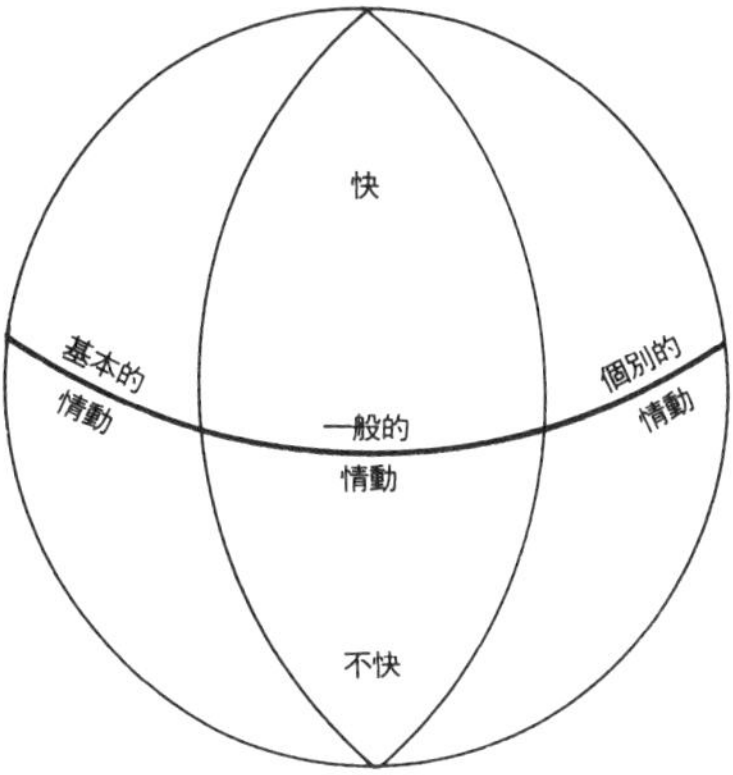

図13・1▶"情動球"の南北半球上に分類された情動。基本的情動＝緊急の身体的要求にともなって内部感覚受容系にあらわれた直接的な快・不快感;個別的情動＝個別的外部感覚受容系(五官)にあらわれた外部刺激に対する直接的快・不快感;一般的情動＝内部または外部感覚刺激がひき起こす心理過程によってもたらされる間接的・持続的な快・不快感。赤道上の快・不快に中立な情動は意識や記憶の対象にならない。MacLean(1970)。

生殖器官などに異和の感覚があらわれることがある。発作時の患者の訴えによって誤って虫状突起の除去のための開腹手術をした例もある。発作が大脳辺縁系内での異常放電と結びついていることから、基本的情動が辺縁系の支配下にあることがわかる。

――消化器官の異和感――

辺縁系の扁桃核に連絡した皮質部分の異常放電による発作にともなって胃の上部に異和感があらわれることがある。一八八八年に書かれた教科書にすでに〝多くの発作には神経系の特定部分の異和がともなう〟と書かれている。一五五例の発作の四〇パーセントに胃の上部か胃の全体に異和感があらわれたという報告もある。この異和感のほとんどには強い恐怖感がともなうが、快い〝蝶になったような浮遊感覚〟があらわれることもある。そのほか、胃の空洞感、飢餓感、胃の運動感、胃の温度感、なども報告されている。またある例では、異和感が胃から胸、ノド、口、頭へと上昇し、ある例では下腹部から生殖器官に下降した。

――心肺器官の異和感――

てんかんの前駆症状として、動悸や窒息感など、心肺器官に異和があらわれることがある。

――生殖・排泄器官の異和感――

発作中の排泄衝動や身体の緊縛感や恐怖感にともなう短い絶頂感があらわれることが稀にある。熱い火かき棒の挿入感があらわれた婦人の例もある。

―疲労感―

発作時に疲労感や睡眠感があらわれることがある。

―コメント―

個体維持と種族保存行動に結びついた一般的情動の進化論的起原は、原始的単細胞生命の同化作用と異化作用に遡ることができる。動物の摂食と排泄は同化と異化のはたらきであるが、性行動もオスの異化動作とメスの同化行為の結合と考えることができる。

13・5 ▼個別的情動の異和をともなう発作

てんかんの前駆症状として、視覚、聴覚、味覚、嗅覚、触覚、つまり五感のひとつまたは複数の異和をともなう多くの例がある。五感のすべてに異和があらわれた二六歳の男性の例では、辺縁系の扁桃体―海馬領域に小さな病変がみつかった。

―嗅覚の異和感―

嗅覚の異和にはほとんどかならず不快臭、または恐怖感がともなう。たとえば、肉、ゴム、ペイントの焦げた匂いや血、魚、石灰、燐、酸の匂い、鶏小屋、腐ったキャベツの匂いなどである。〝酸っぱい〟〝匂いや〟なにか冷たいもの〟の匂いや〝青い蕾〟の匂いを訴えた患者の例もある。稀ではあるが幻視にともなう芳香を感じた若い医者の例や異常感や覚醒感を嗅覚に感じた患者の例もある。

―消化系の異和感―

消化器の異和にもほとんどの例に不快感や恐怖感がともなう。たとえば悪い、苦い、金属的な、無味の、腐った、粗い、酢っぱい、味などである。側頭葉の深部に病変のある四四歳になる男性の場合のように快い異和を感じる例が稀にある。この男性は夢のような〝遊離感〟にともなうパイナップルの味を感じた。

―聴覚と迷走神経系の異和感―

発作時の聴覚の異和は、音の強弱、遠近感の異和としてあらわれる。三六歳になるある男性は、子どもとドライブ中に信号で停車した。〝突然目がくらむように太陽が輝き出した〟。次に聴覚が遠くなり、〝吐き気をおぼえ、発汗し、排尿衝動におそわれた〟。稀には幻覚があらわれ、〝内なる声〟や〝鐘の声〟や〝音楽の一節〟が聴こえることもある。

身体の平衡を維持するための迷走神経系の異和は、目まい、浮遊感、沈下感、落下感などの形であらわれる。たとえば落下感については、ある患者はトンネル内への、他の患者は山中への落下を感じたという。辺縁系海馬回内部の電気刺激を受けた患者が、子どもになって穴に落ちた幻覚におそわれた例も報告されている。

視覚の異和感

視覚対象の大小、遠近感に異和があらわれる場合がある。映画を見物中に発作におそわれた男性が、スクリーン内の人物が彼に迫ってくるように思えた例がある。幻視の例である。発作に先立って、部屋が黒人で満たされる幻視があらわれるイギリスの婦人の例がある。この婦人は黒人を見たことはないと主張したが、よく調べてみたところ、婦人は生後二年までジャマイカで育った。

身体感覚の異和

身体全体に対する異和感覚は、圧迫感、重圧感、無感覚、緊縛感、疲労感などの形であらわれる。自分が巨人になった〝不思議の国のアリス〟症候を訴えた患者の例もある。

頭部に異和感があらわれる場合も多い。頭部の緊縛感、空洞感、奇妙感、冷感、重量感、圧力感、疼痛、額の動揺感などである。頭の片方に痛感があらわれることもある。鼻の内外に焦げる感じ、くすぐったい感じ、ずきずきする感じや、下あごが引っ張られる感じなどもある。

ノドに塊がつかえた感じや乾燥感があらわれる場合もある。

胸に痛感や緊縛感があらわれ、ノドに達する例もある。

身体の末端部、とくに手にあらわれる異和感や、手にしたコカコーラの瓶が大きくなっていったり、手になにか焦げたものを握った幻覚があらわれる例も報告されている。

―体温調節系の異和感―

発作時に冷感または温感を訴える患者がある。また顔、額、胃などの部分に温冷感があらわれ、鳥肌、震え、発汗が観察されることがある。冷感が背骨を上下する幻覚には多くの場合恐怖感がともなう。恐怖感のかわりに快い興奮をともなう場合もある。国旗や国歌が愛国心を刺激したときのような興奮である。背骨を上下する冷感や恐怖感は、背筋が寒くなる、ぞくぞくする、鳥肌が立つ、身の毛がよだつなどと表現される。このような感覚は島領域の電気刺激によってもあらわれる。発作に先立って陰嚢が吊り上がる例も報告されている。

―コメント―

すべての感覚に情動がともなうわけではない。一九〇〇年に刊行された生理学に関する古典的な教科書『心理学教程』（一九〇〇）の皮膚感覚についての章で、シェリントンは次のように書いている。〃心は無関心な対象、つまり情動をともなわない対象を認知しない〃。そして〃好感度がゼロである対象は感知されない〃。感覚と情動が分離する病的な例として、フォン・エコノモは不快な対象を認知はできるが感覚の受容を拒否した嗜眠性脳炎患者の例をあげている。

シェリントンは、快い感覚も刺激の強さがある限界を超えると不快なものに変わることを注意したあと、遠距離からやってくる、非生得的で、言葉で表現できない感覚は情動をともなわないと考えた。しかし彼は芸術作品や文化遺産が人間に伝える非言語的メッセージや条件づけられた記号（言語やシンボル）の意義を過小評価している。

14 心身性てんかんの現象論……一般的情動の顕在化

14・1 ▼一般的情動の型

一般的情動は次のような性格をもっている。

(1) 人間、状況、物事一般に向けられた感情であり、対象は限定されない。
(2) 内部感覚刺激によっても外部感覚刺激によってもひき出され、長く持続する。
(3) 目的指向的行動を導く。
(4) 人間や人間集団を同化または異化するはたらきをもつ。

スピノザは色彩の三原色にならって感情の三要素――欲望、悦び、苦痛――をとり出した。デカルトは感情を六つ――驚き、愛、憎しみ、欲望、喜び、悲しみ――に分類する。怒りは憎しみに含まれる。ヒュームは感情を直接的/間接的、善/悪、苦/楽、という具合に二分していく。ウィリアム・ジェイムズは感情を悲嘆、恐怖、激怒、愛のような激しく持続的な〝粗感情〟と倫理的、知的、審美的感情、といった〝微感情〟に分けた。

一九一三年にヤスパースは〝感情を細分していくとつまらない結果に終る〟と警告したが、プルチクは一九八〇年に、それまでの分類を整理して八つの基本的感情を期待／驚き、怒り／恐れ、嫌悪／受容、悲しみ／喜び、という四つの対に対置させた。

図13・1の〝情動球〟の上では、情動は快、不快に大別される。個体維持と種族保存に対する脅威があらわれたとき不快の情動――怒り、恐れ、悲しみ――が、脅威が除かれたとき快い情動――喜び、好感、満足があらわれると考えている。

六つの一般的情動

動物は自己の内部状態――情動――を行動で表現する。哺乳動物には次の六つの基本的行動型が観察される。(1)探索、(2)攻撃、(3)防御、(4)落胆、(5)喜び、(6)愛撫。対応する情動は(1)欲求、(2)怒り、(3)恐れ、(4)悲しみ、(5)悦び、(6)愛情、である。人間の場合、てんかんの発作時に観察される患者の症候や訴えから、患者の情動を推定することができる。

❖一般的情動の追加例

哺乳動物の六つの行動情動型を人間にもあてはめようとすると、たとえば人間の(1)はにかみ、(2)不安、(3)憂うつ、はどこに入るのだろう。

驚きを別にすると、われわれの六つの情動型はデカルトの六つの基本感情にほぼ照応する。はにかみは未知のもの、見慣れぬものに対する情動である。恐れも同じである。てんかんの発作にともなう患者の恐怖感は未知のものと既知のものの境界が失われるためにあらわれる。

不安は未来の出来事への警戒をうながす不快感である。憂うつは時間的に延長された一般的情動のひとつである。

14・2 ▼発作時にあらわれる一般的情動

てんかんの発作にともなってあらわれる患者の情動反応を六つの情動型と比較してみる。

―欲求―

発作時に近くの人を排除する、誰かを探す、身を隠す、なにかを探す、仕上げる、といった患者の欲求が観察されることがある。プライバシーを得たある女性の患者は風呂場と床で排泄をした。

―恐怖―

恐怖感は発作にともなってもっとも多くあらわれる情動である。発作に対する恐れではないかとも考えられたが、患者自身がこの解釈を否定し、今までに経験したことのない、突発的な、そして理由のない強い恐怖であると訴えている。恐怖にはしばしば幻聴、悪寒、消化器官の異和感がともなう。

二〇〇〇例のてんかん患者を観察した神経学者のデニス・ウィリアムズは、発作時に恐怖感におそわれた一四例の大脳側頭葉に病変と異常病変があったと報告している。辺縁皮質の異常放電も報告されている。

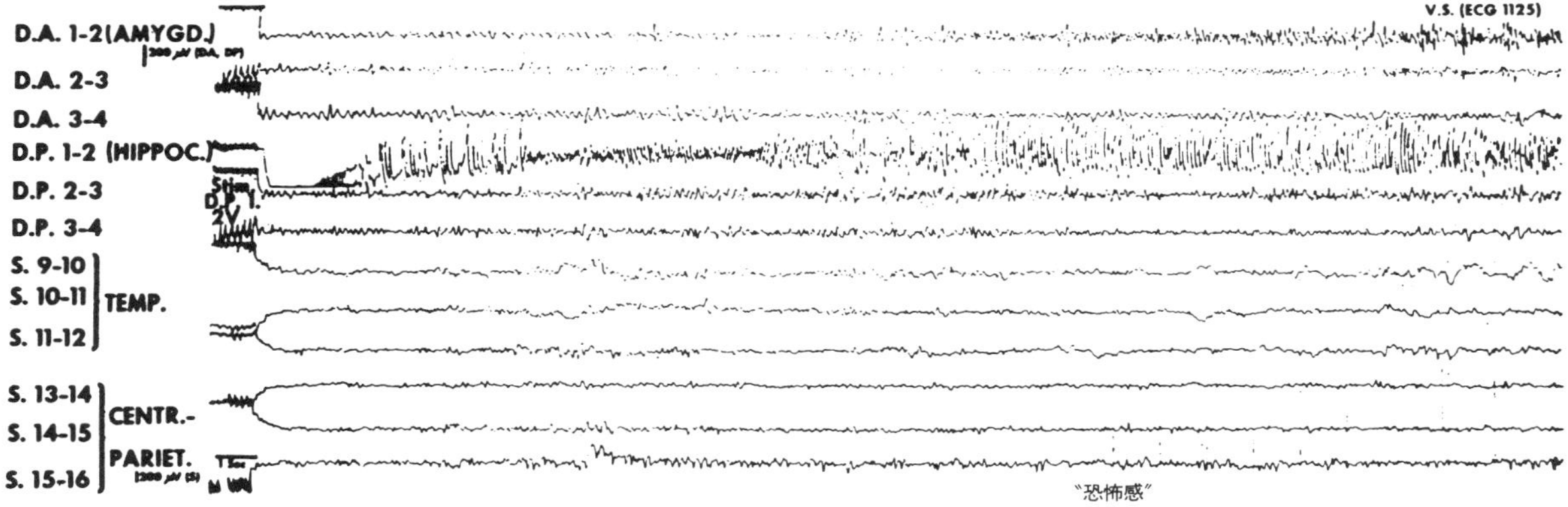

図14・1▶ 電気刺激による海馬(HIPPOC)の放電が扁桃体(AMYGD)に達したとき、患者は恐怖感をともなう発作におそわれる。D.A.:扁桃体内前部電極の深さ;D.P.:海馬内後部電極の深さ;S:側部(TEMP)、中心部(CENTR)、頭頂部(PARIET)の皮質表面電極。Jasper(1964)。

患者の訴えから「おそれ」という言葉の内容を豊かにすることができる。たとえばある患者はおそれを畏れ、怖れ、恐れ、説明不能、急迫感などと表現し、またある患者はパニック、不安、危惧、驚き、愕きなどと説明する。落下感、空洞感、災厄の懸念、予感、切迫感を訴えた例もある。恐怖感はしばしば居所からの離脱と救出を求める衝動をともなう。

グリーンとシーツは、側頭葉の部分切除手術中に、ある患者の海馬前部の電気刺激が患者の潜在的恐怖感を喚び起こすことに気づいた（一九六四）。ジャスパーは、海馬と扁桃体のどちらかを刺激された患者が恐怖をともなう発作に襲われるのを観察した。図14・1は、海馬の放電が拡がって扁桃体に達すると患者に恐怖感覚があらわれることを示す。図14・1はまた、海馬の放電は扁桃体に向かう下降神経線維に沿って拡がり、新皮質（理性脳）には達していないことを示している。

―― 恐怖感にともなう妄想 ――

恐怖感にさまざまな妄想がともなうことがある。誰かがうしろに立っているという妄想、誰かに追われているという妄想などである。無力感やすべてのものが無価値にみえる〝しらけ〟の例もある。筆者自身、誰かがうしろに立っているという妄想にとりつかれた患者に絶対振り向かないよう指示したところ、発作が抑制された例を思い出す。ムランとペンフィールドが報告した三二歳になる女性患者の例では、少女に戻った自分が誰かに首をしめられそうになった。精神分裂症に近い妄想である。

変形された恐怖感

発作時に変形された恐怖感があらわれる場合がある。身辺の事物に対する非現実感、自分に対する非実在感、奇妙感、別世界感などである。もちろん、患者は非現実感を〝遠くへ出かけたような〟、〝この世界の外で〟というような言葉で表現する。

自分が自分の外から自分を観察している、という妄想とともに息苦しくなり、動悸が高まる患者の例を、ジャクソンは心理的二重視と呼んだ。幻覚も妄想に入るだろう。ペンフィールドとペローは、発作時に意識がノドから腹に移るとともに自分自身がさまざまな場面に登場する幻視があらわれる三二歳になる女性患者の例を報告している。彼女は海馬領域に病跡があった。幻聴があらわれる他の患者は、自分の発作を次のように表現している。〝自分が二人になり、ひとりは本当の自分で他は幻聴の送り手になった〟。ペンフィールドは〝患者は演技者と観客の二役を演じている〟と書いている。

怒りと関連する情動

扁桃体の刺激によって怒りの表情と動作があらわれることは動物実験で観察されている。扁桃体を切除すると野生の動物もおとなしくなり、人間に従順になる。

人間の患者の場合、発作時の粗暴な行為によって推測される一過性の怒りの表情は、たかだか胃や頭部をよぎった電気刺激として患者に記憶されるため、組織的な観察がむずかしい。脳波計の記録も、患者の粗暴行為——看護婦や家族への攻撃など——への周囲の抑止措置に対する本人の正常化努力を示している。筆者が面接したある患者は次のように話した。〝体内の電気が私にそうさせるのです。私は気ちがいなのです〟。

―悲哀感―

発作時にあらわれる泣き出したいような悲哀感は、飢えや死の幻想や、愛着をもつ人間、集団、住居などからの隔離の潜在的予感から生まれている。特定の対象物が視野に入ると、〝恥と罪〟の意識から失神する一八歳の少女の例や〝良心の呵責〟から発作にいたる側頭葉に病変をもった患者の例も報告されている。軽い〝落ち込み感覚〟から自殺衝動にいたるさまざまなレベルの悲哀感も知られている。多くの例では側頭葉の障害が認められている。

―喜び（満足、勝利、成功、エクスタシー）―

てんかんの発作にともなう情動には不快なものが多い。個体維持行動を支配する扁桃体が大脳辺縁系の中でも障害を受けやすい器官であるからと考えられる。

発作に喜びの情動があらわれることは稀ではあるが、その詳細な観察例が報告されており、喜びの内容も広範囲にわたっていることがわかった。完成感、満足感、高揚感、愉快感、恍惚感、喜悦感、充足感、安全感などである。〝永遠の調和〟、〝至高の愉び〟、〝強烈な幸福感〟、〝天上の至福〟、〝五官の高揚〟、〝ウィスキーが効きはじめた気分〟、〝解放感〟、〝素晴らしい気持〟などとも表現されている。喜びの情動には味覚、嗅覚、触覚、消化器官、心肺器官の快感がともなうこともある。

快感と不快感が表裏の関係になっている場合がある。ウィスキーの焦げた臭いがホロ苦い風味に変わったり、ジュリエットの嘆きが〝甘い哀しみ〟に変わるのはその例である。部屋(世界)が膨張する幻覚からくる孤立感や落下感がエクスタシーに結びつくこともある。反対に発作時に恍惚感が深い落胆に急変する例もある。著者は、快感と不快感の表裏関係を神経線維の交錯として説明しようとしたことがある。

一般の人がてんかんをエクスタシーに結びつけるようになったのは、ドストエフスキーの作品によってだろう。ドストエフスキーは『白痴』の中で、彼自身の発作体験——舞い上がるような高揚感——をプリンス・ミシュキンに〝最高度の実在感〟、〝全人生を投げ出してもよい瞬間〟と語らせている。

スペインの神経外科医スビラナは、四四歳になる患者が自分のエクスタシー体験を〝天上感〟と表現し、他の四五歳になる患者は〝異常な至福感〟を再体験するためにてんかんの治療(手術)を受けたがらなかった、と筆者に話したことがある。この至福感は患者には数時間持続するように感じられるという。

辺縁系側頭葉に病変のある患者の発作的笑いも報告されている。ある例では、患者は笑いの内容を記憶していなかったが、ある患者は筆者に次のように話した。〝心臓が空気を求めている気分になった——空気が出ていくとおかしくなりました。幕切れは最高ですねドクター? 終る前に幕切れ? そこで笑い出しました……〟。

14・3 ▼超越感覚

発作中に意識が異常にはっきりしてくることがある。そのとき、〝物事が生き生きと〟、〝クリスタルのように透明に〟、〝恐ろしいほどはっきりと〟見えてくる。〝千里眼のように物事が透視〟でき、〝この瞬間に起こっていること、心に浮かんだことが重大事〟と感じられる。確信と啓示の感覚におそわれることもある。発見や神秘体験に結びついた超越感覚である。

筆者が発作にともなう情動について調べた約三〇〇〇例のうち、〇・五パーセントが、このような狭義の、あるいは広義の超越感覚であった。ペンフィールドたちが調べた一五五例では、一八パーセントに未体験の事柄に対する〝既視感覚〟があらわれたという。

既視感覚が、過去に現在が投射される感覚であるのに対して、千里眼は空間が短縮される感覚である。視覚、聴覚、嗅覚、触覚が異常に鋭敏になる感覚を〝新覚知〟と呼んだ。側頭葉に電気刺激を加えて、この感覚を再現させることができる。側頭葉左側に電気刺激を受けたある患者は次のように話した。〝近く起こることはみな私にはわかっている。私はみな今までにやったことがあると思う。だから私にはこれから起こることがわかる〟。チャップマンたちは、海馬前部の刺激によって、〝医師の心が読める〟気分になった患者の例を報告している。ウィリアムズが報告した例では、ある主婦の患者は発作中の気分を次のように話している。〝身体がもち上げられる感じがして最高の気持ちになりました。私は誰も知らない生と死の間にある秘密がわかりかけたように思いました〟。

発見や啓示にともなう超越感覚を、ドストエフスキーは作品『悪霊』のなかでキリロフからチャトフに次のように語らせている。〝その瞬間は五、六秒続いた。そして君は創造の秘密のすべてを握った。君は実際そうだと言う。……しかし、それがあまりにもはっきりしており、君がそんなに喜んでいることが恐ろしい〟ドストエフスキーはまた、あまり知られていない作品『蜃気楼』で、同様の感覚を次のように表現している。〃私はその瞬間に今まで心に潜んでいたすべてを理解できた。……本当の私はその瞬間からはじまった〃。

舞台をロシアからアメリカに、時代を一九世紀から二〇世紀に移そう。筆者が観察した二二歳になる美術教師は発作時にあらわれる感覚を同じような言葉で表現した。彼は一〇年前にはっきりしない障害を受け、三年前から一日に四回ほど発作が起こるようになった。睡眠時の脳波計は患者の辺縁葉の中心寄りから発生する電気スパイクを記録した。自動車の運転中に発作と高揚感におそわれた患者は、同乗した子どもの指示に従って車を道端に停車させた。彼は発作時に、〃いつものように胃にやける感覚があらわれ、それをめぐって世界が動いているような絶対真理がみえてきた気分になった〃と報告した。一般に、このように見えてきた〃真理〃は具体的内容や筋書きをもたない。

発作中に、頭部の温感と〃愛情の気分〃があらわれた、という患者の例がある。発作時に顔と首が赤くなり、〃私は大丈夫〃といいながら、近くにいた知らない人に愛情を示した四四歳になる婦人は側頭葉に障害があることがわかった。友人にとり囲まれる幻想や性妄想があらわれる例もある。

14・4 ▼快・不快に分類できない情動

―類縁感と異縁感―

類縁感と異縁感、つまり〃なじみ〃と〃不なじみ〃という感覚がひき起こす情動は、快とも不快ともいえない。なぜなら、それが(1)一般的情動、個別的情動、のいずれにも関連し、(2)状況によって快にも不快にもなるからである。発作中になじみと不なじみが入れかわる例もある。チャップマンたちは、扁桃体と海馬のいずれかの片側の電気刺激が、なじみ感をつくり出すのが一七人の患者のうちの七例に認められた、と報告している。一方、ペンフィールドとペローは、海馬に硬変のある患者から、電気刺激によって不なじみ感をひき出した例を報告している。ムランとペンフィールドは、大脳の非言語半球にてんかんの原因がある患者から、電気刺激によってなじみ感をともなう発作を呼び出した。なじみ、不なじみの感覚は、個体維持と種族保存の行動を導く情動や五感のうちの特定の感覚に結びついていることも、いないこともある。

——時間と空間の感覚——

カントは、時間と空間の感覚は、先験的な純粋直感によって感知される〝審美感覚〟であるという。それは世界に起こる出来事にその空間的拡がりと時間的順序——秩序——をあたえる感覚である。時間も空間も、それ自身が実在するのではなく、人間の脳に前もってそなわっていた情報と考えるのである。

時間と空間の感覚を伝える情報が状況によって快または不快の情動をともなうことから、情動脳——辺縁系——内に時間と空間の感覚を生み出す神経機構の存在を想定することができる。実際、辺縁系に障害のある患者は、発作時に時間と空間の感覚の異常を訴えることがある。一語の発音に一分間もかかったような感覚や、時間が停止したり、錯乱時に物の動きが加速されたり減速されたりする感覚、物の大小、遠近が拡大される感覚などが報告されている。

14・5 ▼発作にともなう複合症候

心身性てんかん、失語症、精神分裂症、躁うつ症などの病的症候は、おもに医師の臨床観察によって分類されたものである。大脳左半球（優位脳、あるいは言語脳）の病変は分裂症に、右半球（劣位、あるいは非言語脳）は躁うつ症に結びつきやすい、という研究があるが、症候間の相関や逆相関（たとえば薬剤による発作の抑制は心理障害を促進する、といったような）についても報告されている。また症候によっては脳波形に異常があらわれるものもあらわれないものもある。辺縁系に達する電極の利用や非破壊的な測定法の開発が待たれる。

筆者は、心身性てんかん患者からの聞き取り調査から、発作中の患者の情動変化を次の四つに分類した。(1)感情と気分の乱れ、(2)自己喪失感の出現、(3)五官の歪み、(4)妄想の拡大。筆者の患者のひとりは、神が彼女の過食を罰する妄想におそわれたが、この妄想について話している間、脳波計は彼女の側頭葉下部の異常放電を記録した。精神分裂の一例であるが、この場合は心身性てんかんの場合とは反対に、視覚よりも聴覚に幻聴があらわれる。妄想と幻聴が結びつく例としては、自分の写真をとるカメラのシャッター音が聞こえると訴えた筆者の患者のひとりを思い出す。筆者はこれらの症候を〝脳のかゆみ〟と呼んでいる。このような複合症候については詳しい報告があるが、その多くは医師の〝臨床的印象〟によっている。

14・6 ▼結びと検討

心身性てんかん患者の観察から、情動のタイプとその発作時のあらわれ方には民族差がなく、情動は人間の脳に組み込まれた普遍的な遺伝的はたらきであることがわかる。

日常生活では、人間の行動を導く情動は、なんらかの具体的事物に触発されてあらわれるが、発作時にあらわれる情動は具体的事物には結びつかず、〝自由に遊泳〟している。この事実は、理性と感情は分離できない、という主張に対する強い反対材料になる。

発作時に、寒さと暑さ、快と不快、恐れと怒り、のような正反対の感覚が入れ換わることがある。あとで考える泣き、笑いの場合のように、辺縁系内の神経伝達路の交錯によるものと考えられる。てんかんの原因となる辺縁系の病変部が左右いずれの大脳半球と連絡しているかによって異なる情動異常にも注意したい。

辺縁系は全体として情動一般を支配しているように書かれている書物もあるが、異なる情動は辺縁系の異なる部分に支配されている。心身性てんかんの発作に恐怖感がともなうことが多いのは、側頭中央部を占める辺縁系扁桃体が病変を受けやすい器官であるからと解釈される。扁桃体は個体維持のために不可欠な器官である。

発作時にあらわれる無条件の現実感と確信感は、食物や配偶者の選択のために迷わず決断を促す感覚である。言語機能をもたない辺縁系の確信が、言語の産物である概念や仮説にどのようにしておよぶのだろうか。理性脳による裁判の結果が、陪審員の情動脳の評決によらなければならないのはなぜだろう。

15 心身性てんかんの現象論
——定型的・情動的行動の顕在化

心身性てんかんの観察は、人間の主観的な感情の動きばかりでなく、人間が進化の歴史の中で受け継いだ無意識的定型行動を支配している脳のはたらきに関する情報をわれわれに提供してくれる。

てんかんの発作が強い恐怖感と無自覚のけいれんをともなった一九歳の女性患者の例が報告されている。この患者には扁桃体右側に病因があり、この場所の電気刺激は患者に同じ恐怖感を再現させた。

てんかんの発作中の無自覚の行動を患者は記憶していないことが臨床的に知られているが、神経外科的治療のための診断中には同じ行動を再現できることから、ペンフィールドやジャスパーたちは、無意識の行動や記憶を導く脳のはたらきについての多くの知見を得た。

15・1 ▼心身性てんかんと無自覚行動

グルーアたちは、心身性てんかんのあらわれ方を次の三つに分類した。(1)脳波計にあらわれる発作、(2)主観的(外部からはほとんどわからない)症候、(3)主観的症候にひき続く無自覚反射。無自覚反射は次の四つに分類される。(1)単純な身体および内臓の反射運動、(2)単純な擬模倣反射、(3)単純および複雑な擬情動反射、(4)複雑な無秩序行動。

――**症例**――

キングとマルサンの観察(一九七七)によると、側頭葉内に病因をもつてんかん患者二七〇例のうち九五パーセントに無自覚運動がともなった。病因が側頭葉外にある場合の二倍弱である。病因が側頭葉外にある患者のてんかん前駆症状の分析から、病因は辺縁または並辺縁構造内にあるものと推定される。心身性てんかん患者の一五五例を対象にしたフェインデルとペンフィールドの観察では、一二一例(七八パーセント)が無自覚運動を示した。

――**電気生理学的観察**――

ペンフィールドはジャスパーとのてんかんに関する共著書の中で、左側並海馬領の電気刺激によって嗅覚の前駆症状を再現させたてんかん患者の観察を次のように記録している。〝まず低電圧の短い局所放電があった……全側頭領の電気活動は低下した……患者は反応しなくなった……無目的の無自覚運動がはじまった……そしていつもの発作が終る(九〇秒後)と患者は最初の嗅覚前駆症状以外は何も思い出せなかった〟。この患者は鉤状回、隣接島皮質、海馬回に硬変があった。一〇年後、ジャスパーは、前駆症状は中央側頭構造の電気刺激が扁桃体と海馬の後続放電を誘起したときに起こることに気づいた。ジャスパーはまた、放電の拡大とともに忘却と無自覚運動がはじまることも注意している。放電が側頭葉の片側から反射側および両側の機能が失われたためと考えられる。

最初の発作による放電が脳幹に伝わると同時に、ひき続く無自覚定型運動が長びくことがある。このような現象は一八四〇年以来知られており、イギリスの神経学者トッド(一八〇九—一八六〇)は過渡的半身不随をもたらす神経放電の疲労と非放電神経の継続機能の組み合わせと考えた。

筆者の研究室でも、動物の海馬または脳弓を電気的に刺激したところ、前脳基底部と視床下部が反応したが、視床下部の一部は一一分の間新しい刺激に反応しなかった。放電の拡大中には、咀嚼や唾液分泌のような動物の定型的行動があらわれた。

15・2 ▼単純な身体・内臓の反射運動

一九四八年にギブスたちは、心身性てんかんの二七〇の症例の分析から、次のような一八の無自覚反射行動の型をとり出した。みつめ、もの探し、手探り、もの嚙み、よだれ垂らし、舌打ち、つば吐き、こすり、むしり、押し、脱衣、笑い、泣き、とりとめない語り、叫び、悲鳴、支離滅裂、反抗。

その後エスクエタたちは、ビデオと脳波計を同時に利用した七九人の患者の観察から次の三つの反射行動を追加した。起立、歩行、走り出し。筆者たちは、その他のリストにあげられなかった行動を〝擬模倣反射〟と〝擬情動反射〟の二つの型に分けた。


—単純な身体反射—

エスクエタたちは、彼らの観察例の七六パーセントは、発作が身体を動かさない〝みつめ〟からはじまることを強調している。ネクタイいじり、口《くち》すぼめ、眼球反転など、目立たない前ぶれがあることもある。

――身体・内臓反射――

多くの内臓反射は身体的反射をともなっている。

❖咀嚼反射

ファインデルとペンフィールドは、注意深く観察された心身性てんかん患者の五〇例の半数にもの嚙み、よだれ垂らし、のみこみ、舌打ち、舐め、つば吐き、のような咀嚼機能に関連した反射行動を認めた（一九五四）。発作中の実際の飲食も観察されている。渇きの前駆症状におそわれたある患者は水を求め、またある少女の患者は乳を求め、身辺にある食物を口に押し込んだ。

❖唾液分泌など

あくび、咳こみ、吐き気、嘔吐、腸内ガス音、ときに大きなおなら、失禁などが観察された（一九五〇―六三）。

❖心臓反射

ヴァン・ブレンは、一三人の患者の二〇回の発作にともなう心拍昂進症状、周辺心筋硬塞、血圧上昇を観側した(一九六一)。

❖呼吸・発声反射

呼吸の一時停止、深呼吸、喘ぎ、ため息、せき、あくび、のび。発声をともなう泣き、うめき、ののしり、けいべつ、呼び、金切声、くすくす笑い、高笑い、笑い。ときにつぶやき、呪い、ナンセンスな言葉、首尾一貫しない話など(一九五四―六四)。

❖排泄・性関連行動

失禁、不自然な排泄姿勢、性器露出、自慰的行為、腰突き、受容的股開きなど(一九五六―六九)。

❖瞳孔変化

キングとマルサンは、患者一九九例の五一パーセントが発作の間に瞳孔の拡張を認めている(一九七七)。

15・3 ▼単純な擬模倣反射

エスクエタたちは、七九人の患者のビデオから、〝カラテポーズ〟、〝トランプ切り〟、魚釣りなど、よく知られた定型動作が無自覚反射の形でしばしばあらわれることを観察している(一九八二)。

15・4 ▼単純そして複雑な擬情動反射

心身性てんかんの発作にともなう擬情動反射は、前章で考えた情動の六つの基本型に沿って分類される。

――探索行動――

拾い、むしり、シーツの下のぞき、手探りなどの探索行動。

――攻撃行動――

攻撃行動には辺縁系側頭葉が関与していると考えられる。その有力な根拠のひとつがヴォンデラーレが報告した少女の例(一九六三)である。この少女は一七歳の時に突発的な激怒をともなうてんかんにおそわれはじめた。死後検査の結果、左側頭葉に扁桃核と海馬の隣接部分を侵食するサクランボ大の腫瘍が発見された。てんかんに襲われるまでは、彼女は幸せでおだやかな性格であり、才能ある音楽家でもあり、一一歳でシンシナチ交響楽団のソリストになった。発病後彼女は些細なことで怒りだすようになった。たとえば食卓で彼女が求めるものをすぐまわさないと、家族のものが危害を加えられるのではないかと恐れるくらいの怒りをみせた。ファルコナーとポンドが報告したもっと極端な例では、一四歳になる少女の患者は、怒りが数時間も続いた。彼女の側頭葉の片側には石灰状の硬変があった(一九六二)。

渋面、歯ぎしり、こぶしにぎり、こぶし振り、こぶし突き、踏みつけ、壁への頭や体の打ちつけなども攻撃的反射である。

ファーガソンたちは、恐怖感におそわれる前駆症状のあと、叫びながらこぶしによる胸たたきをはじめた男性患者の例を報告している。てのひらで自分の胸を打った女性患者の例とあわせ、ゴリラの同じ動作を思い出させる(一九六二―七七)。

ほかにもの投げ、家具こわし、ドア破り、押し、暴力行為など。暴力行為は、けいれん中の患者を拘束しようとするときなどにあらわれる。

―防御行動―

ある子どもの例では、発作のはじまりに恐怖の表情があらわれ、無自覚のまま走り出し、叫び声をあげたが、子どもに恐怖の記憶は残らなかった。グリーンとシーツが報告した二二歳の女性は、一一歳のとき発作がはじまると恐怖の表情で母親のところに駈け寄った(一九六四)。右側頭葉手術時に、鉤状回近くの海馬の刺激によって彼女は〝この気持ち……何とも言えない……恐い〟と叫んだ。

ペンフィールドとペローが報告した三一歳の男性の例では、無自覚反射の前駆症状に幻視があらわれた。手術の際、左側頭葉基部の刺激によって、患者は〝発作が来る〟と叫び、足に震えがあらわれた。そして〝誰かが私の方にやってくる〟と言うのが聞きとれた(一九六三)。

―落胆行動―

恐れの発作にひき続く無自覚反射は、防御反射と解釈される。

泣き、笑いは無自覚反射としてもあらわれる、涙をともなう泣きの前駆感情としての悲しみが先立つことがあるが、その他の前駆感情は報告されていない。絶望や罪の感覚が先立つ例も報告されていない。落胆の先駆感覚にひき続く無自覚的自傷行為を制止しなければ自殺にいたったかもしれない女性患者の少なくとも二例が報告されている。

―**満足行動**―

含み笑いの音声表現以外に発作中に満足感を表現する無自覚反射の報告は少ない。発作中に病的幸福感から多弁になった女性患者の例がある。彼女は気分をきかれて〝すばらしい〟と答えたが、発作の記憶は残らなかった(一九五二)。

ヒューリングス・ジャクソンは、ある日自分の医局に出勤したとき遭遇した若い医師Zのてんかん発作の状況を次のように記録している(一八九八)。

椅子の片側のひじかけから床の上に身をのり出すようにして何か探しものをしていた……すると彼はピンを手にもって私の手を刺すまねをした。彼はふざけているようにピンを私の手の近くで止めてほほ笑んだ。子どもと遊んでいるような風だった……。

次の日Zは帰宅するまで何も憶えていなかった。

アソビと帯状回の役割に関連して、ガイヤたちは興味深い例を報告した。一九歳になるある女性の患者は、脳波計の記録から、前部帯状回皮質を含む前頭中央部に病変が発見されたが、彼女は発作におそわれると急に立ち上がり、三〇秒間うめき声をあげた。その間左側の顔と腕がけいれんした。彼女はあとで、友だちと遊ぶ夢をみたと報告した。別の例では、脳梁上帯状回前部の刺激によって患者は遊んでいるような身振りを示した。

側頭葉けいれんにともなって笑いだす患者も幾例か報告されている。とくにヴァン・ブレンが報告した例では、扁桃体・海馬領域の電気刺激が患者にけいれんに移行する笑いを誘発した(一九六一)。前頭中央や眼窩レベルに笑いの誘発点があるという報告もある。

――**親愛表現**――

てんかんの発作時に部屋を歩きまわり、出会った人に親愛感をあらわす女性や、性行動に誘う女性の例が報告されている。

15・5 ▼無秩序な反射行動

発作中にみなれない場所を無理に突破しようとしたり、自動車で赤信号を無視し、交差点の真中に停車する例がペンフィールドとジャスパーたちによって報告されている(一九五四)。てんかん発作中、幾分ぎこちなくても進行中の仕事を無自覚に継続した皿洗いや洗濯屋の例も報告されている。

このタイプの症例として歴史的にもっともくわしく記録されたのは、前記の医師Zの例である。彼は一二歳のとき発症し、四三歳のとき絶望から多量の睡眠薬を飲んだ。死後解剖により、鉤状回に半径八分の五インチの空洞が発見された。この医師は患者の診察中に発作におそわれた様子を次のように記録している。

〝私は母に連れられてきた肺に病歴のある若い患者を診療した。胸部検査のため患者にベッドの上で脱衣するよう求めようと思った。私には彼が病気のようにみえたが、彼にベッドにつくように求めた記憶も診察した記憶もない。彼の脱衣中、私は少し気分が悪くなった。私は聴診器をとり出し、彼との会話を避けるため体の向きを変えたのを覚えている。次に私が覚えているのは、同じ部屋の書き机にすわり次の患者に話しかけたことである。私の意識が最初の患者に戻ったときに彼は部屋にいなかった。一時間後、私は左胸部肺炎という私の診断ノートをもってベッドに入っている彼を発見した。私はある種の好奇心から彼を再診察して、私が無意識の状態で下した診断結果と一致しているのを確認した(一八八八)〟。

この症例は、てんかんの発作中に逆子を無事にとり出し、産婦の会陰部の事後措置に成功した産科医の例と、クリスマス・キャロルの伴奏中、発作におそわれ突然ジャズの演奏に切りかえたオルガン奏者の例を思い出させる。オルガン奏者は発作が去ると同時にもとの伴奏に戻った。筆者自身は、ニューヨーク市の一二五番街で発作におそわれながらも、一連の交通信号を通過して中央駅から列車に乗った技術者を面接したことがある。彼は目的駅で降りたとき、自分が発作におそわれていることに気づいた。

15・6 ▼結びとコメント

心身性てんかんの前駆症状にひき続く無自覚的反射行動の観察から、大脳辺縁系が情動経験と情動表現の座であることがわかる。

情動経験と情動表現の多くが人間の大脳が後天的に獲得した機能であるとすれば、無自覚的反射行動のよりくわしい分析から人間の脳の進化過程を理解する手がかりがみつかるかも知れない。たとえば発作時に患者が稀にみせるこぶしまたは平手による胸たたきは、ゴリラの威嚇動作を思い出させる。壁への体の打ちつけや脱衣反射なども、人間の遠い祖先の穴居生活時の落盤体験や着衣の着火経験がよみがえっているのかも知れない。

16 自意識と記憶に結びついた辺縁系のはたらき

ギリシア語で〝忘れっぽさ〟を意味するアムネシア——健忘症——は記憶の喪失と記憶の不在という二つの内容をもっているが、臨床医は二つのタイプのアムネシアを区別している。ひとつは現在進行中の経験を記憶できない進行性記憶喪失で、他は過去のある期間内の記憶が失われる退行性喪失である。いずれも頭部の打撃や一酸化炭素中毒、大脳へのウイルスの侵入、てんかんの発作などが原因になっている。

記憶が失われる過去の期間は数分程度から、数時間、数日、数月、数年におよぶものがあるが、とくに、最近または進行中の出来事についての記憶喪失は短期記憶喪失とよばれる。

この章では、学習機能の喪失に結びつく進行性記憶喪失を、まず次の順序で考えてみたい。(1)進行性記憶喪失に関する臨床的考察、(2)動物実験による臨床観察の補強、(3)てんかん性記憶喪失の分析。次にこれらの結果を大脳辺縁系への体内外からの感覚刺激の入力についての電気生理学的・解剖学的知見から再検討してみる。辺縁系の感覚受容機能は人間の自意識や記憶機能の発現に結びついていることがわかる。

16・1 ▼進行性記憶喪失の歴史的考察

一八八一年に刊行された脳の病気に関する教科書でヴェルニケは、二重視、運動障害、精神錯乱などの症状を〝出血性脳炎〟と呼んだ。その六年後にコルサコフは、複合的神経炎に加えて最近の出来事を忘れるアルコール依存症患者の例を報告した。この症例はのちにコルサコフ症例と呼ばれるようになるが、ヴェルニケのあげた症例と合わせてヴェルニケ＝コルサコフ症候群とも呼ばれる。この症候の多くはチアミン（ビタミンB_1）の欠乏によるものとされ、病因は間脳と脳幹の非炎症性の病変によるものとみられた。とくにヴェルニケ症の視覚麻痺は第三、第六神経核の部分的病変に、運動麻痺は小脳虫部などのプルキンエ細胞の欠損によるものと考えられた。

コルサコフは彼の患者について次のように書いている。

〝……ここではごく最近の出来事や、たった今起こっている事柄についての記憶は混乱するが、遠い過去の経験はかなりよく記憶されていた。……最初に会ったとき、患者との会話からは異常は感じられなかった。彼はあたえられた前提から正しい結論を導き、機智に富む寸評をし、チェスやカードを楽しむことができた。一口に言えば、彼は正常人として振る舞ったのである〟。

コルサコフはこのあと次のように書いている。〝患者は現在進行中の事柄をまったく記憶することができず、会話の中では同じ話が二〇回も繰り返された……この種の患者は本の同じページを何時間も読み返し続けるだろう〟。

この記述は、側頭葉の両側に切除手術を受けたあと、一本の釘を〝一〇〇回〟も検査しなおしたサルの実験を思い出させる。私もあるとき、接近中の雷雨を避けようと走っている海軍の退役軍人を車に乗せてやったことがある。この退役軍人はあまりにも礼儀正しく、またよく話をしたので、彼が精神錯乱者であるとは気づかずに彼の指定する雨宿りの場所で彼をおろすところだった。ハイウェーを走る車の中から海軍病院の高い塔が目に入るたびに、彼は数年前そこで入院患者としてすごしたときの経験を一語も違えずに正確に繰り返したのである。

一九七一年にビクター、アダムス、コリンズという三人の医師は二四五人の患者の観察から、退行性記憶喪失症はコルサコフ症にかかっている患者の進行性記憶喪失にともなって起こることに気づいた。患者のひとりである四〇歳になる女性は、一九歳のときアイルランドからアメリカに移住して以来の記憶を失っていた。しかし多くの場合、患者の話からはところどころ脱落した録音テープの断片を無作為につなぎなおしたような印象を受ける。このことから、コルサコフ症患者は虚言症でもあるという印象をあたえる。

ビクターは、コルサコフ症からの回復者は進行性記憶喪失からも退行性記憶喪失からも同時に回復しているのに気づいた。このことから、現在の退行性記憶喪失は過去の進行性失語症にほかならないともいえる。また、どの患者も六から九くらいまでの数字を数えることができることから、きわめて最近の〝短期記憶〟が患者から失われていないことがわかる。

16・2 ▼臨床病理学的考察

一八九六年にハンス・グッデンはアルコール性神経症患者の末梢神経の観察から、大脳旧皮質の乳頭核の内側が退化しているいくつかの例を発見した。その三〇年後にオーストラリアの神経学者ガンパーはコルサコ

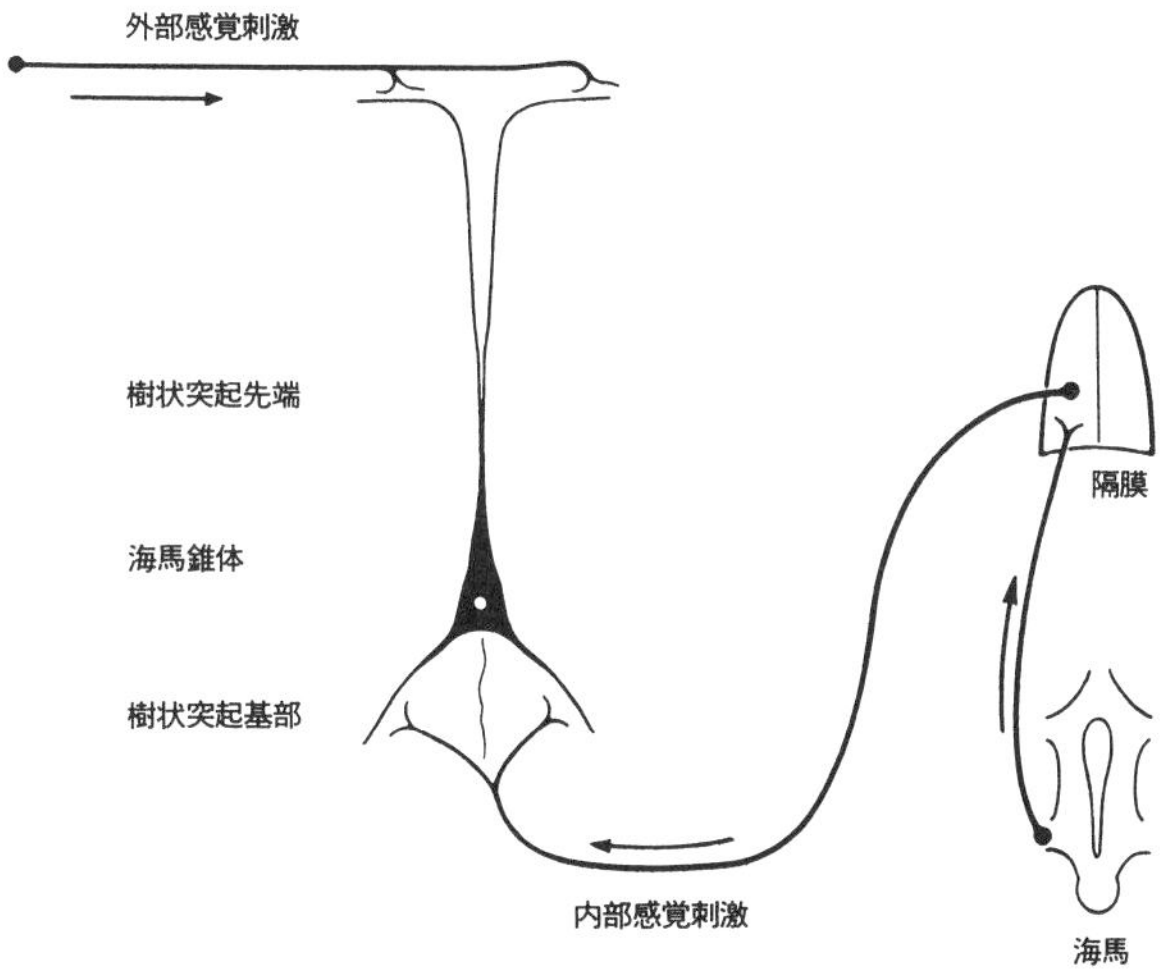

図16・1▶ 海馬錐体細胞に入る内部感覚刺激と外部感覚刺激の伝達路。内部感覚刺激は無条件的に隣接細胞の放電を誘起するが、外部感覚刺激は単独では放電を誘発しない。内部感覚刺激を古典的条件反射説の無条件刺激に、外部感覚刺激を条件反射に対比させることができる。MacLean(1969)、Yokotaほか(1970)。

フ症患者の観察から同じような発見をして、人間の無意識的自動反応には乳頭体が関与しているひとつの証拠であると考えた。

一九五六年にマラムドたちは、七〇例のコルサコフ症患者のうち六五例(九五・七%)に乳頭体に病変があったと報告した。

ビクターたちはさらに六二例のヴェルニケ=コルサコフ症患者の観察を加え、乳頭体が記憶の保持に関連しているが、背側核内側が関与している可能性も高いと指摘した。

進行性記憶喪失者の脳の死後観察からは、出血による乳頭体の病変が発見された。

❖海馬

ロシアの神経生理学者ベクテレフは、記憶の海馬関与を唱えた最初の研究者である。彼は二〇年間記憶障害のあった六〇歳になる患者の鉤状核と海馬の左右両側が硬化していることに気づいた(一九〇〇)。

一九五一年にコンラッドとユレは、海馬の両側が住血原虫トキソプラスマに侵されたコルサコフ症の例を報告した。病変は乳頭体にもおよんでいた。しかし海馬両側の病変が乳頭体におよばなかったいくつかの例で長期的に記憶が失われていることから、コンラッドたちは海馬が記憶に関連しているものと考えた。

記憶のはたらきに果たす海馬の役割が多くの研究者の関心を集めるようになったのは、一九五八年のペンフィールドとミルナーの報告以後である。この報告でとりあげられた二例のうちの一例は手袋職人で他は土木技師である。二例とも、心身性てんかんの治療のために海馬の片側の摘出手術を受けたのち強度の進行性記憶喪失症にかかった、しかし二人の患者は推理、集中、注意などの知的機能には、大きな後退はみられなかった。たとえば土木技師の手術前のＩＱは一二五、術後は一二〇である。しかしいずれの患者も現在進行中の出来事を五分以上は記憶できなかった。途中に邪魔が入ったときはなおさらである。記憶のテストには言語的対象も非言語的対象も使われている。コルサコフ症に関しては両患者とも退行性の失語症にかかり、職人からは過去四年間の、技師からは過去一か月間の記憶が失われた。

一九五一年に著者はモントリオールの精神病院を訪ね、術後二か月目の技師に会った。このとき彼は小さな手帳をもっており、この手帳を手にしているかぎり彼はこの手帳に毎日の天候、気温、気圧を記録するという過去の習慣を忘れなかった。しかし入院前の彼は、発作中にこれらのデータを手帳に記録していたことをあとで思い出せなかった。彼は著者の質問に答えて、すぐ忘れるので物事にわずらわされることがあまりないと語った。

技師は術後一五年目になくなったが、死後の検査の結果、摘出を受けなかった海馬の右側は栄養不良のため萎縮していた。

海馬の両側手術の結果がもっともよく観察されたのは、研究者の間でＨ・Ｍと呼ばれている患者の例である。手術時に二九歳だったＨ・Ｍは一六歳のときからてんかんに悩んだ。術後彼は病院のスタッフの顔の見分けがつかず、風呂場へ行く道順も病院で日々起こる出来事も記憶できなかった。彼はまた親しい叔父の三年前の死を思い出せなかった。前記したコルサコフ症患者のように、彼は同じ雑誌を何度も読み返した。彼は食後半時間もたてば食事の内容を思い出せなかった。それでも彼は通常の理解力や推理の力を失っていなかったので、事情を知らない人には彼は正常にみえた。

一九六八年にミルナーたちは同じ患者の手術後一四年目の様子を報告した。報告によると、H・Mは手術前までは親しくしていた隣人や家族の友人を識別できなかったが、彼らには礼儀正しく接した。彼は毎日の通勤路や仕事場所や仕事の内容は覚えていなかったが、住んでいる家の場所や内部の間取りは正確に頭に入れていた。しかし家から三ブロック離れた家の住人たちは念頭になかった。彼は夢遊病者のようにみえ、過ぎ去ったことは心に入っていなかった。

H・Mは空腹や頭痛や腹痛を訴えることがなかった。また母親の病気についての不安の気持ちはあらわれてもすぐ消えるようだった。

海馬の両側に病変があったこの例のほかに、海馬の片側と脳弓の萎縮が〝短期記憶〟障害をひき起こした例もある。

辺縁障害と進行性記憶喪失をきたした例もある。発症後一一年生存していた五〇歳になる運転手の例では、患者は一連の出来事を瞬間ごとには記憶していたが一分もすぎると完全に記憶は失われた。このため患者はクルマの機械的故障箇所を正しく指摘することができ、工具を正しく操作することはできたが、故障をなおすことはできなかった。

海馬の両側に損傷があっても扁桃体は正常にはたらく進行性記憶喪失の例があることから、扁桃体は記憶に関与していないとみられる。

H・Mは空腹や腹痛や頭痛を訴えることはなく、異性に対する関心も示さなかった。

16・3 ▼自意識の神経機構

人間は私的な内部世界と公的な外部世界という二つの世界の間で生きている。内部世界は自己閉鎖的であるが、外部世界は他の多くの人と共有される。この外部世界の中で生き続け、また働きかけるための心肺機構や身体器官を統御しているのが新皮質と、新皮質と神経経路で結ばれている皮質下組織である。この新皮質の進化には、外部世界を測定する感覚器官の進化がともなった。現代では、感覚器官のうち視聴覚器官だけが、電子技術による増幅と伝達の装置をもっている。嗅覚と味覚はこのような装置をもっていない。

二つの世界は前脳辺縁系の海馬で出会っていることや、てんかんの発作時には二つの世界の整合性が失われることが明らかになったのは比較的最近である。二つの世界の非整合に直面した自分の姿に対する情動が自意識である。

16・4 ▼記憶の抗原—抗体モデル

海馬は内外世界の情報を総合すると、個体維持、種族保存、集団生活など、日々の自律的行動を支配する視床下部などに呼びかける。海馬は乳頭体と視床下部前部に伝達路を送っているほか、扁桃体と隔膜とも連絡して背側核内側にも影響をあたえる。この核の損傷からコルサコフ症がおこる。この核の約三分の一は迷走神経により内部世界と連絡している。

著者の仮説によれば、内部世界からの情報は神経細胞の中心部を活性化し、外部情報は神経細胞の樹状突起の尖端部を部分的に刺激する。このため、外部情報を受容する神経系の反応は条件反射的になり、内部情報の受容系は無条件反射的になる。これら二つの反射系により外部世界は学習され、記憶され、次第に内面化していく。

てんかんの発作時には、内外世界の整合性と自己の感覚が失われる。患者によっては発作時に自意識が過剰になり、また反対に心と身体の分離感、人格の喪失感——心理学的二重視——におそわれる。後者の場合、自分が二人の人間になったように感じると訴え、どちらが本当の自分であるかという医師の質問に対して、相手を見つめている方が自分である、と答えた例がある。

パラムネシアと呼ばれる類似の症状がある。自分がしたのか、他人がしたのか、行動の実行者がわからなくなる精神障害である。ある患者の例では、自分の弟の交通事故について医師にくわしく説明したあと、この話はあなたから聞いたのではないか、と医師にたずねたという(一八九九)。

人間の記憶は抗原‐抗体反応にたとえられる。抗原は環境からの感覚刺激、抗体はこの刺激と結合する内部世界のメッセージである。この結合から感情が生まれる。感情に色づけされない外部情報は記憶されない。

17 情動に結びついた理性脳の進化とはたらき

前脳新皮質と新皮質との関連が強い視床構造の全体が新哺乳類脳——理性脳——である。新哺乳類脳は辺縁系とは異なり、膨張と分化を重ねて人間の脳の大部分を占めるにいたった。その視聴覚、触覚、味覚、嗅覚系との密接な関係から、この脳は一次的には人間をとりまく外部世界に向けられた器官であることがわかる。実際新皮質は、進化の過程で世界との相互作用を重ねながら、脳幹や小脳新皮質とともに学習、細部の記憶、問題解決、などの能力を獲得してきた。新皮質はまた、人間のさまざまな主観的、心理学的状態を言語によって表現する神経機構をもっている。この言語機能は情報やアイデアの生産と保存ばかりでなく、世代を隔てた文化の伝達と生物進化の方向に影響をあたえることを可能にした。

人間のように著しくは発達していないが、同じ新皮質をもつ爬虫類や前期哺乳類も、この皮質のはたらきによって各自の生得的な、遺伝的処理能力を超えた問題を解決することができる。

しかし、経験が書き込まれるまでは白紙にたとえられる人間の新皮質にも、生物種に固有の遺伝的な問題処理機構が埋め込まれていることが明らかになっている。鳥類の新皮質の聴覚野で発見された同じ種の声だけに反応する細胞はその例である。より複雑なレベルでも、たとえばチョムスキーのいう人間という種に固有な「普遍文法」やホグベンのいう「計数文法」（一九四六）の生得説を支持する構造が人間の大脳皮質内に発見されるかもしれない。

ところで、個体維持と種族保存の衝動に結びついている情動の強さを調節しているのは大脳辺縁系である。日常生活でも、同じ音や風景が人により時により、大きく聞こえたり小さく聞こえたり、遠くに見えたり近くに見えたりするのは、辺縁系のはたらきである。

逆に、生物種に固有の情動行動が、新皮質のはたらきによって増幅されたり抑制されたりすることがある。実際、新皮質の〝連合野〟から辺縁系にのびた神経の伝達路がみつかっているが、逆に辺縁系から新皮質に向かう伝達路が発見されれば、知的思考と情動活動の間の相互作用が確認されることになる。臨床的な観察からは、後部側頭葉皮質から辺縁系に達する伝達系の存在が推測されている。

しかし現在のところ、辺縁系との間に相互作用の存在が確認されている唯一の場所は新皮質の前頭領域である。この領域は情動行動ばかりでなく、日常の無意識的定型行動を支配する脳のはたらきにも影響をおよぼすはずである。この領域は、泣き・笑いのような情動反応を発語機能に転換するはたらきをもつものと予想される。この領域はまた、小脳との連合によって予測と〝未来の記憶〟の機能を獲得し、視床帯との連合により母子感情を利他行動や人間一般への共感に拡大していく場となったものと思われる。

17・1 ▼理性脳と前脳顆粒皮質

知的思考と情動活動が相互作用する〝連合野〟を前脳顆粒皮質に持定することができる。人間の脳の断面を側方からみると（図17・1上）、前脳顆粒皮質は反時計まわりの方向に番地8、9、10、11、47、45、44、46をつけた領域と中心断面（図17・1下）内の8、9、10、11番地と12番地の前部である。これらの領域の全体は一般に前脳前野と呼ばれる。しかしこの言葉（prefrontal）の接頭語は〝頂上〟を意味するから、領域9、10だけがこの呼び名にふさわしい。視床の背側核内側から顆粒皮質に神経路が送られているが、この皮質は領域9、10の一部を除くと、外部からの電気刺激に対して〝無口〟である。

次に、前頭顆粒皮質の発達に照応する前頭部の拡大をともなう人間の頭蓋骨の進化を眺めてみよう。

17・2 ▼前頭拡大と頭蓋骨の定向進化

哺乳類の二〇の目《もく》の脳の辺縁系には進化の時間的積み重ね、つまり進化の定向性が認められる。高等哺乳類の小脳新皮質に新規に発現した歯状核腹側部などの観察から、ゴリラやチンパンジーやヒトの脳に比較的最近あらわれた定向進化の証拠をみることができる。

過去に、人類と共通の祖先をもつ類人猿の間を一本の連続的な進化の糸で結ぼうとする努力が続けられた。白亜紀にあらわれた霊長類の特徴（つめを別にすれば）をそなえた食虫動物はこの糸の上にある。しかし人類の祖先をたどるには、サルから類人猿への転換を可能にした条件を化石から発見しなければならない。エジプトの漸新世初期の地層から発見されたエジプトピテクスは二足歩行が可能な骨格の特徴を示している。パンゲア大陸からの分離が新しいとみられる新大陸のサルは人類の祖先に結びつけて考えられることは少ないが、中南米に棲むホエザルがエジプトピテクスに類似した前肢をもつことは注目してよい。ホエザルの樹上と地上を往復する運動形態はエジプトの類人猿の運動形式のモデルになるからである。イバラは、このモデルが正しければエジプトピテクスは樹上では四足、食物に手を伸ばすときや地上の小距離移動のときは二足歩行だったはずだという(一九八四)。

カートミルたちが一九五〇年代に指摘しているように、中新世の化石は理論家に難問を呈することになった。たとえばテナガザルやチンパンジーは、両腕を歩行から開放した類人猿よりも四本足のサルに似ているからである。サイモンズは、中新世の類人猿ラマピテクスは、小さな犬歯と軟い上口蓋と後を向きはじめた上部歯並び、といった人類の特徴を部分的にそなえていることに気づいた(一九六五)。このことから彼はラマピテクスを、ヒトのもっとも古い祖先とすることを提案した(一九八六)。しかしその後の免疫学的研究から、人類と現存するチンパンジーの近縁関係が示され、ウィルソンら(一九六七)の〝分子時計〟から予測された血清アルブミンの変化速度は、チンパンジーとゴリラと人類は、一〇〇〇万年前ではなく五〇〇万年前に系列が分岐したことを明らかにした。

現在の人類のようなきゃしゃな骨格をもつアウストラロピテクス・アフリカヌスは、一九二五年にレイモンド・ダートがはじめて報告したように、類人猿と人類の中間型の最良の例になっている。頭蓋骨や歯の特徴が明らかに人類を指向しているからである。その後のひき続く発見から、ブルームらは、アウストラロピテクスは二足歩行であったことを予想した(一九四九)。ヨハンソンと彼の協力者たちは、エチオピアで、彼らが(〝ルーシー〟を含めて)アウストラロピテクス・アファレンシスと呼ぶ変種を発見した(一九七九)。この変種は直立歩行をして四〇〇万年前から三〇〇〇年前まで存在していたものと考えられる。きゃしゃなアウストラロピテクス

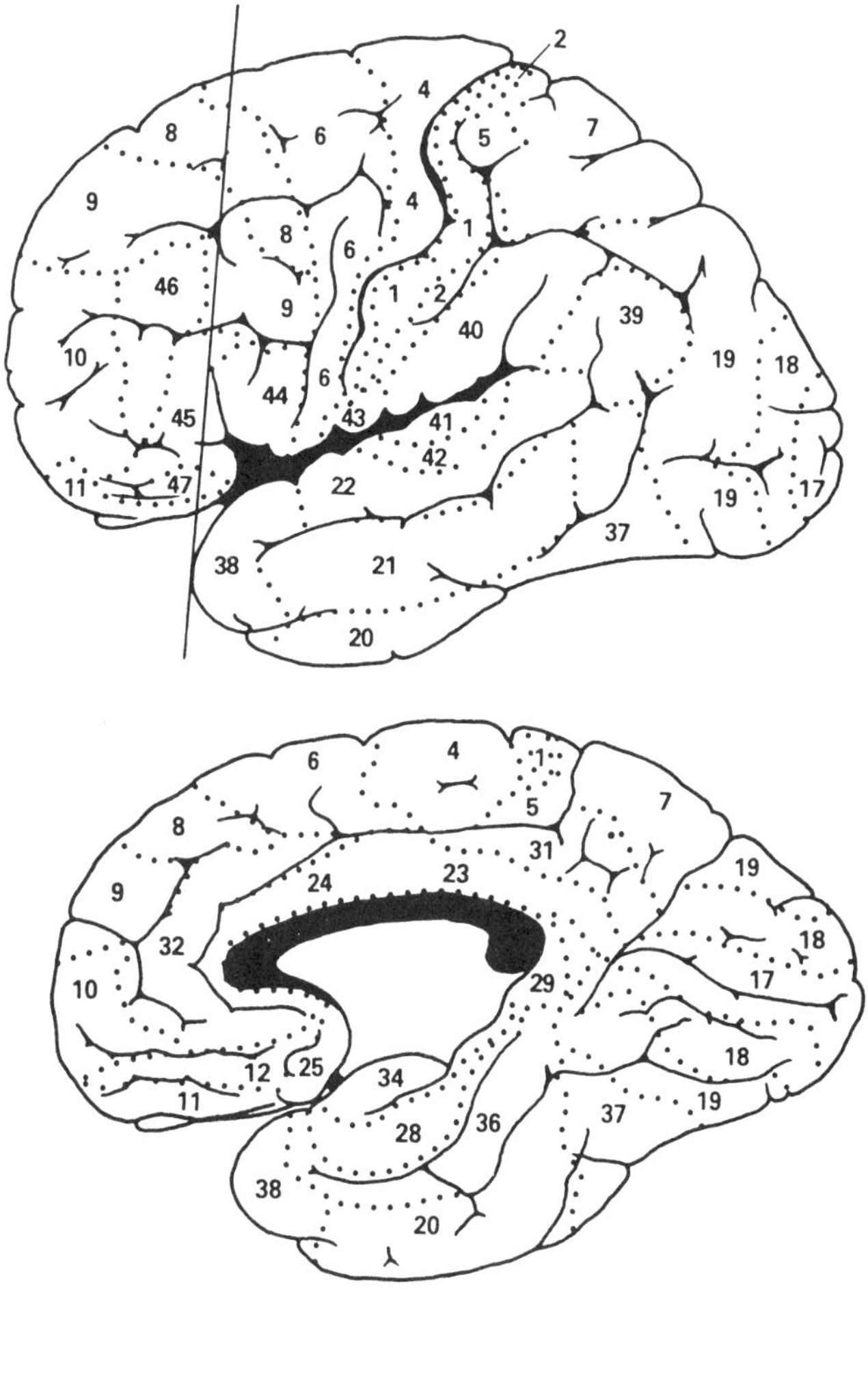

図17・1▶ ブロードマンの脳地図(1907)。上は側面図、下は断面図。側面図の番号8、9、10、11、47、45、44、46、断面図の8、9、11が前頭葉顆粒皮質。側面図の直線はかつて“標準ロボトミー”と呼ばれた前頭葉白質切除手術の切除面を示す。

と並んで額と矢状縫合の目立ったローバスタスと呼ばれる頑丈な南アフリカ型と、アウストラロピテクス・ボワジーと呼ばれる東アフリカ型がある（図17・2X）。

一九六四年にリーキーたちは二〇〇万年に住んでいた人間の諸特徴をそなえた化石について報告し、ダートの示唆によって器用人を意味するホモ・ハビリスという名前をつけた。頭蓋容積は六七三・五立方センチメートルで、化石とともに石器が発見されている。

のちに、別に発見されたホモ・ハビリスの化石の断片（図17・2B）から再現された頭蓋の内容積は七五〇から七七五立方センチメートルになった。このときフォークは、前脳基底領域の溝は人間のブロカ言語領に照応する（しかし小さい）回状領域に対応させることができることに気づいて驚いた（一九八三）。頭蓋内容積が四五〇立方センチになるアウストラロピテクスでは、類人猿の脳に特徴的な単一の前頭眼窩溝しかもたない。この発見から、ホモ・ハビリスが言語能力をもっていたかどうかという疑問が浮かぶ、しかしこの疑問は発語に必要な上咽頭の変化を重視するリーバーマンの主張によって黙殺される形になった（一九七二）。

アウストラロピテクス・アフリカヌスとホモ・ハビリスの頭蓋骨（図17・2A－B）を一見しただけで、後者が（発見者のリーキーが考えたように）前者より進んだタイプであることがわかる。ホモ・エレクトスの化石はジャワと中国で最初に発見され、それぞれピテカントロプス・エレクトス、シナントロプス・ペキネンシスと呼ばれた。いずれもおよそ五万年前のものである。頭蓋内容積はジャワ原人は八一五から一〇五九立方センチメートル、北京原人は九一五から一二二五立方センチメートルだった。アジア型のホモ・エレクトスは、アフリカのトルカナ（ルドルフ）湖畔の一六〇万年前の地層から発見されたグループを祖先にもつものと考えられてい

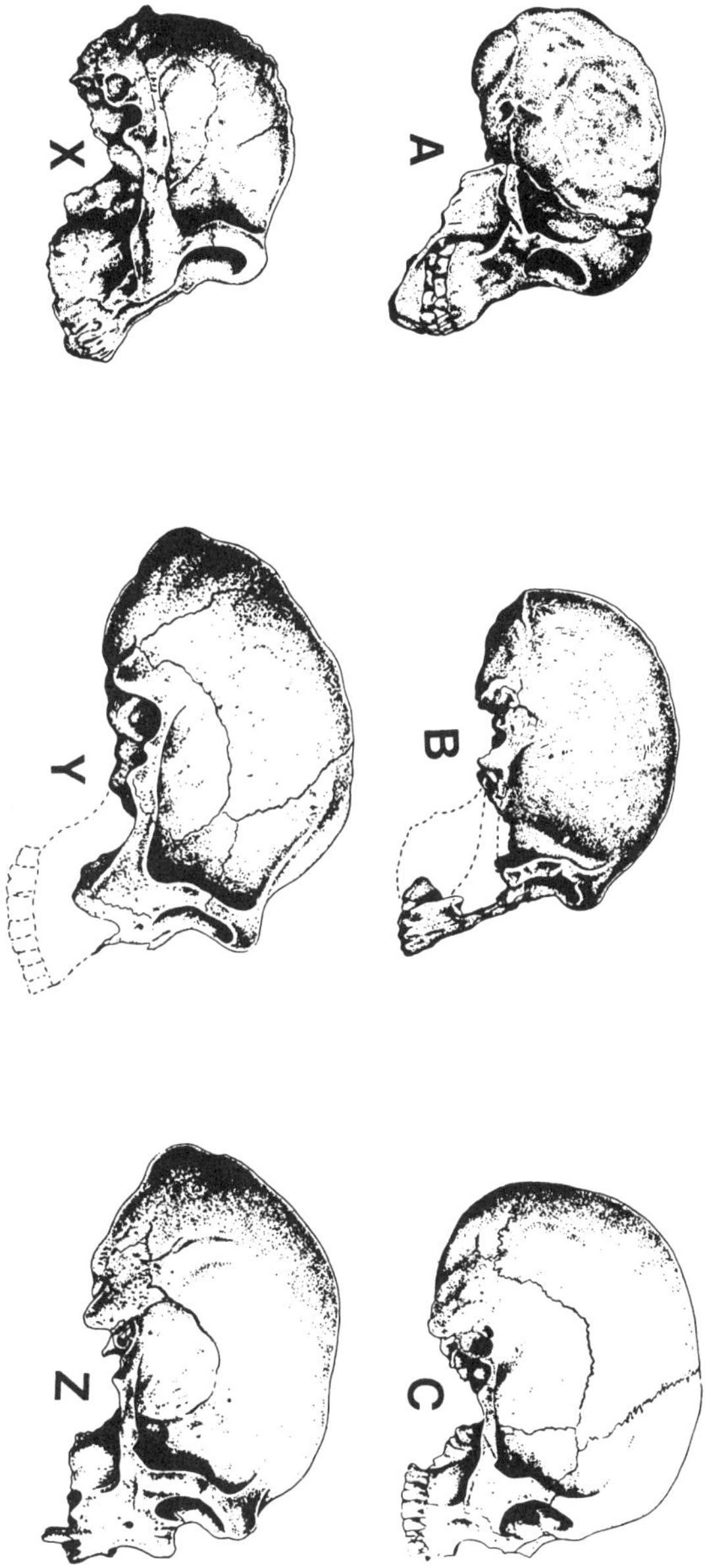

図17・2▶頭蓋骨の進化を示す化石例。(A)アウストラロピテクス・アフ2カヌス、(B)ホモ・ハビリス、(C)ホモ・サピエンス。いずれも前頭と後頭が丸味をもっている。一方、(X)アウストラロピテクス・ロバスタス、(Y)ホモ・エレクトス、(Z)ホモ・サピエンス・ネアンデルタレンシスは次のような共通点をもっている：眼窩隆起、眼窩支持構造；ホモ・ロバスタスとホモ・エレクトスの矢状縫合；ホモ・エレクトスとネアンデルタールの長くて低い頭蓋と後頭突起。

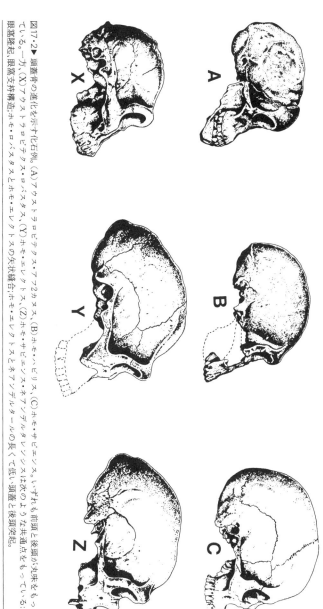

る。この初期のグループの頭蓋内容積の推定値は八〇〇から九〇〇立方センチメートルだった。ローバスト・アウストラロピテクスも同年代の地層から発見されており、ホモ・エレクトスとは同時代に住んでいたものと思われる。ボワズ（リーキーによって発見され、後援者のチャールズ・ボワズの名をとってジンジャントロプス・ボワジーとも呼ばれていた）のグループの化石は二五〇万年前の堆積層から発見されているが、このグループは一時の予想に反して今日では南アフリカのローバスト・グループより原始的と考えられている。五〇万年前から二〇万年前にかけてヨーロッパ、西アジア、アフリカから発見された標本は、頭蓋内容積が現代人の一三八〇から一四〇〇立方センチメートルに近いことから〝ホモ・サピエンス〟と呼ばれた。そのあと、一五万年前から三万年までの間に、後頭が著しく発達したネアンデルタール人が入ることになる。ネアンデルタール人は頭蓋内容積を示す標本に乏しいが、ホロウェイは一五〇四平方センチメートルという推計値を発表している。ホロウェイは、ネアンデルタール人は現代人よりも大きな頭蓋容量と筋肉をもっていたものと考えている（一九八一）。

図17・2・Zに示すネアンデルタール人の頭蓋骨は幾分平らな外観と低い額と長い後頭をもっている。トリンカウスとルメイは、この後頭の特徴は現代人の七歳くらいまでの脳の発達に相当するものと考えている（一九八八）。

図17・2・Cのホモ・サピエンス・サピエンスの頭蓋骨は、ネアンデルタール人とくらべて高い額と丸味をもったクロマニヨン人の特徴を示している。このクロマニヨン人は四万年前から三万年までの間にヨーロッパに〝一夜に〟してあらわれ、ネアンデルタール人の滅亡と関係している。クロマニヨン人の突然の出現は長

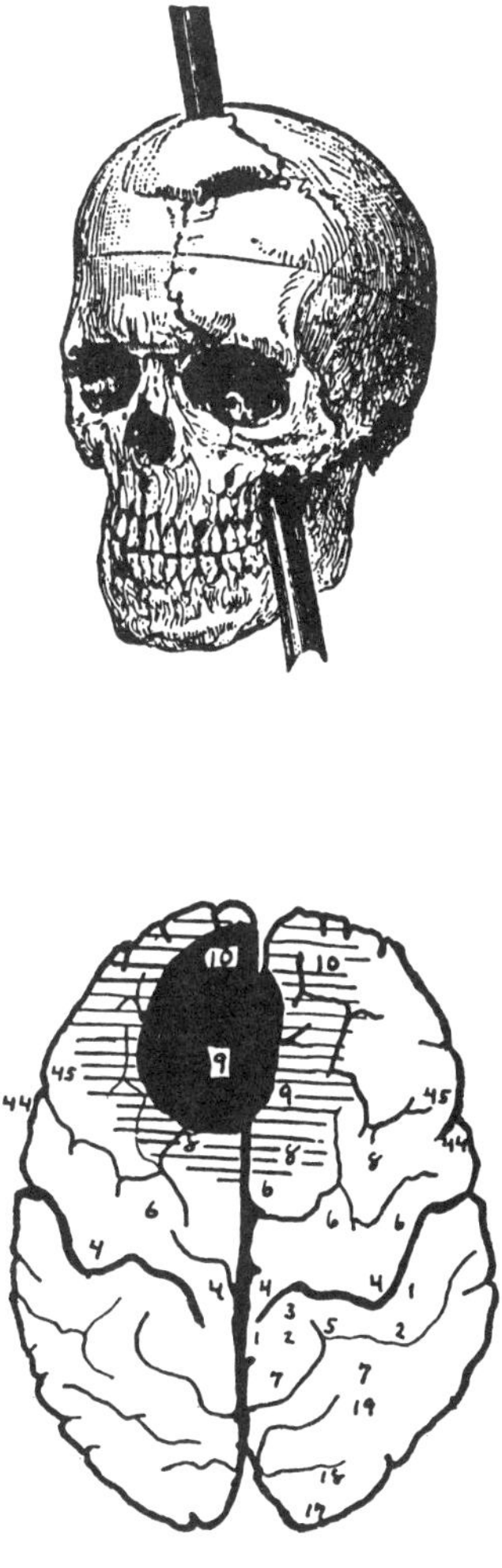

図17・3▶ハーロウ(1868)の前頭葉の破壊部位(黒)と障害範囲(影)。Cobb(1943)。

い間謎だったが、著者らは、熱ルミネセンスの技術を使って、一〇万年前から九万年前までの間に中東に住んでいたネアンデルタール人と時代を共有する〝前クロマニョン人〟の存在を想定した。

ヒトにいたる進化には、図17・2のABCとXYZで示されるような二つの系列があったように思われる。たとえばアウストラロピテクスAの丸味のある前頭や後頭にみられる優美な特徴は、ホモ・ハビリス、ホモ・サピエンス・サピエンスと頭蓋が平坦化、拡大していく過程にも引き継がれている。

今日の文献の多くは、ホモ・エレクトスを現代人の直接の祖先としているが、化石の記録自体からは二つの系列の同時進化の可能性を否定できない。いずれにせよ、現存する人類は額の高いクロマニョン人の仲間であり、その発達した前頭葉が共感や利他の感情をはぐくみ、生存競争に立ち向かう人類の姿勢を一八〇度転換させたものと考えられる。

17・3 ▼前脳障害の歴史的症例に対する臨床的考察

一八〇五年にキュビエは『比較解剖学』を著し、前頭葉が人間の知的活動に関係していると結論した。前頭葉に関する近代的研究は、この著書からはじまったといえる。しかし、前頭葉の障害とその影響が観察されたのは一八四八年と一八六八年にJ・M・ハーロウによって報告された次の事例である。

― ハーロウの事例 ―

火薬を詰める鉄棒が、爆発によって二五歳になる鉄道工夫長のアゴから頭頂に突き抜けた事例（図17・3）。鉄棒の長さは三・五インチ強、直径は一・二五インチ、先端は尖がらせてあった。彼は事故後そのまま歩き出し、状況を説明した。三か月後に奇跡的に回復したけれども彼の性格は大きく変化した。ハーロウは次のように報告している(一八六八)。

彼は気まぐれで無礼であり、時に冒瀆的な行為にふける……仲間に対して関心を示さず、制止や忠告には忍耐力をもたない。気移りが激しく、考えが定まらない。無数の将来計画をたてるが、実行に移される前に放棄される……知的能力や行動については子どもであるが、情動的行動においては強い男になる。十分な学校教育を受けていないとはいえ、事故以前の彼はバランスのとれた心をもち、彼を知る仕事仲間からはヤリテとみられており、計画の実行にあたっては忍耐強かった。事故後のこんな彼をみて友人たちは〝昔の彼はもういない〟と言った。

彼はその後放浪生活を送り、南米からカリフォルニアに移ったが、事故から一二年目に突然の発作で死んだ。その間彼は〝鉄の棒〟をもってサーカスに出たこともある。ハーロウは苦労をして彼の頭蓋と鉄棒を回収した。図17・3にはコブがのちに記録から再現した彼の前頭葉の障害部位も示す。

しかし多くの神経学者は、この事例を、データが完全でないという理由で引用することをためらっている。前頭葉の切除技術が開発される以前に、前頭葉の機能に関してアメリカの神経生理学者によく引用されてきた以下に述べる三つの事例がある。

――アカリーとベントンの事例――

アカリーとベントン（一九四八）によって報告された事例は、前頭前部運動皮質の障害が人間の成長期の人格形成におよぼす影響を知る上でとくに興味深い。主報告者は、患者が二〇歳のとき最初に出合い、その後一四年間観察を続けた。患者が神経科に入院したとき、脳のレントゲン写真は前頭領域に空洞の存在を示し、外科的手術の結果は前頭葉左側の嚢胞状退縮と右側の前頭前野の欠損を明らかにした。患者が四歳のときベッドから落ちたあとあらわれた体の左半分の動きの異常とけいれんは外傷性の病因を示すが、脳の障害の長すぎた放置による可能性も排除できない。

学齢前のこの患者には次のような目立った点があった。(1)年長者に対する迎合的態度。このため彼のあだ名は英国貴族の名前からとった〝小チェスターフィルド卿〟だった。(2)手におえない放浪癖。これらの事実はあとの分析のために気にとめておきたい。患者の母は保身的で口やかましく、ビジネスマンの父はムチによるしつけの信奉者だった。

学校に入ると、両親からの影響は年長者との良い関係を保つ助けになったが、級友には大きな態度で接し不快感をあたえた。

学校生活の全段階を通して彼は友人をもたず、グループ活動に加わらず、女友だちを求めず、恋愛の感情をあらわすこともなかった。彼は〝白昼夢〟をみることがなかった。

彼は音楽や外国語の習得にある程度の成果をみせたが、得意ではない集団ゲームには参加を拒んだ。無断欠席や教師の車を盗んだりして放校になったあと、ヒッチハイクや盗車による数百マイルにおよぶ彷徨を重ね、病院の保護観察下におかれることになる。アカリーによって前述のような大脳前頭葉の障害が発見されるのはこの病院である。

形通りの検査の結果、患者の性格は〝バカ丁寧〟、〝ホラフキ〟、〝おしゃべり〟で〝悩み知らず〟であり、〝記憶障害なし〟と診断された。しかし迷路テストの結果は、彼には〝計画と洞察〟の能力が欠けていることを示した。

退院後は、彼の陽気な性格からか、セールスマン、工場労働者や比較的に責任の重い監視員、長距離バスやトラックの運転手などの仕事を転々とした。

病院側が患者の保護観察を打ち切った理由は、彼には計画的な罪をおかす能力がない、という診断からである。つまり、患者は「過去の経験と現在経過中の経験を総合し、未来の状況の中に〝社会的自己〟を実現させる能力」が欠如しているにすぎない、と診断されたからである。

しかしこの診断には、患者の迎合的性格と彷徨癖に対する考察が欠けている。迎合性は若いトカゲが集団内の優位者に示す態度としてすでに観察されており、アカリーの患者の迎合的性格は、彼が前頭葉皮質からの指令受容に障害のある線条複合体の直接の支配下に入ったための反射的行動であると理解できる。

目的のない彷徨と〝悩みしらず〟はアカリーの患者ばかりでなく、前頭葉に障害のある患者に共通の症候である。〝悩み〟とは未来に起こりうる事態に対する警戒がひきおこす〝恐れ〟に近い不快の感情である。前頭顆粒皮質の障害は未来を恐れる感情を失わせるが、さし迫った恐れや、ぼんやりした不安に対する反応——

たとえば彷徨――までは失わせない。

オリの中の動物の行動に似た、眼窩前方溝への伝達路を切断されたリーナスザルの外界に対する過敏な反応を、グリンカーは次のように観察している(一九四八)。"直接行動の解発時には、悩みが解消されているようにみえる"。彼はまた"未来を考慮に入れるための時間おくれの許されぬ"行動が前頭葉切除によって解発されるものかどうか、と自問している。また、前頭皮質の支配がなくなることにより、"さしあたりの評価を維持するための一時しのぎ――騙し――を常習化する" ものと考えている。

――ブリックナーの報告例――

この例は、患者が前頭両側の髄膜細胞の異常によって外科的に前頭葉の切除手術を受けた最初の例として重要である(一九五二)。患者は記憶障害と放心症状を訴えていたが、入院の前年にはニューヨーク証券取引所の株式仲買人の資格を取得している。手術後の患者の行動変化を神経学者のブリックナーは、自発性の欠除、無関心、注意散漫、短期記憶障害、学習能力の減退であると報告している。しかしこの患者は手術後も言葉を操る能力は正常で、たとえば使いたい単語をふと忘れてもただちに同義語、類語で間に合わせることができた。一方、ピントはずれ、壮語、かんしゃく、身辺の危険に対する無頓着など、情動面での変化は顕著だったという。ブリックナーは、患者の行動は "幼児化" したと表現している。性行為の対象は自身の下腹部に退行し、日常の関心の対象も生計に結びつかない靴ひも結びのような定型行動に退縮していったという。患者の家族や友人は、彼は別の人間に変ったのだと表現した。ただ、このような情動面の障害と知的な障害との関連が記録されていないのは残念である。

――ヘッブとペンフィールドの報告例――

ヘッブとペンフィールドの報告例(一九四〇)は、精神医療に前頭葉切除が用いられる背景となった大脳皮質観――皮質機能の分散分布説――の反映であるという点で歴史上特記されてよい。一九二九年に刊行されたカール・ラシュリーの書物『脳の仕組みと知性』では、皮質機能の分散分布説が強い説得力で展開されている。三〇年以上たってからヘッブは、この書物から現代心理学がはじまったと書き、彼自身の一九四九年の著書に言語野の局在性は唯一の例外であるとしている。

ペンフィールドが前頭葉の両側切除を施した二七歳になる患者は、一六歳のとき製材所での事故で脳に障害を受けた。手術前の患者は、小児的、乱暴、破壊的、無分別、といった振る舞いが多く、しばしばてんかんの発作におそわれた。手術では、前頭葉の前半(側脳室前方先端と蝶形小翼の前方)を切除された。一年後の経過報告で、ペンフィールドは、〝一般の見解に反して、前頭前葉両側切除は人格と知性に影響をおよぼさない〟としている。

五年後に、患者の親類や知人からの情報にもとづいて、ヘッブは患者は〝どこから見ても正常〟と報告した。患者の弟だけは、患者が頻繁に職業を変えること、将来を心配しないことなどの懸念を示したが、ヘッブは自説に固執しつづけた。ノバスコシアに住む患者が一〇〇〇マイルも離れた仕事のあてのないトロントに出掛けたことについても、ヘッブは〝予想以上の自発性〟と評し、将来のための貯金をしないことについても〝二、三日分のそなえがあれば十分〟であるとコメントした。

ヘッブとは反対の意見をもつアカリーは、同じ患者が四九歳になったときに患者に合っている。このとき、患者の姉は、〝事故のあと弟の関心や行動は十代の子どものレベルに止まり、異性への関心は十代のレベルにも達しなかった〟とアカリーに訴えた。彼の兄姉も以前の雇い主も、患者はひとりでは食べていくことも、衣服を交換することも、入浴することもできないだろう〟という考えで一致した。

前頭葉の障害は、他の皮質部分で補償できる、というヘッブの考えは、多くの神経医に、ロボトミー——前頭葉白質切除——は患者の〝魂〟に影響を残さない、という信仰をあたえ、数千頭におよぶ実験用動物たちにとっての、その後の二〇年におよぶ受難の時代に道を開くことになった。

17・4 ▼ロボトミーから得られた知見と反省

—歴史的考察—

医療としての最初の前頭葉切除は、エール大学の生理学教室でフルトンによっておこなわれた二頭のチンパンジーを使った実験(一九三五)から示唆を受けたものといわれる。この切除実験によって被験動物の問題解決能力の減退が明らかになった。たとえばオリの反対側に別々におかれた食物と棒を結びつけて食物を引き寄せることができなくなった。また同時に視野に入らないものには注意が向けられなくなったのである。また、手術前のテスト期間中にみせた無報酬に対するいらだち、かんしゃく、放尿などの情緒不安が、前頭葉の両側切除後はあらわれなくなった。一九三五年にロンドンでの学会でフルトンの発表をきいていたポルトガルの神経学者エガス・モニスは、ロボトミーを人間の患者の治療に適用することを提案した。この提案は同じ年の一九三五年にリスボンで、翌年にはアメリカでフリーマンとワッツによって実施され、モニスは一九四九年にノーベル賞を受けた。図17・1・上に示したフリーマンらの切除法は〝標準的ロボトミー〟と呼ばれるようになった。

――ロボトミーの結果――

❖手術中の観察

フリーマンとワッツの記録(一九五〇)によると、局部麻酔による前頭葉(の正面からみた)第一、第二象限の切除中も患者との通常の会話を続けることができたが、第三象限の切除後は患者の回答が短かくなった。第四象限の切除後は緊急の質問以外に回答がなく、回答があっても単音節に止まり、顔は一方向に向けられたままで表情の変化はなかった。患者の心は現実から離れて〝漂流〟しているようにみえた。

❖手術後の観察

術後二~五日の間、患者は乳児のようだった。その後身内のものに対しては歓迎の身振りを示したが、飲食やトイレは人の助けを要した。二週間後に帰宅したが、関心の対象は少なく、無精で気むづかしく、ときに自制を失った。

❖長期変化

スウェーデンの神経学者ライランダーは、彼の患者の術後の長期変化を不器用、情緒的不安定、かんしゃく、陽気、楽観性、と特徴づけている(一九四八)。フリーマンとワッツは、彼らの患者がよく訴える健忘性は実は注意散漫であるとコメントしている(一九五〇)。

フリーマンとワッツは、不器用さやものぐさは数か月後にはあまり目立たなくなると報告している。しかし未来に結びつく関心や野心を回復するにはいたらなかった。患者は就職の必要に気づいていたが、仕事を探す計画はもたなかった。彼の心は〝漂流〟しているのである。

ライランダーは、内省的な患者は〝以前のようには感じられない〟ことに気づき、〝なにかが失われ〟、〝真の幸福も深い悲しみも感じられなくなった〟ことを意識していることを発見している(一九四八)。手術に付きそった看護婦はこの患者の気持ちについていけなくなった、とコメントしたとのことである。フリーマンとワッツによると、ロボトミーの手術を受けた患者はよく笑うがめったに泣かない。

手術後の患者に対する家族の反応について、ライランダーは、〝彼女は私の娘ですが別人です。肉体は私の側にあっても心はどこかへ失われました。昔の豊かな情感ややさしさはどこかにいってしまい、今の彼女にはとりつくしまもありません〟、という患者の母の言葉や、〝私は夫を失いました。私はひとりぼっちです。これから何でも自分でやらなくては〟という教師の妻の話や、〝私は別人と話している。彼女はなにか浅薄になった〟という患者の友人の感想を記録している。ライランダーはまた、〝彼の魂は完全に破壊されました〟という他の研究者の患者の妻の言葉も引用しながら、彼自身の観測を、野心、読書、人間関係、社会・政治問題への関心の喪失、と特徴づけ、彼の患者の幾人かは〝夢みる能力〟を失ったのだという。

——ロボトミーの反省と総括——

ロボトミーが〝人格〟にあたえる影響への反省から、ロボトミーを〝標準的な〟方法で続けることにあまり意味がないことが結論されたのは一九四八年である。

フルトンは、ロボトミーの臨床的観察や動物実験の結果から、前頭葉の背側部は知的活動を、腹中部は情動活動と内臓機能を支配していることを明らかにした(一九五一)。マッキンタイヤたちは、前頭葉の腹中部だけを凝固させる方法を三〇人の患者に適用した結果を報告している(一九五四)。被験者は不安と緊張の悩みを訴える患者にかぎられたが、そのうち重症の患者のひとりは第二象限の凝固措置後に〝これは不思議だ。もう心配はない〟と医師に話し、二七人の患者は術後は不安を訴えなかった。

ロボトミーがアメリカではじめて実施されたのは一九三六年であるが、多くの症例を手がけるうちに、フリーマンたちは、ロボトミーが多くの患者を苦痛から解放することに気づいた。ホワイトとスウィートは、ロボトミーの一番大きな効果は、患者から〝不安、落ちこみ、動揺〟を除くことである、と結論した。ホワイトらは、とくに、胸部右上腫瘍に食道と気管が圧迫されて窒息死するのではないか、という不安に駆られていた二六歳の患者が前脳左側のロボトミーによって、〝死の幻影〟から解放された例をあげている。

チャップマンたちが一九四八年に報告した患者は、前頭葉切除手術ののち、苦痛を感じているようにはみえなかったが、質問されると以前より悪くなったと答えたという。このことから、痛みには生理学的なものと心理学的なものがあることがわかる。

フルトンは、生理学的な痛みの解放は、〝深い痛み〟を感じる内臓感覚受容系から前頭葉に向かう伝達路の切断によるものだと考えた（一九五一）。一方、心理学的な痛み――悩み――の説明は、顆粒状前脳皮質が現在および過去の経験から未然の痛みを予期する特別の機能をもっているという前提に立っている。悩みとは未来に起こりうる有害な出来事に対する予告であり警報であり、恐れとほぼ同じである。ロボトミーを受けた患者は未然の痛みにそなえる鎮痛剤に関心を示さないという報告もある。

ロボトミーを受けた患者に未来の自身が見えない（〝自分を未来に投射〟できない）ことは、彼が場ちがいな発言をしたり、財政の範囲外の出費をしたりすることからもわかる。

自意識は、外部体験（環境との相互作用）と内部体験（内省）の前脳皮質内での統合から生まれるものと考えられる。したがって、この部分のロボトミーによって自己同一感覚が失われ、患者は内部、または外部環境だけに支配されるようになる。前頭葉の発達レベルのちがう動物の呼吸や脈拍の外部ショックによる乱れと回復から、たとえばネコは痛み、サルは悩むことがわかる。第一のショックを受けて第二のショックの再来を悩む能力はネコでは五分間以上持続せず、サルは一日くらい悩むという。

心理学テストによる障害の測定

標準的なロボトミーがもたらす知的障害ははっきりしない。記憶障害があらわれる場合も、注意力散漫が原因であることが多い。ミルナーは、患者の大脳半球の切除部位による切除後の変化を調べているうちに、前脳背後部は忍耐力に関係していることがわかった(一九六四)。このとき、カード選びが忍耐力のテストに使われた。ミルナーはまた、ボナーたちの観察を参照して、ブロカ領に喰い込んだ前脳下後部皮質は発語のなめらかさに関係があることも示唆した。

ホールステッドは著書『脳と知性』(一九四七)の中で、二三七例のケース・スタディから、ロボトミーがもたらす知的障害の内容の特定は不可能だったと報告している。ホールステッドは知的能力を(1)総合力、(2)抽象力、(3)推進力、(4)指向力、の四つの要素に分けている。ロボトミーのもたらす知的障害の内容が特定できなかったのは、前脳と他の皮質を結ぶ伝達系が維持されていたためと考えられる。

—まとめ—

前頭葉の切除手術の結果を総合すると、前脳顆粒皮質は現在および過去の経験を未来に投射する機能をもっていることが推測される。臨床的には切除後の患者の〝幼児がえり〟、無計画性、無気力、無関心、などが観察される。

また、このような患者の脳からは社会性、つまり自己の同一性や痛みの感覚を他者に投射する機能——共感——が失われる。このような患者からはまた、自己の過去と現在の痛みを未来に投射する能力、つまり苦しみ、悩む能力が失われる。

18 理性・情動脳系の進化と知性の前駆活動

前脳新皮質は、情動脳と結合して創造機能を獲得する。

18・1 ▼知性の前駆活動としての泣き・笑い・アソビ

泣き・笑いの脳神経メカニズムは、臨床神経学の未解決の問題のひとつである。泣き・笑い・アソビは、人間の言語活動発現直前の情動活動であり、また、(情動脳の)情動行動発現以前の(反射脳の)気分変化もともなっている。さらに、泣き・笑いが律動的筋肉運動をともなうことから、小脳の関与も考えられる。

チンパンジーやゴリラも顔や動作や声で泣き・笑いを表現するが、なぜ人間だけ涙をともなうのだろう。ふざけている子どもがあげる悲鳴のような発声は、笑いと言語の中間段階とみられる。

(1)泣き、(2)笑い、(3)アソビは、言語機能の獲得とともに共感、ウィットから知的創造活動に発展していく知性の前駆活動である。

18・2 ▼泣き・笑いの脳神経機構

病的な泣き・笑いは、大脳の動脈硬化と多発性硬化症に続く二次的神経麻痺によるものとみられる。病的な泣き・笑いは患者の感情の動きには無関係で、むしろ患者を苦しめる場合が多い。大脳半球のいずれか一方の障害では病的な泣き・笑いは起こらない、という考えもあるが、三〇の臨床例のうち一〇例しか側方障害の例がないという報告がある。

この問題は、あとで触れる前頭葉と視床の間の伝達系に関する解剖学的知見にもとづいて再論する。

——辺縁系——情動脳——の役割——

心身性てんかんの症例の観察から、病的泣き・笑いは辺縁系、とくに扁桃体と視床帯が脳弓で結ばれた〝パペス回路〟(図18・1)の障害から起こることが推測される。最近の解剖学的知見によれば、それは脳弓を経由して視床前部と乳頭核内側につながりをもつ海馬の一部であることがわかる。

——笑いにともなう涙——

プールは、麻酔による手術中の患者の海馬の露出時にその前側延長部を刺激すると大量の涙が放出されることを発見した(一九五四)。また、ペンフィールドたちは、涙の放出やあくびをともなう発作が、側頭葉に脳梁に達する星状細胞腫のある患者に観察されたことを報告している(一九五四)。

てんかんの発作にはよく悲しみや失望の感覚がともなう。オッフェンたちは涙をともなうてんかんを涙性てんかんと呼んだ。筆者が一九五二年に観察した事例では、上腹部の前駆症状に飢餓感と涙がともなった。

てんかん性の笑いの最初の臨床記録は一八七二年のトゥルーゾーの報告であるといわれる。脳電位系の開発によって、そのような笑いに側頭または前頭におけるスパイク性の放電が観察された。一九五七年にデイリとマルダーは左前脳に局在した電気活動を観察し、その活動タイプ——スパイク型と波型——によって発作性の笑いを二つのタイプに分類した。次の年にワイルたちは側頭葉が関与する事例を追加した。ルワゾーたちも側頭が関与する一〇〜二〇分継続する突発的な笑いを報告している。

これらの事例ではいずれも発作時の患者側からの主観的な感情が記録されていない。

筆者らは面接中に患者が自発的に〝笑いの感覚〟を報告する事例に出会った。反対にスワッシュの報告例では、左側側頭葉の梗塞による〝不随意の笑い〟をする女性患者は〝笑っている間、本当に楽しかった〟と言い張ったという。

病理学的診断の目的で脳に刺激を加えたヴァン・ブレンの例では、側頭葉の辺縁部に笑いにつながる神経伝達路が見出されている。

四六歳の男性患者の扁桃核の刺激によって笑いを誘導した例もある。

——視床帯の役割——

パペス回路をよく調べてみると、泣き・笑いに乳頭体が関与する多くの事例に出会う。ドットは、患者の死後解剖時に乳頭体付近の欠損が星状核で置きかわっていることを発見した（一九三八）。マーチンは母親の埋葬式で笑いの発作におそわれた二五歳の男性の事例を報告している。この男性はその後、動脈瘤の破裂で死亡

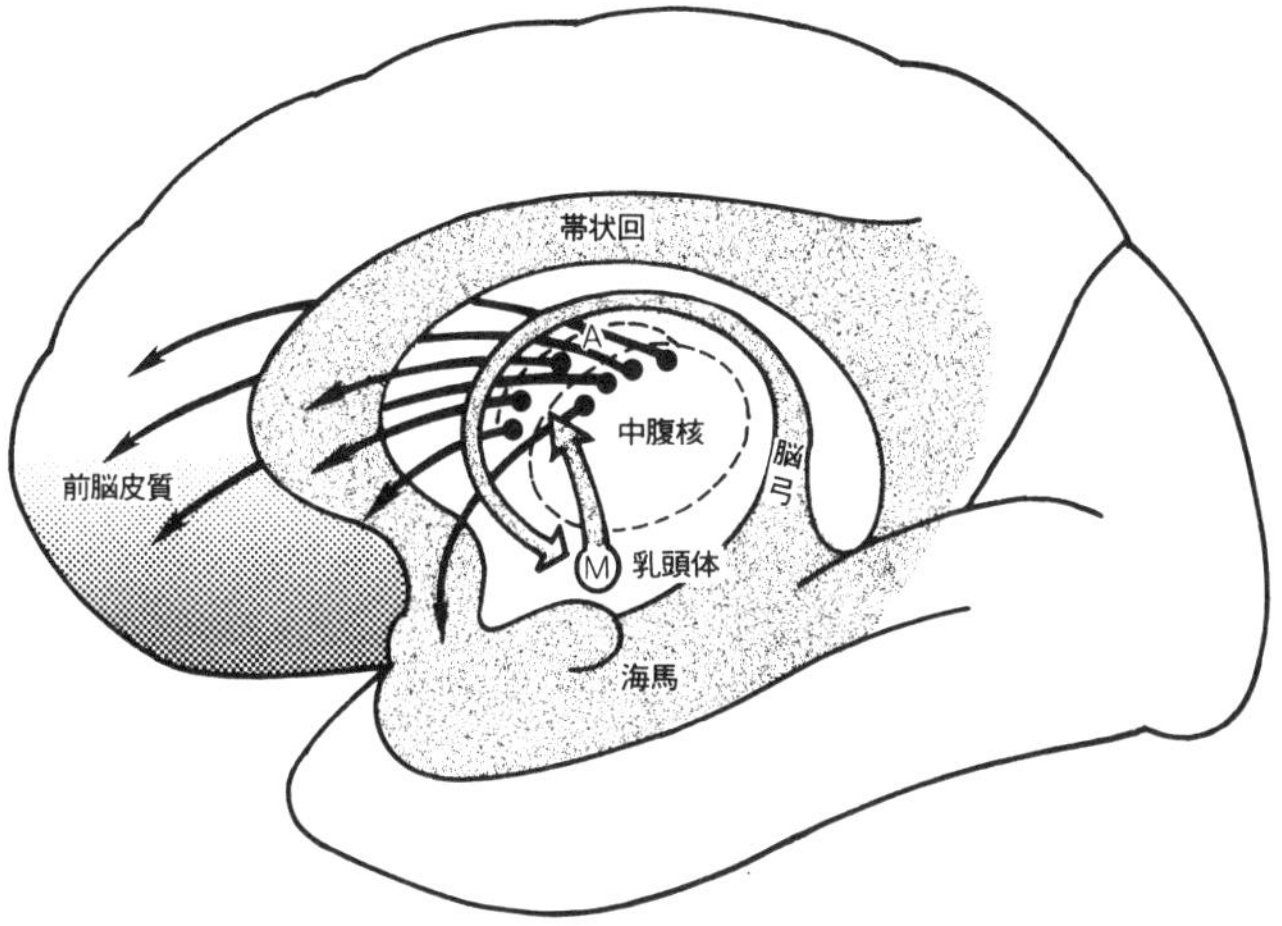

図18・1▶ ヒトの脳の辺縁系(淡い影)と前脳前野(濃い影)を結ぶ伝達系。乳頭体(M)と視床核前部(A)とともに辺縁系と新皮質の前側および中心前部はパペス回路の一部として泣き・笑いに関与していることが臨床的観察から明らかになっている。MacLean(1973)。

したが、この動脈瘤は乳頭体を圧迫していたことがわかった。リストたちの攻撃をともなう泣き・笑いの例では、顕微鏡による観察の結果、一五歳の少女の過誤腫が左の乳頭体を除く脳のすべての領域から隔離されており、六歳から症状があらわれた八歳の少女では、動脈瘤が乳頭体と灰白隆起だけにつながっていた。パペス回路に関連して、ペンフィールドとジャスパーは、四一歳の女性患者の死後解剖によって、視床前部を圧迫していた〝ヘイゼルナッツ大〟の腫瘍を発見した。ルワゾーたちの例では、二〇秒から六〇秒続く泣き・笑い発作のある二〇歳になる女性に前頭左側脳皮質下部に病変があった。

ガイヤたちが観察した二二例のひとつは、二歳から発作の症状をもつ一九歳の女性の場合である(一九七七)。この患者は帯状回の膝状部と前頭極の内側断面内の刺激によって発作があらわれた。この発作で患者はまず突然立ち上がり、次に左に向って三〇秒間うめき声をあげたのち、〝ちょうど今友だちと遊ぶ夢をみた〟と話した。

ルードヴィヒたちが報告した一三歳の少年の例では、発作中に微笑の感情を経験したが発語はできなかった。この患者は、内側、眼窩面の刺激によって唇の左端がもち上がる形の微笑があらわれた。このとき脳波系はリズミカルなスパイク波状の電位変化を記録した。

ルワゾーたち(一九七二)は、生後三〇か月ごろから〝奇妙な〟笑いをするという五歳の少女の手術時に、脳梁と帯状回から前頭葉にくちばし状に延びる領域に腫瘍を発見した。

笑いから泣きに移行する症例も報告されている。一日に二〇回も発作におそわれる一二歳の少女は、数秒から約二分間つづく笑いの間赤面し、笑いが終わると泣きはじめた。脳波計は前頭中央の異常を示した。

前脳前野ロボトミーによる異常な笑いの発症例や、神経生理学者たちが〝魔女探し〟に結びつけた〝奇妙な笑い〟についてはクラマー報告(一九五四)がある。

最後に泣き・笑いと脳の左右半球の関係に触れておく。サッケイムたちによると、笑いが主である九一の発作の症例のうち左半球の異常例は右半球の二倍だった(一九八二)。また、一一九の泣き・笑い症例のうち六二例が主として笑い、二八例が泣き症だった。さらに、三三の笑いの症例のうち三〇例が右半球に障害が、二三の泣き症例のうち二〇例が左半球に異常があった。

―小脳との関係―

強弱のリズムをともなう泣き・笑いに小脳が関与していることは容易に予想できる。実際、最近の神経解剖学的知見は、前脳補足野が小脳視床からの直接の投射を受けていることを示す。浅沼たちは、中側核が遠い深部小脳核からの投射下にあることを示唆した(一九八三)。これらのことから、辺縁皮質と小脳の間には双方向の伝達経路があるばかりではなく、深部小脳核からの上向経路によって神経活動が調整を受けていることがうかがえる。

―情動に関係する伝達路―

離ればなれになった母と子の間で交わされるセパレーション・コールが苦痛の表情をともなうことは、中側核が小脳ばかりでなく、視床との間に伝達路をもつことを示す。

〝くすぐったい〟という感覚も笑いとほぼ同じ視床を含む神経機構が関与しているものと思われる。前脳の切除手術を受けた患者の観察から、泣き・笑いと顆粒皮質の関連も知られている。

18・3 ▼利き腕と言語機能の偏在

前心理学的過程と前意味論的発語の神経機構に関連して、辺縁系による情動的発声から新皮質による記述的発語への飛躍を考えてみたい。この問題は、利き腕と発語との関連にも結びついてくる。統計によると、九五パーセントの人が右利きである。一方、臨床的にはほとんどすべての右利きの人の発語機能は大脳左半球に局在していることが明らかになっている。右手が利き腕となった原因の文化的要因を否定できないにしても、遺伝的要因については明らかな証拠がある。

問題をむずかしくしているのは、ヘビやヒラメなどの動物にも〝右利き〟があることである。体型の左右非対称性による重心のズレから右手や右眼の優位を説明しようとする考えや〝武器仮説〟などがある。以下ではこの武器仮説と〝子抱き〟仮説を取り上げてみる。

――**武器仮説**――

初期の青銅器や武器や芸術作品は、右利きの人物によって作られたらしい。石器時代にまでさかのぼった二〇〇万年前の人類もほとんど右利きだったという主張もある。たとえばケニアのトゥルカナ湖畔で発見された礫石器は右手用のものであり、工作物は左手で支えながら時計回りに回転させていたことをうかがわせた。

もっとも、石を素材にした道具をつくるようになるまでは人類とは呼べない、という考えもある。しかしR・A・ダートはアウストラロピテクスに関する報告の中ではじめて、動物の骨や歯や角を日用の容器や道具や武器に使う文化の存在を主張し、ハイエナやハリネズミによる残骨のコレクション説に対抗した。その後イギリス、デボン州のピン・ホール洞穴の骨のコレクションの中にマンモスの骨からつくったにぎりのついた剱や装飾などが含まれていることから、ネアンデルタール人の文化よりも進んだ文化の存在が示された。一九八七年にアービングは、放射性炭素による年代測定から二万二〇〇〇年から四万三〇〇〇年前と推定されるこれらの文化を〝牛骨文化〟と呼び、旧石器時代を〝石器だけで理解してはならない〟と注意した(一九八七)。アメリカ・インディアンも日用品や武器に使っており、ニューイングランドでは、今でもリンゴの芯取りに骨を使っている。

アウストラロピテクスは頭蓋骨をコップや椀に使っているが、大腿骨から作った劒状のものは戦闘に使われたものとみられる。この劒状のものは、新しい大腿骨を中央部で折ってねじることにより容易に作ることができる。

このときのねじれの方向から、カーライルの右利き説が生まれてくる。人間以外の霊長類やその他の動物の場合のように、人間にも左、右いずれかを利き腕に選ぶ機会があったはずであるが、人間の場合は右を利き腕とすることが個体の存続にとって有利に働いたものと考えられる。このとき、左腕を心臓の防護に使い右手を武器使用のために自由にしておいたと考えるのが右腕利きの武器仮説である。英国の左側交通システムは、馬上の騎士が左手に楯をもち、右手を剱や槍のために自由にしておいた時代の名残りといわれている。

右利きが遺伝的なものだとすると、言語機能の大脳半球の左右いずれかへの偏在が説明しやすい。舌のように体の中心線上にある発話器官が大脳半球の片方だけから司令を受ける方が神経支配上有利とみられるからである。サルの場合、辺縁系の関与によって発声に情動性がともなうものと考えられる。人間では、前意味論的発声は苦痛、驚き、勝どきなどの補足的表現としてはじまった。臨床的には、このような補足的な発声には大脳両半球の非対称性の効果が観察されず、大脳新皮質の関与はないものとみられる。それでも新皮質の関与はあるが不明瞭な発話とくらべると情動の表現力をもっている。

もし舌が大脳両半球からの二つの信号による支配を受けているとすれば、舌の運動は二つの信号の時間のずれの調整に要する時間だけおくれることになる。ペンフィールドとウェルチは、ヒトの大脳皮質運動野の片側を刺激すると、舌や咽喉のように両側にまたがる器官を除き体の反対側に反応があらわれることを指摘している(一九八五)。

それではなぜ舌のような中心器官が、左半球による支配を選んだのだろうか。二つの仮説だけ取り上げてみよう。

ひとつには集団狩猟起源説である。すでに右手が利き腕となっていれば、狩猟集団の統括、指揮のためには、この利き腕を支配する大脳左半球に発声の支配もまかせた方がよい。左半球に利き腕と発声を統括させることが集団行動を助けた、というのがこの仮説である。

同じ〝神経経済〟の原理は、右手による文字の筆記をうながしたはずである。左半球にアイデアが浮かぶと同時に右手が準備体制に入るからである。

左利きの半分ほどが左半球に言語機能をもつ、という統計は大脳半球の交叉支配の反例とは考えられない。左手書きの人は言語刺激に対する左手の反応が遅いはずである。

——子抱き仮説——

男たちが狩猟に出かけたあと、農事を担当した女たちの右手が利き腕のはじまりだという考えもある。子どもを左腕で抱き右手を自由にしておいたと考えるのが子抱き仮説である。左腕で抱いて母親の心音を聴かせるようにすると子どもが静かになり、敵や動物の攻撃を免れる機会が増えると考えるのである。

——母音—子音結合——

人間の幼児の自発的な発声の中に母音—子音結合がみられるようになるのは、生後八週目前後である。リーバーマンたち(一九七二)は、ネアンデルタール人の咽喉は母音を発声できなかっただろうという。現在の人間の幼児の前言語的発声はどのようにして進化したのだろう。著者自身はセパレーション・コール〝アー〟を母音の起源に、乳児の吸乳音〝チュッ〟を子音の起源と考えてみたことがある。

乳児の吸乳音は乳児が口を乳頭から離すときにも求めるときにも、母親が乳児に吸乳を促すときにも使われる。この音は人間が馬を励ますときにも、リスザルの母子間の交信にも使われている。

人類は火の使用によって、冬のユーラシア大陸のような寒冷条件から生き残り、各地に拡散していったものと考えられる。この火は、われわれの話題を再び泣き・笑いに戻すことになる。

泣き・笑いも他者の感情への共感を可能にするヒトの脳の高次機能から生まれる反応であり、泣きは感情の排出、笑いは感情の解放という役割をもっている。チンパンジーもゴリラも泣き・笑いをするが、涙をともなうのは人類だけである。著者はこの涙を、人類による火の使用——火と煙のまわりをまわる埋葬を含むさまざまな儀式や祭りの発明——に結びつけてみた。

人類が涙を流すようになったのは、その前頭葉が著しく拡大した今から一〇万年ほど前からであると考えられる。しかしヒトの火の使用の歴史はそれよりも一〇倍以上古い。たとえば東アフリカでの火の使用の痕跡は一四〇万年ほど前、中国では一〇〇万年から七〇万年前といわれる。

クラークとハリスは、初期の人類がたいまつを火の運搬と狩の収穫物を横取りしようとする動物を追い払うために使った可能性を指摘する(一九八五)。しかしこの指摘にはすでに人類の直立歩行による手の解放が前提とされていることは明らかである。また、狩のための野焼きの煙から顔を遠ざける必要が直立姿勢を促した可能性も考えられる。

人類の北方ユーラシア大陸への拡散にともなって、野外や洞穴の中で暖をとるためや動物を追うためや調理のためのキャンプファイアに人びとが集まって小さな社会をつくる機会も増えたことだろう。その中で人びとは自分の体験をみなと共有するための信号——言語——を発達させてきたことが考えられる。ネオ・ダーウィニストたちは火と煙と涙の相互関係をどう説明するだろうか。

肉体的苦痛と精神的苦痛を条件反射で結びつける脳の構造が形成されるためには、まず火に対する特別な感情が生まれていなければならない。現在でも石器時代の生活様式を伝えているグループの観察から、子どもにもおとなにもみられる装飾用の火傷痕や、葬礼や儀式的ダンス中の意図的火傷のような、火に対する特別な姿勢がうかがえる。ニューギニアでは、故人との親近感の維持のために、死者を焼いて食べるグループがある。仲間と離れて経験する飢えと悲しみの感情があるが、飢えと涙の間には直接の結びつきはないようにみえる。しかし、ある心身障害者は、発作中に、涙と同時に上腹部に飢えの感覚があらわれた。ネアンデルタール人の埋葬にかわって火葬の習慣がいつ頃からはじまったか明らかでないが、インドでは、人を集め、火葬の火勢を強めるたき木を投げ込む儀礼が残っている。クロマニヨンの遺跡に火葬の痕跡が認められるという意見もある。

洞穴内で枯草の火を囲み、煙に涙を流しながら高笑いを交わしていた当時の情景を目に浮かべながら、笑いと煙と涙の関係の起源に思いをはせることは楽しい。

このような断片的な〃沈黙のデータ〃にかわって、次に前脳顆粒皮質とアソビと笑いの関係を考えてみよう。

18・5 ▼アソビの進化と創造行為

アソビは、爬虫類から哺乳類への移行を特徴づける三つの行動の進化のひとつである。爬虫類や鳥類の遊びのようにみえる行動は一時的、偶発的なもので、持続的な社会行動としての遊びは、哺乳類に特有なものである。哺乳類の遊びはまず、巣の中の家族社会の調和に、巣立ってからは仲間社会内での連帯維持に役立ったものと考えられる。いくつかの実験的な証拠から、遊びは辺縁系の新しく発達した部分、つまり視床帯が関与していることがわかっている。したがってこの視床帯と神経で結ばれている前脳新皮質が、遊びや笑いばかりでなく、笑いをもたらすウィットやジョークのような知的、創造的機能に関与していることが考えられる。『創造活動の理論』という著書でケストラーは、創造行為としてのジョークを〝社会通念上対立する二つの状況または出来事の連合〟と規定している（一九六四）。

遊びと前脳新皮質の関連を示す実験的証拠は多くない。前頭葉右側と左側外凸領を切除されたメスのサルが彼女の二匹の同伴者と遊ばなくなった、というビアンキの報告がある。フレンゼンとマイヤースは、二～三歳のマカクザルが前頭眼窩領域を含む前頭前脳の切除によって遊びの行為をみせなくなった例を報告している（一九七三）。

さきにあげたアカリーとベントンの報告例のように、前脳に先天的または後天的な欠損のある患者は同年代の子どもとの集団ゲームに参加したことがなく、言葉の遊びである語呂合わせや駄じゃれやジョークも話さない。このような患者はまた、突拍子もない、抑制のない、意味不明の笑いで周囲の人を驚かせる。周囲の人びとと状況を共有できないからである。

文学の世界での創造と言葉遊びの近縁関係については、シェークスピアを思い出すまでもないだろう。科学、芸術、音楽の分野ではホフスタッターの『ゲーデル、エッシャー、バッハ』（一九七九）に豊富な引例がある。

ハーディンソンは、メタファーのアソビによって人間に固有な〝アソビへの衝動〟を解放したのはシラーであり、シラーによって言葉遊びが一八世紀末以後、文芸としての市民権を得たのだという。ハーディンソンは重ねて、現代科学の遊びは〝生真面目〟である一方、ゲームの要素が強いと指摘する(一九八六)。そしてその遊びは数学的、論理的、形式的制約から逆説性、奇想性を求めて自然に言葉へと〝こぼれ出し〟ているのだという。ジョイスの『フィネガンズ・ウェイク』から借りた素粒子の名前〝クォーク〟はその例である。ハーディンソンは、マンデルブロの『自然界のフラクタル幾何学』もゲーム性の強い遊びの数学であり、遊びの本質は〝予見不能性〟にあると指摘している。

世界の人口爆発にともなって、大人口が参加する遊びの役割が論じられるようになった。もともと哺乳類の家族数は母体の可能分娩数とは別に乳首の数で限定されていた。現実の哺乳類では家族数のおよその上限は一二である。家族数のおよそは、大脳新皮質と辺縁系が制御可能な個体の行動パターンの多様度からきまる、という考えもある。人間の集団も、成員がたがいにあたえ合う関係にあるかぎり良い行動を示す。宴会や音楽祭などがその例である。オリンピックのような国際ゲームでも、ゲームを楽しむグループとつかみ合いをするグループができる。オリンピックは、国家意志を非言語的に表現する政治的なアソビの場になってきた。

19 理性脳

小脳系と計算・予測機能の進化

外界の対象物の指示（指し示し）や二つの対応物の照合（家畜の粘土板への刻印など）のような小脳に支配された筋肉運動が、前脳新皮質による自然言語（あれ、これ、ある、ない、など）と形式言語（数学、記号）の発明を促した。人間の情動行動は、理性脳ばかりでなく小脳新皮質の関与によって、いっそうの豊かさを獲得したものと思われる。

―解剖的考察―

ロバート・ダウは、一九七四年に次のように書いている。〝人間の小脳新皮質がもし運動能力に関係していなければ、どうしてこのような古皮質を覆ってしまうほどの大きさにまで発達したのだろうか〟。さらに〝この異常な発達は大脳全体の発達とは関連していない。〟彼は次のように設問する。〝小脳が運動だけに関係しているものならば、なぜ前脳連合野は橋に伝達路を送っているのだろう〟。この投射は一九四二年にダウがベンガルザルの脳の電気生理学的観察中に発見したものである。実際、小脳に結びついた橋腹部が人間の脳の大きな部分を占め、大きな腫瘍のように上部の脳幹を圧迫している。橋と並んで赤核も小脳の重要な領域を占めている。赤核には小脳の背側核や新皮質の運動・感覚野からの神経伝達路の端末がある。

ダウはまた、人間や高等霊長類の脳の歯状核は他の動物のそれとは著しく異なっていることを指摘した。前者は微小回と巨大細胞のほか側脳室や巨大回、前庭細胞を含んでいる。

19・1 ▼運動機能に関する仮説

類人猿はサルにくらべて、橋、小脳、歯牙状核、赤核、後部オリーブが著しく発達しているが、人間の脳とくらべるとはるかに未発達である。人間の脳のこの部分の、他の部分とは不釣合いなほどの発達の原因は何だろう。今までに直立歩行、利き腕の指の動きの精密化、言語行動などに結びつける考えがあったが、著者は前頭新皮質との連合による予測と計算能力の獲得に結びつけてみたい。

英国の神経学者ゴードン・ホームズは次のように書いている。〝小脳の主な機能は筋肉運動の制御である〟(一九二二)。さらに、〝小脳の重要な機能は、他の神経系に役立てるための意識外のさまざまな神経信号の統合である〟。しかし、ホームズの小脳に対する過大な期待に反するような事実もある。たとえばダウは、臨床的観察から、〝歯牙状核に限定した切除は小脳に機能的障害をもたらさない〟ことに気づいている(一九七四)。

19・2 ▼言語機能に対する機械的・数量的要求

小脳新皮質の著しい発達は、直立歩行や利き腕の発達に結びつけるよりも、類人猿の樹上生活にみられるアクロバットに近い巧妙な運動の能力に結びつけたい。人間ならば言語能力に結びつけてみたい。リーバーマン(一九八五)は、〝発語機能の獲得が人類進化の最大の障壁だったろう〟と書いている。また別のところで次のようにも書いている。〝発語は毎秒二五くらいまでの音素を伝えることができる〟。非言語的な発声では毎秒七〜八の音素しか区別できない。リーバーマンによれば前記のような音素の伝達速度は、〝短期記憶の保持時間内に〟複雑なアイデアを伝えるために必要なのである。ディングウォールによれば、発語は〝神経構造による運動制御機能の最終的到達点である〟(一九八八)。彼はダーリーたちの、発語のために動員される神経-筋肉の変化速度は毎秒一四万回を下らない、という計算(一九七五)と、一九二八年にこのような神経-筋肉運動を〝ネオキネティックス〟と呼んだティルニーとライリーの名前をあげている。

飲酒後にみられるような発語の乱れは小脳新皮質の病変によってもあらわれる。しかし、フルトンは〝発語は小脳の新しい部分が統括しているようだ……〟(一九七六)と観察している。彼は〝臨床的観点からは、小脳の大規模な病変以外に発語機能は著しく阻害されない……〟という。この点についてホームズは〝言語機能は小脳の両側病変以外にはほとんど障害をうけない〟という。彼の経験によると、〝言語障害は虫部の中心切除にともなうことが多いが、側頭葉の片側だけの障害だけからおこることもある〟。

ホームズは発語の乱れを次のように特徴づけた。時間のおくれ、引き込み、単調、音節の不自然な分離、不明瞭、けいれん、暴発性などである。彼はまた、このような言語の乱れにはしばしば顔の表情の不自然な変化や笑いがともなうと指摘している(泣きについては記述されていない)。

ホームズは一九〇七年にこのような言語障害をもつ一家の成員の死後解剖を含む観察から、小脳の萎縮のひろがりや橋や下部オリーブ体の縮小を発見した。とくに大脳回についての次の指摘は重要である。〝虫のように萎縮した前頭正中部と側部以外はすべて正常だった〟。

結局、発語機能への小脳の関与は確認されているが、大脳半球の左右非対称性、つまり言語領の関与は認められない。

19・3 ▼計算と予測に果たす役割

人間の小脳新皮質の著しい発達は、運動能力の拡大のためだけだろうか。ダウ(一九七四)は次のように自問した。〝小脳、とくにそのそれぞれの半球は過去に経験した運動パターンの記憶の貯蔵所ではないだろうか〟。その後ダウはライナーらとともに、前頭連合野がアイデアやヒントの具現化のために小脳の応援を引き入れる、という仮説を実証する臨床的、解剖学的知見を集めた(一九八六)。しかし著者はここでもうひとつの可能性――未来予測のための直感的、形式的(数学的)計算を含む計画的行動に、非顆粒および前運動皮質とともに前脳顆粒皮質が関与する可能性――を指摘しておきたい。

―補足的解剖学的知見―

浅沼らは小脳‐視床からの投射を受けている腹側核を含む諸領域を単一の核とみなした(一九八三)が、セシル・ヴォークトは、小脳からの投射を受けている腹中核の特定に成功している(一九〇九)。その後の細胞化学的追跡によって小脳から前頭運動野への伝達路が見出されている(一九七九)。

マカクザルで発見された前脳顆粒皮質への神経路の投射(一九八五)は、動物の個体維持能力の拡大の説明に役立つ。

――予測と計算に関連した臨床的考察――

一九四〇年代にウィーナーは、防空兵器などの制御システムに関する物理学者、神経生理学者、数学者との共同研究中に、動物と機械の制御と通信の研究を任務とする新しい研究分野の創設を思いたち、それをサイバネティックス(ギリシア語でかじとりを意味する)と呼んだ。一般にサイバネティックスといえば、動物の運動の調整と合目的行動を可能にする小脳の負のフィードバックのはたらきを思い出す。よく参照される例はカエルとネコである。カエルは直線的にハエにとびつくが、ネコは獲物の運動方向と速度から行先を外挿する。

一八九二年のブランズの最初の観察以来、前頭葉の病変にともなう小脳と運足の障害のいくつかの例が報告されている。メイヤーとバロンは、運足障害の原因を小脳よりも皮質内の伝達路の障害による抽象能力の欠如に求めた。たとえばある患者は、実際にボールをけることはできるが想像上のボールをける動作はできなかった(一九六〇)。

神経生理学者たちは、前脳連合野の運動準備機能と小脳の運動開始後の調整機能を区別するために長期計画と短期計画という言葉を使う。しかし人間は数日から数年におよぶ未来の行動の精密な視覚像を直感と計算によって思い浮かべることができる。南海の島民たちが五〇マイル先の島に船で漕ぎ出す前、海岸で濡らした一本指を立てて風向きを測定する。これは直感のはたらきである。未来学者がXデーを推定するのは計算のはたらきである。

いずれの場合も継時的な事象列を未来につなぐための記憶、いわば〃未来の記憶〃のストックがなくてはならない。

前脳前野に病変をもつ患者は記憶障害をもつと考えられやすいが、実際に患者に接して検査をしてみると、記憶の内容を状況に即して呼び出せないために記憶障害の印象をあたえていることがわかる。つまり、目標達成のために必要な今後の行動手順と過去の行動の記憶の接続に障害があるのである。過去の支出の記憶を今後の予算計画に結びつけられない患者の例もある。ルリア(一九六九)は、〃前頭葉に障害のある患者は算術問題をやらせれば見分けがつく〃として、次のような問題——一八冊の本を二つの棚に一対二の割合で分けて入れよ——に対して三六+一八=五四と答えた患者の例をあげている。

以上の諸例から、人間の目標達成行動に果たす小脳の記憶・外挿機能の役割を考えても不自然ではないが、現在のところ実証に乏しく、ヘンシェンが観察した〃算術不能症〃も、多くの神経生理学の教科書では追記の形で記載されるにすぎない(一九二二)。視覚聴覚、空間認識に結びついた後頭、側頭、頭頂領域の病変にともなう算術不能症とくらべて、前頭葉の障害にともなう不能症状は二次的なものであるが、いずれにせよ現在までに得られた実証データから人間計算機と呼ばれるような特殊な計算能力に関係する領域を特定することは困難である。

オリーブ・橋・小脳領域の萎縮が〃知的退行〃をもたらしたいくつかの観察例があるが、小脳に特定された知的機能を分離することはむずかしい。多分小脳非形成症の観察例は貴重になるだろう。ルビンシュタインとフリーマンが観察した七二歳になる小脳非形成症の男性患者は、側頭頂部の病変以前には運動障害はあらわれなかった。しかし死後解剖の結果、小脳は八×七×五ミリよりは大きくない二つの小さな未成熟果実様のものから成り立っていることがわかった。患者は学校に入らず、成人時代に雑役夫、修理士、庭師などの仕事をした。彼の兄によれば、患者は、子ども時代にはひと目を引かない程度にアソビに参加したが、知的には正常の水準に達しなかった。計算能力については報告されていないが、通貨の値うちは理解でき、日常生活では金銭的に損をしたことはないといわれる。

―コメント―

前頭葉と小脳が予測と計算にどのような役割を果たしているか。この問いに答えるためには、計算機を利用した脳の断層写真の病理学的解析と、心理学と人間行動学に精通した神経生理学者による臨床観察との結合が必要である。そしてたとえば小脳に障害のある自閉的な〝学者バカ〟が長い複雑な計算を実行できることが明らかになれば、計算機能の存在領域を小脳以外に求めなければならなくなるだろう。

19・4▼未来の記憶

この最後のテーマは、計算と予測に果たす前脳―小脳の役割に関する先のテーマの継承である。前脳の両側に萎縮のある若い患者に関するアカリーとベントンの報告例では、この患者には計画したり、経験を継時的な事象例として思い出す能力がなかった。この患者は現在と過去の経験を断片的には詳細に思い出すことができたので、患者に欠けていた能力は〝未来の記憶〟であったといえる。

このような患者の臨床的テストには、休暇中の海外旅行の詳細計画立案などが考えられる。既存の迷路テストは長期計画能力のテストとはいえない。

計画立案の座である前脳連合皮質は、個体維持衝動と種族保存衝動の座である辺縁系扁桃核と視床との結合によって、それぞれ利己的、利他的色彩を帯びてくるものと考えられる。たとえば家庭の主婦の家計のやりくりは前頭連合皮質に投影された扁桃核の個体維持衝動である。子どもの長期的な教育計画の立案などは利他行為として連合皮質に投射された視床帯の種族保存衝動である。このような個人の行動計画は〝連合野〟によって、国家財政から国際的経済計画の立案へと拡大されていく。

〝未来の記憶〟というと、どうしてまだ起こっていないことを記憶できるのか、という疑問が返ってくるかもしれない。記憶ではなく、計画というべきではないか。しかし、計画は現在進行中の過程の継承、発展を意味する。計画とは青写真の実現過程であり、青写真自体ではない。たとえばフットボールの試合中に行動計画を立案することは自滅行為である。大事なことは、試合中の行動計画はすでに青写真として選手の小脳前野にストックされていなければならない。未来の記憶には、計画、計算、予測とともに計画の記銘、自由意志のコントロール、状況の把握などが含まれている。

19・5 ▼人間にとっての脳の意味

脳の予測機能と〝未来の記憶〟の神経解剖学的なメカニズムを考える上で、カーメルたち（一九八八）による前脳顆粒皮質と視床前腹部核群を結ぶ広範な伝達系の発見は大きな意味をもつ。一九五〇年代に入って、これら核群は〝視床投射系〟によって臨時の活性中心となり、他の〝連合野〟の広域に皮質反応を呼びおこしていることが明らかになった。さらにホイトロック(一九五二)は、帯状領域を含む前脳内の反応はネコよりもサルの方が著しく大きいことを発見した。ヒトの場合には、この反応は、過去の記憶の総括や進行中の経験の記憶、行動計画、〝未来の記憶〟といった広範な前脳の機能に結びついていくものと思われる。

さらに、前脳皮質と視床帯の連繋が共感や利他行為に発展していくものと考えられる。また、ひとの利他行為に感動して涙ぐむというような人間に特有の反応も、幼児期に親の救いを求める叫びが神経系のなかに条件化され一般化されたものだと考えられる。

利他主義(オーギュスト・コント、一八五三)、共感(テオドール・リプス、一九〇三)といった古い言葉が今日では新鮮にきこえる。電極法による研究から、前脳前野皮質は脊核内部を経由して内臓に神経伝達路をもつ唯一の新皮質であることがわかる。前脳前野が体外と体内の両方に伝達路をもつということが、自身と他の感情の合一――共感――を生み出すものと思われる。また、このような自身の内部に向けられた感覚――内感覚――が、自他の未来に対する関心――洞察――を生みだすものと想像される。前脳前野と視床帯の連合はまた、自己愛から生命愛に、そして責任感から良心への一般化を可能にしたものと考えられる。つまり、この連合が、生物進化の歴史を生と死をめぐる闘争から善と悪をめぐる選択の歴史に転換させたものと考えられる。

20 エピステミクスとエピステモロジーの将来

この最後の章では、大脳辺縁系の研究から提起されたエピステミクス上の問題をとり上げてみる。はじめに、哺乳類の行動に投影された爬虫類の定型的行動を通して辺縁系の役割を考える。

20・1 ▼R-複合体(反射脳)の比較行動学的再考察

異なる動物種間のR-複合体の比較行動学的考察は、この進化の歴史の古い前脳の一組織が新皮質の支配の下に動物の運動を統括しているという今までの考えに疑問を投げかける。トカゲからサルまでの広い範囲の動物の実験から、R-複合体は動物の社会行動——定型的表示動作による個体間の交信——を統括していることがわかる。この意味でR-複合体は単なる運動器官の一部ではなく、自身の"心"をもっているといえる。

―― 民族主義 ――

砂漠の中の古い墓地の石垣に棲むメキシコクロトカゲの一集団が、集団に属さないクロトカゲの侵入者を排除しようとする様子は詳しく観察されている。一定の集団から一時的に隔離された七面鳥や幼犬は集団に戻される(隔離五分後にでも)と攻撃の対象になる。人間の生活集団にも類似の生活圏の防衛衝動がある。

―法の生物学的意味―

ジョン・アダムズは、一七八〇年にマサチューセッツの州憲法の起草に協力したとき、〝われわれは法の支配者であって、人の支配者ではない〟という表現を使った。アダムズは、法という魂は物理的強制力という肉体を得てはじめて具体化すると考えた。人間の大脳辺縁系には、ものごとの真偽にかかわらずあることに対して永続的な好感をつくり出すはたらきがある。法が実効力をもつのは強制力によってではなく、人びとが法に抱く尊厳感である。この尊厳感は辺縁系から生まれるものと考えられる。しかし、前脳新皮質のはたらきがなければ、法の公平で寛大な適用というような考えは生まれないだろう。しかし、身体に危険がおよぶ緊急時には辺縁系に埋め込まれた生命保全のための自律的行動が触発される。ガラパゴス島のウミイグアナの個体数密度がある限界を越えた岩の上の区画では、そのような例がしばしば観察される。

―生物的強制力と感情―

スピノザによれば〝人間は感情に支配されている〟。しかし、爬虫類から哺乳類までの動物を観察していると、動物たちは静かな強制力に支配されているように定型的な行動を毎日繰り返している。日光浴、餌探し、なわばりのパトロールなどである。人間の日々の生活も、ほとんど感情をともなうことなく進行する。人間の衝動的な反社会的な行動も当人がそれと気づくまでは感情がともなわないことが多い。

感情は習慣的日常行動や計画された行動が妨げられたときにはたらく。感情が人間を支配するというより、感情は人間行動の反映であるといった方がよい。

20・2 ▼大脳辺縁系（情動脳）とエピステミクス

この節では、エピステミクスの最大の関心事――自分が存在すること、ものごとが真実であること、重要であること、の実感はどこから生まれるか――について考える。

自然科学者たちは、われわれがそのまま感じる主観的な世界と客観的な実在の世界の間にひとつの線が引けるものと考えがちである。しかし、脳科学者たちの多くは、このような線を引くことは原理的にむずかしいばかりでなく、研究の対象になるのは主観的な世界だけであると考えている。

脳についても同じことが言える。一九六八年に脳外科医のオマヤは脳を〝膠よりは固くなく、糊よりは固い粘弾性体〟と表現した。実際、脳の密度は水よりやや大きく、粘性はグリセリンとほぼ同じである。生きている脳は大量の血流によっても変形しない硬さをもつが、取り出して容器に入れると自重によって膨らむ。科学者も一般の人も、その内部の働きがまだ十分に解明されていないのに、脳に大きな信頼をおいているのは不思議である。物理学者のジーンズは〝物理学がわれわれに正確な知識をあたえてくれるのは、それが正確な測定に基礎をおいているからである〟と書いた。ゼラチン状の脳自身は、脳が発明した測定機器のように精密でもすばやくもないのである。

世界から物質を取り除いたあとに空間と時間が残る、と物理学者は主張する。しかしカントは、人間はもともと空間という〝外部感覚〟と時間という〝内部感覚〟によって〝超越的審美感覚〟を獲得したという。また、自身の〝純粋経験〟を理解する能力を先天的にそなえているという。

このような能力をそなえたゼラチン状の物質系――主観脳――をひとつの情報処理系として客観的に理解できないだろうか。理解できたらその脳を人工的な素材から再構成してみせなければならない。しかし、そのように再構成された脳はひとつの論理的構成物であって、自意識をもつことができない。このような機械は自分自身を評価したり、なにかに確信をもつことも、世界に対する超越的審美感覚をもつこともできないのである。

―事実の分析方法―

一八四七年に幾人かの生理学者たちが、生理学を物理学に匹敵する厳密科学の形に再構築しようと企てたことがある。しかし彼らはのちに、カントの認識論に影響されたと書いている。

人間が世界を観察するということは、世界から情報を受け取り、神経系で変換するということである。しかし、その変換された世界がもとの世界と同じであるかどうか、確かめる方法はない。情報は鏡に映った映像のように物質やエネルギーからは切り離されたなにかであり、ウィーナーのように、〝情報は情報である〟としかいえない。バークリーは、〝人間が感知できるすべてのもの――感覚、観念、着想、意見など――はそれ自身は力の発動者ではない〟といい、ヒュームは〝すべての観念は印象である〟と表現した。客観的事実とは、多くの人が共有する同じ印象のことである。

ロックは、事実には物の硬さ、大きさ、形、運動、のように物自体のもつ一次事実と、匂い、味、音、色、のように心の中に生まれた二次事実があるとする。ロック自身の表現によると、〝後者はマンナの木（緩下剤）のようにそれ自身は病気でも痛みでもない〟。

―情報の現実感―

ロックから二〇年後に、当時二五歳のバークリーは、一次事実と二次事実の間には本質的な差はないと主張した。彼は、〝色や味が心の中にあるように、大きさや形や運動も心の産物であることはすぐ証明できる〟という。

バークリーから約三〇年後に、ヒュームも、一次事実と二次事実を区別することの矛盾を指摘して次のように問いかける。〝物質ではない印象がなぜ物質を表現できるのか？〟このような一八世紀の考え方は、二〇世紀なってもウィーナーによって繰り返される――〝情報は情報である〟。

情報は無秩序状態からの秩序形成にともなって生まれる、と考えることもできる。しかし、この場合も情報は物質と切り離された脳の産物であることに変わりはない。

デカルトは、人間の感覚は蜃気楼のように不確かなものであると考えて、〝われ思う故にわれあり〟といったが、この〝われ思う〟は〝私は情報をとり出す〟という意味である。デカルト自身はのちに〝思う〟を〝理解、期待、願望、想像、感情など、意識に上がった心の動きの全体〟を指す、と書いている。

彼が〝思う〟の中に〝感情〟を加えていることは重要であるが、まだ不十分である。〝持続的な好ましい気もち〟といわなければならない。

てんかん患者の発作時には、患者の内部世界と外部世界の不整合から〝持続的な好ましい感情〟が生まれず、〝われ〟と〝思う〟が結びつかなくなる。〝好ましい感情〟はまた、情報に実在感をあたえるはたらきをもっている。

―情報の伝達―

情報の伝達には、なんらかの物質的媒体の変化をともなう。物質的媒体とは、なんらかの方法でその存在が人間に感知されるもので、その変化とは静的背景からの変化である。

―情報量―

ウィーナーは、あるシステムに含まれる情報量をそのシステムの秩序の形成の尺度と規定した。エントロピーがシステムの無秩序の尺度であるから、情報量は〝負のエントロピー〟または、〝ネゲントロピー〟とも呼ばれる。システムの秩序形成の度合いが高いほど、豊富な情報をシステム外に伝えることができる。

―脳内の情報量―

脳内の情報伝達は、感覚受容器、神経細胞、効果器、から形成された神経系の化学物質や電気パルスの移動によっておこなわれる。移動のパターンと情報の内容の関係は不明である。

――主観性――

事実の認定には主観の関与は不必要のようにみえる。とくに主観ということをいわなくても、脳は自然にはたらいているようにみえる。たとえば、歩いてなにかにつまずくと、体は自動的にバランスを回復するように反応する。しかし、歩くこと自体、主観的活動の一部なのである。鏡に映った自分を見ながら歩いているように、脳は歩き方にいつでも影響をあたえられる状態にあるのである。また、日常われわれが自分の主観的状態――気もち――を相手に伝える適切な言葉や表現を発見するのにどれだれ苦労しているかも考えたい。人間は心身の痛みを人に訴えることができる。主観脳の間の情報伝達である。

――主観と個人――

人間は非物質的な情報からその内容の実在性を実感することができる。多数の人に共通した実感が事実である。

人間は二つの情報源を持っている。内部世界と外部世界である。外部世界からの情報は多くの人びとが共有できるが、内部世界は指紋のように個人ごとに異なる。ノースロップはロックにならって、事実を一次事実と二次事実に分けた。惑星の存在などの自然現象は前者、人間の想像物は後者である。真偽が問われるのは二次事実である。

しかし、一次事実も一度人間の感覚器官に受容され、神経系の処理と変換を受ければ、二次事実になるといえる。外部世界の一次事実は神経系という〝活動する障害〟を越えて、内部世界の情報になるともいえる。

一方、内観から生まれた内部世界の情報も、言葉や動作や態度で表現できるかぎり、多くの人に共有される形にできるはずである。われわれが時間と空間という観念を共有しているのも、このような手順によったものだろう。

―― 妥当性 ――

一六八七年に刊行された著書『プリンキピア』で、ニュートンは時間、空間、位置、運動、という言葉を定義しようとした。ニュートンは、〝一般の人は物体の状態を表現するのにほかの言葉を思いつかない〟という。ニュートンは、このような一見もっともな言葉に疑いの余地のない数学的表現をあたえようとした。現代では、ノースロップは直感（経験）と知性（思考）を区別した。カントも直感でとらえられた現象を〝純粋理性〟の対象となる〝物自体〟と区別していた。

しかし、個人から発信される知的情報も多くの人びとの経験によって支持されるまでは妥当であるとはいえない。カントの〝超越的道徳律〟もそうである。彼は繰り返し〝経験一般が満たすべき客観的条件〟という言葉を使っているが、彼が絶対的と考えた時間や空間の観念も今日では相対的なものとみられている。

直感も知性も人間の脳から生まれる情報の形式である。

てんかんの前駆症状として、患者が、〝空中を遊泳する〟ような気分になることがある。ある患者は次のように話した。〝私は「これが真実だ。真実のすべて、世界のすべてだ」という確信で満たされた〟。しかし、なにについての確信か、という質問には答えられなかった。

この種の確信は別のあらわれ方もする。ドイツの実存主義哲学者ヤスパース(一八八三―一九六五)は、学者の中でマックス・ウェーバーをもっとも尊敬する理由を、〝真理探究のために生涯自己を引き裂いたから〟と書いている。ウェーバーは、錯乱した死の床で〝真理は真理だ〟という最後の言葉を残したといわれている。このような宗教的霊感に似た感覚は、大脳側頭葉の辺縁組織内の電気スパイクの発生にともなって起こることが脳電位計によって観察されている。このスパイクは酸化窒素を使用する麻酔や中毒の場合にもあらわれる。幻覚剤LSDにも同じはたらきがある。

ケストラーは著書『スリープウォーカー』の中で、天体の運行に関するケプラーの三法則がまちがった固定観念と〝啓示〟から生まれたいきさつをくわしく書いている。ケストラーによると、ケプラーは教室で学生のためにある図を描いているときに突然〝これだ〟という感覚におそわれ、天地創造を解く鍵を手にした実感に満たされたという。

てんかん前駆症状としてこのような実感におそわれる患者も、発作中の出来事をまったく記憶していない。辺縁系内の障害によって内部世界と外部世界を統合するはたらきが失われ、いわば記憶を託すべき自己が失われるからである。辺縁皮質は新皮質からよりも多くの神経線維を内部感覚系と外部感覚器官から受けており自己の存在感――自意識――を生み出している。

患者によっては、てんかんの発作の前駆症状として自己の存在感が過大に増幅される場合と、身体と心の分離感におそわれる場合がある。大脳辺縁系の自意識への関与を示すものと理解される。辺縁系のはたらきにはかならず感情の動きがともなう。新皮質は思考のはたらきから身体感覚や感情の動きを分離できるが、辺縁系の協力がなければ思考の結果に現実感や発見の喜びをあたえることはできない。辺縁系は、食物や配偶者を選択する際に示したと同じ判断を思考の帰結に対してもはたらかせるのである。

大脳新皮質の言語機能と論理的思考に過大な期待を寄せる今までの認識論が逢着した自己参照——二面の鏡に映った無限の自分——の袋小路は、理性と感情と本能の三面鏡——三位一体脳——によって脱出できるのではないだろうか。

ファウストが現代に生きていたならば、メフィストフェレスは二億五〇〇〇万年前のパンゲア大陸に栄えていた哺乳類型爬虫類を思い浮かべながら彼に次のように囁くかもしれない。〝もし私が二億五〇〇〇万年後に君に宇宙の秘密と人生の意味を教えてあげるなら、それまで今のままで待つかね？〟ファウストは〝勿論イエス〟と答えて待ち続けるが、メフィストのことは忘れかけてくる。二億五〇〇〇万年後にメフィストは確認する……〝まだ関心はあるかね？〟〝勿論〟とファウスト。そこでメフィストは宇宙の秘密と人生の意味について話す。〝しかし私には理解できない〟というファウストにメフィストは答える。〝二億五〇〇〇万年前に君はそのままで待つと約束したね？〟〝君の脳はそれ以後進化していないのだよ〟。

人間の理性も、もの言わぬ外部世界（宇宙）と内部世界（情動脳、反射脳）の暗黙のメッセージを聴きとるほどに進化しただろうか？

編訳者あとがき

ポール・マクリーンは、米国国立精神衛生研究所での二〇年を含む半世紀におよぶ研究生活を通して、二〇世紀後半の脳科学の進歩と増え続ける心身障害者を同時に見つめてきた神経生理学者、比較神経行動学者、臨床精神医学者である。

マクリーンは、一九八五年に研究所を定年退任後、一研究員として、一九四九年の第一論文以後一九八八年までに発表した自身の研究報告や論文類六五編を縦糸に、他の研究者による関連研究を横糸にした総合報告をまとめていたが、その結果は一九九〇年に"Triune Brain in Evolution——Role in Paleocerebral Functions"という書名でPlenum社から刊行された。この本は縦糸の流れを五部二八章に分節編成したもので、一部の序論と五部の結論は、新しい学問分野〃主観の脳神経科学〃と主体的認識論〃エピステミクス〃の提唱にあてられ、二部は線条複合体(爬虫類原脳あるいは反射脳)と種に固有の行動、三部は大脳辺縁系(前期哺乳類原脳あるいは情動脳)の情動機能、四部は前脳新皮質(前脳顆粒皮質あるいは理性脳)が知性の前駆活動に果たす役割、という構成になっている。六七二ページになる原著のうち五六ページはおよそ一七〇〇編にのぼる参考文献のリストである。この訳書は、原著の二、三、四部からエピステミクスに直接関連する一八のトピックスを選び、一、五部をほぼ全訳した二章を加えて二

○章に縮めたものである。そこに引用された約七〇〇編の参考文献のほとんどは各種学会に発表された専門論文であり、一般的ではないので省き、主要論文の発表年次のみ関連する文中にいれた。

原著の書名の直訳は、〝進化する三位一体脳――その古脳機能に果たす役割〟で、三つの脳――理性脳、情動脳、反射脳――の相互作用、とくに理性脳が情動脳と反射脳のはたらきにおよぼす影響、という意味になる。書名にある古脳機能とは、(1)泣き、(2)笑い、(3)アソビ、の三つを指す。いずれも情動脳と反射脳が関与する前言語的身体表現である。マクリーンは、発声と律動をともなうこれらの身体表現は、理性脳の要求がなければ言語機能に転換せず、逆にこれらの表現活動がなければ、理性脳には(1)他への共感や利他行為、(2)ウィットやユーモア、(3)創造的冒険、のような人間に特有の精神機能は生まれなかったろうと考える。

神経生理学者としてのマクリーンの最大の業績は、高等哺乳類や人間の情動活動を支配する大脳辺縁系の命名と、辺縁系の研究が諸科学の将来に果たす役割の指摘(エピステミクスの提唱)である。たとえば辺縁系に障害のある患者は発作時に恐怖感から恍惚感にいたるさまざまなレベルの情動を経験する。このとき、辺縁系にあらわれる電気生理学的放電は理性脳におよばないことから、人間の創造活動の達成にしばしばともなう衝動的情動の発信地は辺縁系にかぎられることがわかる。

マクリーンは、理性脳に過度の期待を寄せる現代の諸科学、とくに臨床精神医学が、白昼夢を精神異常とみて、患者の中にいたかも知れない幾人かの〝学者バカ〟の知的活動の記録を残さなかったことを嘆いている。マクリーンは、記録が残らなかった理由のひとつとして、現在の自然言語の語彙が人間の心の深淵を記録するには不十分であることをあげ、ここにも主観脳の学の役割があるとしている。マクリーンの研究生活の後半は、生物進化は未来の人間の脳から反射脳と情動脳を退化させるだろうという論敵とのたたかいでもあった。

最近、マクリーンから、大脳の意向の実現装置である小脳が言語と予測機能の獲得を加速した可能性を指摘した小論文が送られてきた。論文には次のような言葉が添えてあった。

Why can't we get some grip on the subjective experience of qualia for which there are no known quanta?

量子が支配する不連続的な客観世界と心が描く連続的な質の世界の相互理解がどうしたら可能だろうか、という設問と理解したい。

マクリーンは、現代人を北イタリア側からペニンアルプス（人間）を望む旅行者にたとえる。この旅行者には、モンテローザ（理性脳）に隠れてマッターホルン（情動脳）やモンブラン（反射脳）が見えない。

情動脳と反射脳は、言語機能をもたないことから沈黙脳とも呼ばれる。マクリーンは、おそらく一生に一度しか書かないこの本を次のような言葉で結んでいる。〝人間の理性は、もの言わぬ外部世界（宇宙）と内部世界（情動脳と反射脳）の暗黙のメッセージを聴きとれるほどに進化しただろうか〟。

一九世紀の進化論が沈黙の野性世界に光を当て、二〇世紀の文化人類学が未開社会に人類文化の普遍構造の手がかりを発見したように、民族主義の時代とも多様化の時代ともいわれる二一世紀は、沈黙脳に新しい使命をあたえるだろう。

現在、われわれの身辺や諸科学の前線で語られている話題の中に、二一世紀の予兆を感じる瞬間がある。その度にマクリーンを思い出す。編訳者が編訳の作業中に出会ったこれらの話題のいくつかに触れて書いたエッセイを出版元の了解を得て再掲し、第II部としてあとがきに加えたい。（法橋登）

第Ⅱ部

三つの脳と現代

法橋 登

1　品格と三つの脳

大相撲の歴史上初の外人横綱と期待された大関小錦の昇進が見送られたとき、日本相撲協会の出羽海理事長は、横綱推挙の条件のひとつに「品格」を挙げた。

品格という言葉を国語辞典で調べると気品とある。気品を調べると優美、上品とある。上品を調べると高尚、品位とある。つまり品格とは(1)優しさ、(2)美しさ、(3)尚さ、の格あるいは位である。そこで品格を和英辞書で調べると(1) dignity（尊厳）、(2) nobility（貴族性）、(3) morality（倫理性）の tone（格）あるいは rank（位）とある。

ギリシアのソフィストたちは、理性的アピール、感情的アピール、全人的アピールを人を納得させるレトリックの三要素とした。品格の三要素といってもよい。

ポール・マクリーンは、ソフィストがいう理性的アピールは人間の大脳新皮質（理性脳）に向けられた言語的アピールであり、感情的アピール、全人的アピールは、それぞれ大脳辺縁系（情動脳）、大脳基底核（反射脳）に向けられた非言語的アピールであると考えた。マクリーンは、増え続ける現代の心身障害の原因は理性脳に寄せる産業社会の過大な期待にあるとして情感や直感を育てる三位一体教育を提唱する。現代でも、個々の人間にとっての人生の最大関心事、たとえば配偶者や事業の協力者や研究テーマを最終的に選択、決断するのは、情動脳のフィーリングと反射脳のヒラメキである。反射脳のヒラメキが理性脳に伝えられ、意識され、過去の成功／失敗経験を呼び出し比較分析されるのはヒラメキの約八〇〇ミリ秒後である。理性脳は八〇〇ミリ秒間隔で反射脳から送られてくる静止画像をつないで分析しているのである。緊急場面では画像分析の後では遅すぎる。ギリシアのソフィストたちが重視する全人的アピールは、言語を超えた品格の静止画像のアピールといってよいだろう。

私が住んでいた日立市の神峯動物園の園長さんの話では、動物たちは動物園の職員の品格の番付表を勝手につくっているらしい。たとえば園長が動物の前で担当の飼育係に小言を言うと、動物は自分の飼育係がヒラであることに気づき、以後態度が大きくなり、客の前で芸の手抜きをしたりする。そのため園長は動物の前では飼育係を尊敬する姿勢を、飼育係は動物の前では園長より上位の品格を示さなければならない。また、「弘法も筆の誤り」と同義とされる「サルも木から落ちる」という格言があるが、実際にサルが木から落ちるのは、病気か死ぬときであるとのこと。サルは病気か死ぬときまで仲間に対して弱みをみせず、尊厳を気取っている、というのが本当のところらしい。

品格の第一要素(1) dignity――尊厳――を英英辞書で調べると、まず self-respect――自尊――と elevated manner――凛とした態度――が人にもたらす excellence――優越性――とある。また、admirable character ともあるが、admire は regard with pleased surprise ということだから dignity は好ましい驚きと尊厳の気持ちを仲間に与えなければならない。(2) nobility――貴族性――は生存競争から解放された一定のライフスタイルへのこだわりがもたらす希少性である。(3) morality――倫理性――は社会的に承認された行動規範への整合度である。品格の格(トーン)や品位の位(ランク)はいずれも不特定の仲間に与える非言語的メッセージであるから、品格を〝仲間集団への非言語的行動指標の発信者の目印〟と定義することもできる。動物行動学の用語でいえばtropism——集団の遺伝子プールに共有され、潜在している積極的反応——を引き出す正の刺激が品格である。刺激が与えられるまで眠っている生物種に固有の好みが品格であるといってもよい。植物の好日性やバクテリアの好気性なども生物のtropismのひとつである。集団に固有の好みといっても日常は眠っているため、この好みが眠っていない少数の個体は好ましい驚きと尊敬を仲間に与えていることになる。狩猟時のオオカミのリーダーや発情期に頭をあげノドブエを張ったトカゲなどは種に固有の品格をもつが、突出した品格は平和時には集団内の異端——stranger——として仲間はずれになることもある。

米国大使館の招きで来日した同国のO・ヘンリー賞受賞作家ラッセル・バンクスは、大阪のアメリカン・センターでの講演を次のように締めくくった。〝品格のある生き方を学ぶために人びとは繰り返し創世記を開く。エデンの東で尊厳をもって生きるために私は小説を書く。私にとって書くことと祈ることは同義である……〟。

日本の禅宗各派の禅僧とヨーロッパのカトリックの修道士がたがいに修道院と禅堂を訪問し、相互理解と宗教協力を進めようとする活動がある。日本側を代表する天龍寺の平田晴耕師によると、修行者しかいない修道院での修道士のプライバシーを守るカギ、カギ、カギの生活や、修道院の経済的自立のためには機械力の導入をためらわない彼らの労働観や、精神から分離された肉体の罪悪観に日本の禅僧たちは戸惑い、反対に経済効率の悪い禅僧の托鉢や論理的思考の中断である瞑想の意味は修道士たちには理解しにくいとのこと。それならば、このような交流によって禅とカトリックはたがいになにを与えることができるのか。とにかく彼らに日本の禅堂にきてもらって全部みてもらう。なんだ禅とはこんなものか、なんの役にも立たない、といって去っていかれるなら去っていかれたらよろしい、実際なんの役にも立たないかもしれない。それでお付き合いをお断りしますというなら、それはそれで仕方ない。日本の禅僧たちには禅堂にはない修道院でのミサの雰囲気、そして修道士の真摯な求道生活—high moral tone—に感銘を受けてもらえればよい。禅の懐の広い汎宗教的な性格はすでにユングなどのヨーロッパの心理学者や精神分析学者によって注目されていたが、果てしない言葉による教義論争の平行線に時を費やすより、いますぐ異なる宗教宗派が平和に共存できる場をみつけよう、それができなければこれからの世界に生きていけませんよ、ということを次の世代に伝えたい……と平田師はいう。

ヨーロッパの修道士たちをとらえている罪悪観や用不用論や経済効率や思考の論理性や意味のあるなしは言語を発明した理性脳だけの関心事である。そのような観念や意識や疑問はどこから生まれるのか。広島の少林窟道場では、自分自身の観念や意識や疑問の発現と増殖と解体の過程を、自身の身体を使って追跡し、制御し、記録する若者たちの〈人体実験〉が進められており、その記録は外国語に翻訳され外国の修道士や心身医療の専門家たちにも読まれる形になった。

マクリーンは、彼が大脳の〃地殻変動のマグマ〃に喩える辺縁系線条体が大脳皮質に向かって張り出して哺乳類の大脳左右両半球をつくるか、脳腔内側に基底核を隆起させ鳥類となるか、爬虫類は進化の分岐点に立ったことがあるという。鳥類は大脳新皮質によって品格というコンセプトを発明するかわりに空間認識能力の極大化と天測航法によって生活圏の地球規模化に成功したが、マクリーンは相撲の四股はコンドルの示威行為にみられる品格をそなえているという。四股が大脳前頭前野に投射され、形式化された辺縁系扁桃核の個体維持本能の身体表現であるとすれば、横綱の土俵入りは前頭前野によって品格への表敬行為に延長された辺縁系視床帯の求愛本能の表現であると理解してよいだろう。

人間の知性の先駆機能としての涙と笑いの遊びに注目するマクリーンは、人間の五官がとらえた外部世界（宇宙）と自己の内部感覚受容器官がとらえた内部世界（身体）が出会う大脳辺縁系の視床帯は品格のひとつの要素である他者に対する思いやり――sympathy――の発現場所でもあるという。そこは品格自身も涙（共感）と笑い（論理的不整合）と遊び（非予見性）に解体され、理性脳への新しい行動指標（新しい品格）が再構築される場でもある。

（青土社「イマーゴ」一九九三年五月号所載エッセイを改訂）

2 恋愛と三つの脳

2・1 ▼恋愛の三点セット

『古今和歌集』に、

右近の馬場のひおりの日、むかいにたてたりける車の下簾より、女の顔のほのかに見えければ、よむでつかわしける

在原業平朝臣

見ずもあらず見もせぬ人の恋しくは
あやなくけふやながめくらさん

返し

よみ人しらず

知る知らぬなにかあやなくわきていはん
思ひのみこそしるべなりけれ

というやりとりがある。ここでは思い（情動脳）だけが恋のしるべであるとして、自分の〃ほのか見〃（反射脳）を不作法とする業平の分別（理性脳）が批判されている。

ところで国語辞典で〃恋愛〃を調べると、〃相手をおもいこがれること〃とある。和英辞書で調べると愛、情熱、好感、執着に対応する訳語が出てくる。情熱、好感、執着はそれぞれ反射脳、情動脳、理性脳のはたらきである。次に愛を英英辞書で調べると(1)相手に対する温い思いやり、(2)異性間の性的欲求または衝動、(3)父性的神格に対する畏敬とある。(1)は情動脳の、(2)は反射脳の、(3)は理性脳のはたらきといってよいだろう。

『萬葉集』には神格的存在に寄せて思いをのべた歌が少なくない。たとえば、

柿本人麻呂

いそのかみ布留の神杉神さびし
恋をも吾は更にするかも

業平は恋愛を愛の定義(1)に、人麻呂は定義(3)に拡大して、狭義の恋愛(2)を活性化しようとしているようにみえる。(1)〜(3)を恋愛の三点セットと呼んでおく。たとえば『古今和歌集』のうた。

あべのきよゆき朝臣

つつめども袖にたまらぬ白玉は
人を見ぬ目のなみだなりけり

返し　　　　　　こまち

おろかなる涙ぞ袖に玉はなす
我はせきあへずたぎつ瀬なれば

ここでは、法事で導師の話を小町ときいた清之が玉(法話)を二人の間の鍵信号として小町に発信している。小町は玉にたとえられた清之の涙を法話ほど切実ではないと批判している。理性脳による言語ゲームである。恋愛の感情は言葉によって解放されないと心に痕跡を残す。

和泉式部

物思へば沢の蛍もわが身より
あくがれ出ずる魂かとぞ思ふ

これはわが身と魂が分裂する心理的二重視と呼ばれるひとつの超越現象で、辺縁系の心身調節機能の極度の不整や科学者の創造的発見の直前などにあらわれる空中浮遊感覚に近い。大脳辺縁系(情動脳)は、感情のほか消化器官を中心とする内臓のはたらきを統御しているので内臓脳とも呼ばれる。情動が行動や言葉で解放されず心身のストレスとして残るとき、消化器官に熱感があらわれることがある。式部は蛍火に焼かれる魂にたとえた。

2・2 ▼反射脳による求愛行動の定型化と擬行動

反射脳は爬虫類、鳥類、哺乳類の前脳の終脳から間脳への移行部分にまたがる灰白色の組織で、神経の結び目のようにみえる大脳基底核に属し、爬虫類原脳とも爬虫類(reptile)の頭文字をとってR-複合体とも呼ばれる。

反射脳は動物の定型的求愛・配偶行動を支配しているものとみられるが、アメリカの神経行動学者ロジャースが一九二二年に観察した家鳩の行動が鳩にとっても人間にとっても一向に古くみえないのは、すべての脊椎動物が共有する反射脳の保守的性格によるものと思われる。ロジャースの観察は、オスの側からの求愛手順として次のようなチェックポイントにまとめられる。(1)オス・メスにかかわらないなわばり侵入者の追跡、(2)つつき合い、(3)攻撃、発声、お辞儀、(4)羽づくろい、(5)くちばし催促(メスのくちばしのオスの口への差し入れと食物の吐きもどし)、(6)羽づくろいと吐きもどしの繰り返し、(7)メスのしゃがみこみとオスのマウンティング。メスの側からは(1)オスのかわし(擬拒否)、(2)オスのくびの羽づくろい、(3)自分の羽づくろい、(4)くちばし催促、(5)しゃがみこみ、(6)オスの受け容れ。メスの側からの最初の(1)オスのかわしは脊椎動物の六つの行動戦略——定型化、模倣、選好、反復、再演、擬動作——のひとつ、擬動作である。マクリーンは、人間は〝正直は最大の美徳〟という格言をつくりながら、擬動作の愉しみをチェスやサッカーなどの対人競技の中で合法化し、保存しているという。

2・3 ▼反射脳に萌した恋愛の母性愛的要素

爬虫類から哺乳類への進化の過程で、生まれた幼児への気くばりも進化してくる。アオトカゲやニジトカゲなどの子どもはオトナによる捕食を免れるため深い茂みや木の上に身を隠す。しかしトカゲのある仲間は規則的に卵を裏返して舌でなめ、位置を適所に移すことが観察されている。幼生の孵化を母親が卵の外から助ける例もある。トカゲの母親が迷子の子どもを探し出し、排泄口を舌で清潔にした様子も記録されている。アメリカ・クロコダイルのメスは九～一〇週間の抱卵期間の間、巣の近くにとどまり、ときどき排泄物で卵の乾燥を防ぐ。メスのクロコダイルはまた、子どもを水辺まで連れていき、アヒルのようにいっしょに泳ぎ、捕食者を追い払った。

卵生と抱卵と母性愛は三位セットになっている。抱卵性の爬虫類は分泌性であり、メスの卵に対する関心は嗅覚を通して引き出される。卵と子どもへの距離的接近が母性愛への準備になる。三畳紀に向かって気温が周期的に上下しながら寒冷化に向かうと、小型の哺乳類型爬虫類は卵を抱くことをおぼえたはずである。さらに卵を卵管内で保護しようとする努力から羊膜と胎盤が次第に形成されていったのだろう。人間の恋愛感情に含まれる母性愛的要素はこの頃脊椎動物の反射脳に萌したものと思われる。

2・4 ▼反射脳の異縁性(よそもの)認識から求愛へ

動物はなじみのないものに出会ったとき、まず試してみて反応をみる。たとえばコロニーの中で共同生活をするトカゲは侵入者や新参者をただちに見分け反応する。

なわばり内で従属的な地位にあるオスのトカゲがなわばりの支配者に協力して侵入者に対抗する様子が観察されている。ニジトカゲのある仲間はとくにメスのなわばり意識が強く、侵入者にはノド袋をふくらませる挑戦表示をする。侵入者が成長したオスだったある場合では、彼は彼女の挑戦表示に対してノド袋をふくらませる同じ挑戦表示で対抗した。すると彼女はノド袋を縮め、頭を上下して挑戦表示を求愛表示に切り換えた。それに応じて侵入者も求愛動作をはじめた。

子どものトカゲは、同じ生物種のオトナからは〝変りもの〟とみなされて捕食の対象になる。オトナに出会ったスナイグアナの子どもが四肢を立て、ノド袋を膨らませてオトナの前を横切る。このような擬動作が子どもをオトナの捕食から救っている。

鳥類でも哺乳類でもなんらかの形で異縁性をもつ個体は仲間からの絶え間ないイジメにさらされる。挑戦から求愛への反射的切り換えも動物の反射脳に埋め込まれた生存戦略のひとつと考えられる。

2・5 ▼社会行動としての求愛

オスのリスザルは攻撃にも同じ動作を示す。いずれの場合もオスはメスの頭側から近づき、声を出し、片手または両手をメスの背にのせ、後脚を開き、エレクトしたペニスをメスの頭か体側に突き出す。求愛を受けたメスは頭を下げ、静かに座って身をかわす。

同じ表現行為は集団内での序列構造の形成と維持・確認にも使われる。

あるコロニーのオスの支配者は他のオス全員に表示動作を示したが、同じ動作を返すオスはいなかった。表示動作の観察から、コロニー内のオスの階層構造を読みとることができる。

五〇頭ほどで群れている野性のリスザルは防衛すべき特定のなわばりをもたないようにみえる。しかし人工環境内に棲む実験動物はその環境を自分のなわばりと考えるらしい。成長した一頭のオスがひとつのコロニーに入れられたとき、一五秒たたないうちにコロニーのオスたちは彼を追いかけ、歯ぎしりした。新入者が静止して頭を下げないかぎりコロニーのオスもメスも彼をうしろから攻撃し、静止位置から排除しようとした。また別の一頭のオスがコロニーに入れられ、頭を下げて恭順の意を表したとき、一頭のメスが駈けよって引っぱり、彼のバランスをくずした。バランスを回復しようとする彼のわずかな動きは他のオスの攻撃を挑発した。彼女はオスの攻撃を誘導したのである。

2・6 ▼理性脳による恋愛の進化と断片化

新皮質と、新皮質との関連が強い視床構造の全体が理性脳である。この部分は辺縁系とは異なり、膨張と分化を重ねて人間の脳の大部分を占めるにいたっている。その視聴覚、触覚系との密接な関連から、この脳は一次的には外部世界に向けられた器官であることがわかる。新皮質は進化の過程で脳幹や小脳新皮質とともに、学習、細部の記憶、問題解決などの諸能力を獲得してきた。それは人間のさまざまな感情や主張を言語(記号)的に表現する神経機構である。言語によって描かれた未来のあるものは、情動を呼びおこして記憶され、日々の行動に参照される。マクリーンのいう〝未来の記憶〟である。理性脳は未来の疑似体験に基礎をおく配偶者の選択を通して生物進化の方向に影響をあたえる一方で、恋愛の三点セットの解体と記号化を進めるだろう。

(「イマーゴ」一九九三年一二月号所載エッセイを改訂)

3 三つの脳と三つのことば……シンボル、サイン、シグナル

ポール・マクリーンは理性脳、情動脳、反射脳の間にはその進化の歴史の間に数百万年の〝世代ギャップ〟があるという。このギャップはまた、それぞれの脳の中で話される三つの〝方言〟――シンボル（記号）、サイン（兆候）、シグナル（信号）――の間の言語障壁でもある。

一九七九年といえばトリエステの国際理論物理学センターでアインシュタイン生誕百年の記念行事が開かれた年である。この年の三月二八日未明に米国ペンシルヴァニア州のスリーマイル島原子力発電所で起こった原子炉事故は、原子力発電の歴史の上でもそれまでに経験したことのない大規模のもので、原子力の開発利用を進めている世界各国に大きな衝撃を与えた。しかしこの事故は人間と機械の間ばかりでなく、人間同士――科学者、技術者、運転者――の間の「言語障壁」の存在に多くの人々が気づく契機となった。スリーマイル島は現代のバベルの塔だった。

たとえば事故の主要因のひとつとみとめられるのは運転員による水位計の誤認であるが、一般に外界の物理的変化は人間の脳に次の三種の〝言語〟でメッセージを伝える。

(1) シグナル：反射的反応指令。時間的・空間的に変化する物理信号で、人間の感覚・運動系――反射脳――

に直接はたらきかけ、人間の無意識・反射的・非言語的反応をひき出す。たとえば王手飛車をかけられた将棋の初心者から飛車の方を逃がす反射反応をひき出す。反復訓練によって形成・強化された感覚系と運動系との望ましい対応関係を技能と呼ぶ。

(2)サイン：シグナルの予兆。人間の情動脳にはたらきかけてシグナルの到来を予告する。行動の事前制御——フィィード・フォワード制御——のための入力信号。シグナル(反射的反応指令)とサイン(予兆)の対応を物理法則と呼ぶ。言語化されたサインとシグナルの対応は計測器として物質的表現があたえられるか、運転規則として運転員の理性脳に示される。

(3)シンボル：外界を離散的な要素に分節、構造化したとき、その要素と要素間の関係に対応させた記号。その対応は恣意的。対応関係を知識と呼ぶ。人間(機械)の行動目標(設計目的)と行動計画(運転計画)を記号化して両者の間に論理関係をあたえることができる。この関係を理論と呼ぶ。思考実験による未来探索と理論の改良が可能。行動計画や理論の事後修正——フィード・バック制御——のための理性脳へのメッセージ。

シグナル→サイン→シンボルの方向に人間の外界への対応能力が多様化していくが、外界への応答速度はこの順におそくなる。プラトンの「思考元型」はシンボルの世界に入る。徒弟修業を重視したソクラテスは師匠からの非言語的メッセージ——サインとシグナル——を重視した。人工知能が処理を苦手とするメッセージである。人工知能の楽観派／悲観派論争をプラトン／ソクラテス論争と呼ぶことがある。プラトン(理性脳)のソクラテス(反射脳)化が現代の眼でみた禅の修業目標である。世界観(シンボルの世界)の本能(シグナルの世界)化といってもよい。本能化された世界観が直感である。

(哲学書房『科学の極相』一九九〇年 初出)

4 宿命、自由意志、確信、五蘊説

宿命という言葉が人間の語彙の中にあらわれるのは、多分前世やカミやタブーが〝発明〟されたあとからだろう。父を殺し母と結婚する宿命を負ったソフォクレスのオイディプス神話が書かれるのは紀元前五世紀である。五世紀後期になると、宿命のルーツをアトムの世界に求めるデモクリトスの「原子論」があらわれ、宿命論／目的論が決定論／因果観にかかわってくる。紀元前二世紀頃書かれた旧約聖書には自由意志という考えがあらわれる。人間は自由意志によって善と悪を選ぶという考えである。五世紀には聖アウグスチヌスがその自由意志も神からあたえられたと考えるようになる。スピノザは人間の考える自由意志は幻想だという。

二〇世紀に入ると——一九三〇年代から一九六〇年代にかけて——脳と手の関係が大脳神経生理学者たちの視野に入ってくる。実験から、手の運動開始の八〇〇ミリ秒前に大脳の左右運動野が接近して脳梁にひきこまれた形の補助運動野から視床下部、基底核にまたがる広域の神経細胞群に電気的興奮——準備ポテンシャル——があらわれることが確認された。また別の実験から、運動野の指令が手の筋肉に伝わるまでの時間は五〇ミリ秒であることがわかっている。では準備ポテンシャルがあらわれる運動開始八〇〇ミリ秒前から運動指令が発せられるまでの七五〇ミリ秒の間、脳は何をしているのだろう。実はこの間、脳は〝考えている〃のである。ただしこの〃考え〃は無意識的であり、われわれの〃心〃が知らないうちに脳の記憶ストアからさまざまな過去の成功／失敗経験を思い出しているのである。心が迷っている状態といってもよい。

この状態が七五〇ミリ秒続くと最終的行動計画が突然選択され、手の筋肉に運動指令が送られる。同時に大脳左半球の言語野に結びついているとみられる意識による行動の追跡が始まる。意識イコール選択プラス追跡である。結局、大脳左右両半球の接点、運動野と言語野の接点――いわば脳内文明の十字路――を自由意志の座と呼んでよいだろう。心の座といってもよい。マクリーンは、自由意志の座を確信中枢と呼ぶ。ためらいが確信にかわる場所だからである。マクリーンは、そこは美の検索中枢であるともいう。将棋の米長前名人のいうユビ運をゆだねる妙着の検索中枢もここだろう。自由とは実は確信の選択、確信は実はためらいからの自由である。

なお、八〇〇ミリ秒という時間単位は意識のサイクルの周期とも考えられる。たとえば電車の窓から外の風景を眺めている人は八〇〇ミリ秒ごとに移りかわる風景から静止画像を切り出す。切り出された静止画像は次々に自由選択の座としての心の座に送られ、ある画像は行動指令に変換され、またある画像は変換されずに一時的な残像を残して忘れられる。

一般に外界(色)からの視覚情報は人間の感覚系に受容(受)されたのち心の座に送られ、無意識の少考(想)ののち行動指令(行)に変換され、意識による追跡と行動の事後評価(識)の対象になる。行動指令に変換されない画像は意味をもたず、ヒトの網膜を一時的によぎった世界の影であり、ヒトの脳にその痕跡を残さない。意味イコール行動指令である——これが『般若心経』に「色受想行識」とある世界認識の五段階説（五蘊説）の私の解釈である。

（『科学の極相』初出）

5 ハミルトンの包括適応度とマクリーンのエピステミクス

一九九三年の一一月に、英オックスフォード大学のハミルトン教授がある国際賞の授賞式に出席のため来日した。生物の個体がある環境下で自分の遺伝子をもつ子孫をどれだけ残せるか、という尺度「適応度」を、同じ遺伝子を共有する血縁を含めて考える「包括適応度」という尺度に拡張した(一九六四)のが主な受賞理由である。働きバチが自らは卵を産まずに女王の卵を育てるといった血縁者に対する利他行動や攻撃行動の抑制や子どもの保護行為は、包括適応度の差を介して進化したものと考えられる。

社会性昆虫の多くは、同じ役割をもつ階級だけでは個体や種族の維持ができない。一九五一年に今西錦司は、異なる階級が共存する生物社会が全体として他の動物の個体と同位になるとして、その全体を超個体またはは超個体的個体と呼んだ。

ハミルトンの功績は、種としての動物行動の進化の原因を個体の行動戦略に帰着させたところにあるとされる。

ハミルトンの来日を受ける形で、『世界』に連載中の日高敏隆のエッセイ「動物は何をめざすか」の一二月分は〝「道徳」の由来〟というタイトルでハミルトンの考えの解説にあてられた。そこには、私のような生物学

の非専門家がドッキリするような解説が矢継ぎ早やに出てくる。たとえば、

動物で殺し合いが回避されている理由は……(中略)……殺し合いをしたら種が滅びるからではない。道徳的なしくみがあるからでもない。自分が殺されるかもしれない危険な賭けにでることは自分が損をするからやらないだけなのだ。

つまりきわめて逆説的にきこえるかもしれないが、自分が損をしないようにという、きわめて利己的な動機によって殺し合いが避けられているのである。ローレンツが感動した道徳の根源は、徹底した利己の追求にあった!

当然ながら、相手がまだ弱い子どもだったら、自分が殺される危険はない。だから子殺しはひんぱんにおこるのである。

しかし、次のようなことは非生物学者でもわかる。まず道徳の起源はタブーや火の管理と同様に言語の起源と同時かそれ以後である。呼び名のないものを禁じることも伝達することもできないからである。また、動物で殺し合いが回避されている理由は、〝自分が損をしないようにという、きわめて利己的な動機〟からではなく、動物には殺し合いというコンセプトがないからではないか。自他の区別も私という言葉を覚えるまでは人間の脳に定着しない。損や賭けといった高等感覚は、資本主義社会の産物であり(儒教社会の人は知らない)、動物の遺伝子はあずかり知らない。

動物は個々の行動の損得や血縁集団の運命を直感するだろうか。ポール・マクリーンは、彼のアニマル・センターでの爬虫類の観察から二五の基本的行動型をリストしている。なわばり、狩猟巡回、挑戦、服従、求愛、身づくろい、社会行動（あいさつ、模倣、いじめ、序列化、共働）などがあげられているが、殺し合いは含まれていない。「殺し」は、飢餓や個体数の過密などのパニック時に、いじめの延長線上に結果としてあらわれるだけである。

マクリーンは、彼がリストした少なくとも二五の行動型は爬虫類という類に共通の遺伝子に支配されているという。飢餓や過密のような遺伝子情報には含まれない異常事態には、大脳辺縁系の恐怖感と基底核の捕食衝動が短絡して異常行動が結果としてあらわれるのである。大脳新皮質の発展が不十分である爬虫類は損得の計算も殺しの抑制もできない。殺し合わないのは、殺すという行動や死のコンセプトを遺伝子が知らないからである。

爬虫類から哺乳類に進化する過程で動物は子育てやアソビやフザケやクスグリのような行動型を獲得する。血縁間の攻撃を抑止するスキンシップと愛情の芽生えである。

利己、利他は自力、他力と同じレベルのかなり高度なコンセプトである。多分、社会生活を発明した新石器時代人、あるいは大脳新皮質のハードウエアがほぼ完成した年頃の現代人の子どもの脳にあらわれるコンセプトだろう。いずれにしても人間の脳が遺伝子の支配から離れたあとの大脳皮質のソフトウエアの産物である。一卵性双生児のそれぞれが禅宗の自力門に入っても浄土宗の他力門に入っても一向に差しつかえないわけである。

包括適応度という尺度は、世代間の重なりのない動物集団の行動を理解する上での発見法的、定量的指針とされる。この指針を血縁や子孫や自利や利他の感覚をもたない動物たちが聞いたら面喰うだろう。ポール・マクリーンは、動物の身になって動物行動を理解しようとするような研究態度を〃エピステミクス〃と呼び、世界を擬人化し言語モデル化して納得するエピステモロジー、つまり従来の認識論と区別した。

ハミルトンは血縁関係のある生物集団に対する包括適応度という考え方を拡張し、非血縁者間の協力関係の進化をゲームの理論と計算機によって模擬しようとしているという。そして、その結果は人間の直感がおよばない意外な知見をわれわれにもたらすかもしれないという。しかし、生物学が現実の生物から離れて人工生命に向かい、計算機科学と情報産業に吸収されていくのはエピステモロジーの誘惑であり宿命である。

マクリーンは、人間が爬虫類や哺乳動物から継承した宿命的遺伝子は、次の五つの人間行動を支配しているという。

(1) なわばり（生命圏の確保）
(2) よそものいじめ（異縁者の排除）
(3) 許容個体密度維持（私的空間の確保）
(4) 思いこみ（定型的行動パターンの固執）
(5) 衝動的行動（ストレス蓄積による情動不安）

旧ユーゴ、中央アジア、中東、中央アフリカなどの現状を思い合わせてきわめて示唆深い。これらの地域を含む世界の包括和平度を定義できないものか。

（「イマーゴ」一九九四年二月号コラムを改訂）

6 自由意志の進化論と心の物理学

6・1 ▼はじめに

さきの「日本物理学会誌」七月号の談話室欄に、鎮目恭介氏のエッセイ「意志の自由とは何か」が載った。私はちょうど同じテーマが扱われているポール・マクリーンの本『進化する三位一体脳』(本書の原著作)を翻訳し終わったところだった。鎮目氏の論点に沿ってマクリーンの最近の考え方を紹介しながら、ペンローズの「心の物理学」との関連も考えてみる。

6・2 ▼自由意志の進化

鎮目氏のエッセイでは、次のことが指摘されている。

(1) 意志と自由意志は基本的には同じ。

(2) 個人が個々の行動を自分の意志によるものと感じる内容は、その行動の事前にではなく、事後に人間だけの脳によって構成された観念と見るのが適切。

(3) 私の存在という観念は、私の意志という観念と不可分である。

(4)　自我と自由意志と行動は相互に関連している。
マクリーンは鎮目氏の論点(4)の代わりに、系統発生の異なる人間の三つの脳構成——反射脳、情動脳、理性脳——が支配する次の三つの相互作用を考える。
行動1：人間を含むすべての陸棲脊椎動物の脳が共有する大脳基底核——反射脳——に支配される行動。個体維持と種族保存衝動に結びついた反射的、本能的行動やなわばり巡回や身づくろいなどの自己表示行動を中心とする動物種に固有の定型的行動。
行動2：人間を含むすべての哺乳動物の脳が共有する大脳辺縁系——情動脳——に支配される行動。外界からの刺激を本能的行動や種に固有の定型的行動にとっての有利、不利によって、快、不快に分類する表示行動。また、子どもや家族に対する関心や同じ生物種で構成される社会グループでの個体間交信を通して生まれるグループへの帰属感や、異端者や他の動物種への異和感や好奇心など、ぼんやりした自他意識をともなう情動行動。快、不快に対して中立な外界からの刺激には反応しない。遺伝子型の少し異なるリスザルの一グループは、鏡に映った自分の姿に異常に反応することから、自他意識や類縁認識(異縁性排除)への遺伝子の関与も考えられる。
行動3：両生類の脳に萌芽をもつが、人間の脳で著しく発達した大脳新皮質——理性脳——の働きによる、言語的、論理的、意識的、予測的、計画的思考と行動。自意識と未来の意識的選択行動は、社会生活を発明した新石器時代人頃から、現代人では子どもが言葉を覚える頃から芽生えてくる。
マクリーンは、反射的、定型的行動1が、ぼんやりした自他意識をともなう行動2に、情動行動2が未来を自由意志によって選択できる行動3に進化していくと考える。マクリーンはまた、言語機能をもたない反射脳と情動脳も理性脳との相互作用により、それぞれの自由意志あるいは意向をもつことができると考える。たとえば、反射脳に支配される定型行動は、成功した新しい生命維持(危機克服)体験を反復、定型化して仲間や子どもに伝えようという理性脳の意向に沿ったものである。また、自分の世界観を学説として定型化(定式化)したり、集団的成功体験を儀式化して(記念日のような形で)反復再演したいという理性脳の意向には、定型化された行動を本能に加えたいという反射脳の意向が投影されているという。反射脳と情動脳には定型的な刺激の反復や持続に退屈するはたらきもある。爬虫類の衝動的な集団移住や哺乳類の擬似狩猟行動や、母子間や子ども同士のアソビやフザケがその例である。反射脳と情動脳をもたない計算機は退屈しない。退屈は好奇心と創造衝動と表裏の関係にある。行動の定型化により日々の安心立命を求めたい気持ちは反射脳の弱い自由意志であり、定型的世界観に退屈してそれを脱却しようとする意向は、冒険をともなう情動脳の強い意志であるといえる。理性脳は非定型的世界観を情動脳に示して快、不快の反応を打診することができる。また反射脳には、すでに内面化された世界観との整合性を問うことができる。

マクリーンは、学者の学会活動を爬虫類のなわばり巡回行動に、論文活動をなわばり標識行為に対比させている。また、情動脳の支配下にある(1)泣き、(2)笑い、(3)アソビ、という発声をともなう三つの前言語行動は、早晩理性脳によって(1)他への共感、(2)ウィット、(3)創造的冒険、に転化する知性の前駆活動だとしている。「知性の前駆活動」はマクリーンの本の副題になっている。このような前駆活動から切り離された理性脳の論理機能を増幅しようとするのが、計算機である。一九八九年に刊行されたペンローズの本"The Emperor' s New Mind』（Oxford University Press）の書名は、寓話「王様の新しい衣」をもじったもので、新しい心とは計算機のことである。「理性脳の新しい心」と読みかえてもよい。

6・3 ▼自意識の臨床医学

鎮目氏の論点(3)では、私の存在という観念と私の意志という観念の不可分性が指摘されている。マクリーンによると、〝私〟とは外部世界（環境）と内部世界（身体）という二つの世界の間に住む存在である。二つの世界の間の不調和は〝私〟の存在感を高め、調和回復のための意志と行動を生む。三つの脳のうち、理性脳の主な関心は永続的な外部世界の探索に、情動脳と反射脳の関心は変動する当面の外部世界と内部世界の調節に向けられている。爬虫類は調和回復――危機克服――の成功体験を定型化して反復再演し、仲間や子どもに伝えようとするが、定型行動の阻害は動物をパニックに陥れるとともに新しい行動型の探索に導く。人間の大脳辺縁系――情動脳――には、目や耳などの外部感覚刺激受容器官を通して新皮質――理性脳――に伝えられる外部世界の情報と内部感覚刺激受容系――迷走神経――を通して伝えられる内部世界の情報――内臓の異和感など――が出会う場所がある。外部感覚刺激受容系は条件反射系であり、新皮質はこの刺激受容系を通して外部世界を学習し、記憶し、内面化していく。つまり内部世界に繰り入れていく。内面化された世界観と現実の世界の間の不調和は、しばしば新しい世界観構築の引き金になるが、病的な不調和は精神障害の原因になる。精神障害者は、行動の実行者が自分である感覚が失われたり、逆に、自分の内部世界の存在感が過剰になる。患者によっては心と体の分離感や心理的二重視におそわれる。後者は、自分が二人にみえ、本当の自分がどちらかわからなくなる精神障害である。辺縁系の障害者は、発作時に異常な不安感と、理由のない浮遊感、恍惚感、高揚感、超越感、臨在感、既視感のような、創造活動が達成される瞬間、あるいは宗教的啓示の突然の到来を思わせるような、強い衝動的情動におそわれることがある。このような衝動的情動にともなう神経放電が辺縁系から新皮質におよばないことから、このような情動、つまり自意識と確信の発生場所を辺縁系のある領域（海馬領域）にかぎることができる。マクリーンはこの領域を「確信中枢」と呼んでいる。このような感覚に言葉をあたえ、自分の内部世界と外部世界——社会——の中に定着させようとするのが新皮質の意向である。神経生理学者ガザニガを援用する鎮目氏の論点(2)によれば、意識は人間の脳によってあとから構成された観念である。三つの脳に関連させていえば、言語による観念構成と定着の座である理性脳によって自我、自意識、自由意志という表現をあたえられた情動脳の神経現象が自我、自意識、自由意志であるといってもよい。自我という言葉がなかった時代の日本人は自我をもっていなかったといえる。肩こりという言葉を知らない外国人も、日本にきて言葉をおぼえると肩がこりはじめるといわれる。ペンローズは、意識によって高められた（情動）脳の活動電位が、言葉や行動によって意識が開放されるとともに消失するという実験に注目している。このとき、開放衝動を高めた反射脳の活動電位も平常値にもどるはずである。

6・4 ▼心の物理学

三つの脳の意向を行動に変換する装置が小脳である。マクリーンは、それぞれの脳の進化に果たした小脳の役割を重視している。たとえば、視野に入ったある対象物を指差したり、二つの対象物を照応させたり、粘土板に家畜数を刻印するといった行動が、新皮質による自然言語(あれ、これ、同じ、違う、ある、ない、など)や人工言語(数字、記号)の獲得に圧力をかけたものと考えられる。また、脳の意向を実現するための筋肉運動の発動手順が、継時感覚とアルゴリズム――作業手順――の感覚を生んだものとも考えられる。マクリーンは、新皮質による予測機能の延長線上に〝未来の記憶〟があるという。そこには、未来の希望や理想が入ってくる。この希望や理想は下位の辺縁系と基底核群による情動行動や無意識の反射的行動にも反映してくる。試合中のサッカー選手の行動は、〝未来の記憶〟としてストックされた理想的なゲームの青写真に対する反射反応だとマクリーンはいう。理性脳で計算された筋肉反応には八〇〇ミリ秒ほどの遅れがある。ペンローズは、この八〇〇ミリ秒を意志と行動の間の要素的時間遅れであるとしている。意識の開放時間でもあるが、サッカーの実戦では間に合わない。試合中の選手の反射反応には理性脳の計算も情動脳にまたがる自意識も介在しない。

ペンローズは、彼の本の最終章「心の物理はどこにあるか?」で、彼が宇宙の特異点の不可避性の証明に成功する前、ある種の高揚感に続いて、そこに一度入ると光が逃げ出せない〝光の罠〟のイメージが頭に浮かんだ、と書いている。また、モーツァルトやバッハの回想録から、時間的に展開する音楽も、楽想は時間の一点で視覚的に捉えられるものだとしている。ペンローズは、着想や意識にはアルゴリズムがないという。マクリーンならば、さまざまな楽想や着想は〝未来の記憶〟としてすでに大脳新皮質と辺縁系に蓄えられており、それが高揚感が高まると新皮質の意識にのぼり、記号の時系列に変換されると考えるだろう。そのとき、生命と運動のリズムが支配する大脳基底核群と小脳の支援が求められる。ペンローズは、心の物理学が物理的時間に支配されない意識や着想を物理的時間の支配下におくパラドックスに出会うことに気づいて最終章のタイトルを疑問形にしたらしい。

ペンローズは、形式言語(一次元記号列)で記述できない複雑系やアルゴリズムに変換できない(計算できない)物理法則の存在を認めた上で、過去の歴史を共有した二粒子がその後も一体として振る舞う量子力学の遠距離同時相関効果(アインシュタイン-ローゼン-ポドルスキーのパラドックス)が脳の神経細胞の樹状分岐間に働いている可能性を指摘している。マクリーンならば、反射脳の空間認識能力を極大化して地球上に生活圏を拡大した鳥類を爬虫類から分岐させ、理性脳の記号処理能力を極大化してパラドックスに逢着した人類を哺乳類から進化させ、三つの脳——爬虫類脳、哺乳類脳、理性脳——を人間の脳に共生させる生物進化の歴史自体がパラドックスだというだろう。

(「日本物理学会誌」一九九四年一〇月号予稿)

7 三つの脳と現代

7・1 ▼情報科学時代の新しい天才たち

昔から人間計算機と呼ばれる暗算やゲームの天才が各地で発掘されて話題になる。最近では計算機時代に育った天才少年たちがプリンストン高等研究所にもあらわれてダイソンを嘆かせている。アインシュタインとともにプリンストンの終身研究員になったゲーデルに対する研究所の処遇を嘆いたダイソンは、ゲーデルの学統の新しい継承者となった孫のような若者の出現に戸惑っているようにみえる。

昔いた計算やゲームの天才たちの特徴は、天才があらわれる分野以外では普通人か子どもに近いこと、その天才にあまり文化的価値がないこと、普通人のマネージャーを必要とすること、ある年齢で才能が頭打ちになり普通の変人になること、などである。しかし現在ではそのような天才たちに文化的活動の場が与えられるようになった。人工知能と競合する計算機科学の新しい応用分野である人工生命と複雑系の研究である。いずれも計算機で処理可能な人工言語を使う研究である。情報科学時代を支える計算機産業がマネージャーにかわったのである。大人になっても恐るべき子どもと呼ばれた素粒子のクォークモデルの元祖ゲルマンも、最近の研究テーマは「複雑系の適応」である。しかし計算機によるミサイルの誘導や擬似体験空間の構想に示される恐るべき天才も、計算機で一筆描きのできない蝶のはねや熱帯魚の横腹にあらわれる蛇の目や水玉紋様の形成の謎には関心を示さず、年頃になると、究極の複雑系は現実の女性であることに気づくといわれる。

人工知能のためのプログラミング言語LISPの開発者、スタンフォード大学のジョン・マッカーシーがある国際賞を受けるため来日した。そのとき人間より優れた計算機を開発するための三つの方向について講演した。まず人間の脳の仕組みを真似る。次に人間の心理や行動を解析する。最後に人間の常識を機械に理解させる。つまり人間より優れた才能は普通人のなかに隠れている、ということである。普通人をわずらわすまでもなく自分の中を探せ、といえば禅である。

日本の将棋界でもパソコンで育ったチャイルド・ブランドと呼ばれる十代の棋士たちの台頭が目覚しい。彼らの将棋は、一〇〇メートル離れて向かい合った二人がヨーイ・ドンで相手を見ずに相手のゴールに駆け抜ける短距離競走のようだ、というのが大山康晴一五世永世名人の、嘆きである。昔は細い攻め筋を長くつないでいくのが、名棋士のスタイルだった。

情報科学時代は人生の前半に大脳新皮質の短い最盛期を駆け抜ける感じの新しい天才の多産に期待しながら新しいタイプの心身障害も生み出している。年齢とともに才能が熟成されていくような、秋とともに心境が深まり冬とともに自然に枯れていくような、理性と感性と直感が三位一体となって調和した、そんな人生がおくれないものか。禅僧は七〇歳で一人前といわれる。良い師と良い機縁に恵まれればもっとはやくなるだろう。良い師と良い機縁と時間に必ずしも恵まれない人のために、工夫されたのが道元の「息念の法」――呼吸法――である。

7・2 ▼人工世界と現実世界

計算機の使命は人間の大脳新皮質、とくに右のきき腕を統御している左半球に局在(人によって、また障害によって左右が入れ替わる)しているとみられる記号列(人工言語)の逐次処理能力の拡大である。しかし近年の計算機の急速な進歩にともなって、大脳右半球が受け持つとみられる同時的・全体的・直感的パターン認識の能力をそなえた計算機、たとえばバイオコンピュータ、への期待も高まってきた。自然言語は社会生活を発明した新石器時代人によってすでに話されていたはずであるが、古代バビロニア人が粘土板に残した家畜の数の刻印が人工言語の最古の記録とされる。古代人の意識の記録である。

人工言語で組み立てられた人工世界の研究になぜ文化的価値があるのか。先年イタリアのトリエステにある国際理論物理学センターで開かれたアインシュタイン生誕百年記念行事の総合報告者になったヤン(楊振寧)は人工言語の世界(数学)と現実世界(物理学)の関係を芽生えたばかりの植物の双葉に例えた。二枚の双葉は互いにソッポを向きながら、勝手に天に向かって伸びていく。それでも根本のところでは重なる部分がある。重なる部分を広くしていくには双葉を近づけるように誘引するより伸びるにまかせておく方がよい。しかし重なる部分の拡大速度は計算機に支援された人工世界の拡大速度に追いつけず、その急拡大する片方の葉に第三世界の物質資源と人的資源が吸い寄せられ、科学技術の南北格差を加速しているというのがパキスタン出身のサラム所長の嘆きである。

7・3 ▼宇宙と神

かつてニュートンが占めていたケンブリッジ大学のルカス・チェアの席を得たホーキングが自己創生型の宇宙モデルを提案した、というニュースが多くの科学愛好者にショックをあたえた。宇宙を無から創造するのは神様の仕事のはずだからである。ホーキング関連の書物や翻訳書の売れ行きは一〇〇万部を超えたといわれる。しかし同じケンブリッジ大学のキャベンディッシュ研究所出身のサラムにとっては、彼が理事をしている東京の国連大学が資金不足のため経営が苦しいことの方が重大である。国連大学は日本に本部がある唯一の国連機関である。日本が文化立国のマニフェストとして東京に誘致したものである。同じ東京にはゴシック風と評される新都庁舎が建った。古代ゴート族の森の信仰を尖塔(モミの木)とステンドグラス(こもれ陽)で表現した擬似空間がゴシック建築である。

モミの木とこもれ陽は古代ゴート族の宇宙である。宇宙が新鮮でなくなった現代人は、神のかわりに宇宙儀を手にとっている宇宙物理学者を思い浮かべる。ブラック・ホールの名づけ親のホイーラーに続き第四回マルセル・グロスマン(アインシュタインの協力者)賞の受賞のため来日したホーキングと授賞式場の京都国際会館の食堂でいっしょになったことがある。介助者を通してシーフード・カレーを注文していた。物理屋を含む多くの日本人が直接、または書物を通して、まだアインシュタインの掌の中にいるホーキングがわかり、カレーライスをたべるホーキングが新鮮に見える近頃では、〃宇宙を物理学の独占物にするのは勿体ない〃、〃コスモロジーの本流である人文科学のふところに抱きとりたい〃、〃それにしても宇宙物理学は生命の保育器(貝殻)の物質的由来を教えてくれるが、保育器と同じ素材から生命(真珠)が生まれる謎の解明にはあまり参考にならない（神は真珠の方に宿るはずだ）〃、〃人工生命学会でゲルマンの話でもきいてみようか〃、などという呟きがきかれるようになった。

7・4 ▼無からの創生ということ

ホーキングの宇宙理論はアインシュタインの重力方程式 $R=\kappa T$ の古典解を複素化と解析接続、経路積分などの数学的手続によって最大限に活用したものである。ホイーラーは重力方程式の左辺（時空曲率）をソーセージの皮に、右辺（物質−エネルギー分布）を挽肉にたとえた。このたとえでいえばソーセージの綴れたところが時空の特異点、つまり宇宙のはじまりと終わりである。はじまりも終わりもない宇宙をつくるには綴れと綴れをつないでドーナツをつくればよい。

一時物理学の最終理論として期待されたひも理論では一〇次元、二六次元の空間があらわれる。時間だけは一次元のままなのがおかしい、とある生物学者はいう。一次元実時間上の特異点という落とし穴を迂回するための足場を拡げたのがホーキングの二次元帯状の複素時間である。幅 $2\pi i$（i は虚数単位）の帯の両縁を貼り合わせた円筒上を半周すると、ブラック・ホールの中心にある未来の綴れとホワイト・ホールの過去の綴れが虚数時間でつながり（解析的接続）、円筒上の物質波の位相の進み（位相因子）は虚数化されて温度差の形（ボルツマン因子）に変換される。ブラック・ホールに落ち込む反粒子はそこでホワイト・ホールから飛び出す粒子に変換され、反粒子の相棒として観測される。これがブラック・ホールの蒸発と呼ばれる現象でホーキングの最大の理論的発見である。

「無からの創生」は旧約聖書にも新約聖書にもある表現であるが、神学者で禅者の川村永子さんは、歴史上の過去の一点での天地創造という意味（創世記）よりも、歴史の各瞬間での不断の創造、啓示というもうひとつの意味（ローマ書、ヘブル書）の方が人間の学としての禅との接点をみつける上で重要だという。マクリーンならば、客観科学である宇宙物理学も、その理論的帰結が個々の研究者の主観（情動脳と反射脳）にあたえる心理的イメージとインパクトの差が、対立する宇宙創造モデルを生み続け、宇宙論の将来を活性化する、というだろう。

7・5 ▼分子生物学の夢

私はある思い出の場所が埋め立てになる直前に救出したメダカの遺伝子の保存計画と称してメダカを飼っている。好物のボーフラを別に養殖してあたえ、活き造りと勝手に呼んでいる。血（私の）を吸った蚊はトロとよぶ。

蚊は夕方大体決まった時間に出動する。蚊学者によると針の先ほどの蚊の脳に生物時計が埋め込まれているとのこと。そういえば蚊の出動時間には夕型と朝型がある。蚊の口吻を顕微鏡で覗くとマイクロモーターやミニノコが見えるという。それにしても蚊はどうして人間のオイシイところを知っているのだろう。

蚊の口吻とマイクロモーター駆動ノコはどこが違うか。一九八四年に開かれた量子力学の解釈をテーマにした物理学者の研究会のゲストスピーカに招かれたカール・ポパーは突然、「食」の起源を生命の起源にしようと場違いな提案をして皆を驚かせた。昼食前だったからかも知れない。「食」の前にはもちろん食べるものと食べられるものを区別する境界——細胞膜——ができていなければならない。それ自体ではまだ生命も脳ももたない細胞膜は食物と非食物を識別し、流体環境の中に食物がある濃度以上に混ざっているかどうかを知っている。食物がある濃度以下ならば細胞膜は見向きもしない。胃がないのに空腹を我慢する。膜の孔よりはるかに大きな食物に対しては細胞膜全体が襲いかかって包みこむ。一九九一年度のノーベル医学生理学者は、蛋白質分子の一または数個から構成されている孔の一つ一つを微小ガラス管で吸い上げてイオン流を観察し、細胞膜を通しての情報伝達機構の研究に道を開いたマックス・プランク研究所の二人の研究者に贈られた。

分子生物学のこれからの大きな方向は物質→RNA↕DNA→生命（起源、進化）→精神（意識、感動、自由意志）の研究であるといわれる。「DNA→生命の起源」のところを「DNA→食の起源」として細胞膜の能動的捕食運動をうまく説明できるかどうか。DNAは細胞膜形成後の食物環境までは知らないはずである。またダーウィンを悩ませた蝶の羽根や熱帯魚の横腹にあらわれた蛇の目、水玉、ストライプなどの非フラクタル型紋様の分子生物学的起源も。

文学は自然言語で表現された人間の精神活動の産物である。一九九一年度のノーベル文学賞は南アフリカの反アパルトヘイト文学者に贈られた。被迫害民族の苦しみの共有と解放運動の激励が授賞理由である。次のような分子生物学者の言葉を思い出す。〝文学についていえば、すぐれた詩が人間を感動させるとき、人間の脳の中で、それに対応する物質現象が起きている。それが解明されれば、どうすれば人間を感動させられるかがもっとよくわかる。どういうストーリがなぜ人を感動させるかということもわかってくる〟（立花隆・利根川進『精神と物質』文芸春秋社)。たとえば次の作品はどうだろう。

波の間や小貝にまじる萩の塵(芭蕉)
現存せざる星戀ふ餘り少年は
「天の印刷室」に消えて戻らず(武田肇)

小貝とは敦賀から海上七里の舟で上陸する種(色)浜の名物の淡紅色の「ますほの貝」のこと。反アパルトヘイト文学も芭蕉も武田肇も、読者の脳に対応する電気化学過程をひき起こす。人を感動させるストーリの普遍構造と対応する電気化学過程が特定され、ノーベル文学賞が医学生理学賞に吸収されたあと、詩作は辞書から無作為に選んできた単語から無作為に生成された文を構造検定にかける情報工学者の仕事になる。しかし究極のストーリの構造はひとつしかないいから究極の感動が脳内に分泌させる化学物質もひとつである。その感動をより強く、より長く持続させていく極限は恍惚死であることに気づいた厚生省がその物質を毒物に指定したあと、人びとは、萩の塵に秋を惜しみ、印刷室に消えた少年を想い、被迫害民族の苦しみを共有するための擬似体験で失われた心身の健康を回復するための実体験の旅先で、必ずしも科学者個人を成熟させない現代科学が分極させた世界を発見するだろう。第三世界科学院の代表としてサラムは、先年のストックホルム講演を、波で失われた寸土のために大陸が悲しむという一七世紀の詩人ジョン・ダンの言葉で結んでいる。

7・6▼脳の高次機能と超越体験

人間の脳の高次機能の副産物と思われている権力への意志や行動の定型化、異文明への異和感、優位者によるハラスメント、威嚇、擬動作などは、人間の反射脳に埋め込まれた爬虫類の縄張り行動(生命圏思想)、求愛行動、捕食行動などの非理性的行動が理性脳に投影されたものである。精神衛生研究所付属のアニマル・センター長としても長年動物の行動に見慣れてきたマクリーンは中世の騎士の馬上御前試合から爬虫類の求愛行動を、大相撲の力士の四股から敵に対して自分を大きくみせようとするコンドルの威嚇行為を思い出すという。投手の意表をつく野球のバント戦法や、証券業界の時間差商法などの脳の高次機能も爬虫類の発明の理性脳による精密化ということになる。アソビは狩りや退避のシミュレーション、クスグリや体罰を含むスキンシップは子育て中の哺乳類の発明である。

情動脳と反射脳は言語機能をもたないことから沈黙脳と呼ばれるが、最近ではそれぞれの脳は外界からの非言語情報であるサイン(変化の兆候)とシグナル(緊急行動指令)を読みとっていることがわかってきた。理性脳が考えたユーモアとジョークの違いをスマイルと爆笑で分類してくれるのも情動脳と反射脳である。

人間は一次元のヒモの上に書かれた有限の記号列(文)によって世界をかぎりなく正確に模写しようとする。しかし文の数が1、2、3……と自然数の増え方で無限に近づいていくのに対して実世界にはどのような有限の区間、たとえば2と3の間、にも有理数と同じ密度で自由度が無限に詰まっている。言語動物である人間も有限個の記号列によっては伝えられない超越体験に出会うことができる。そのような体験は言語による記述を超越しているから、理性脳は絶句のままでいるしかない。超越体験には沈黙脳が働く。まず反射脳が息を呑む。少しおくれて情動脳は理性脳に世界観の再編成を促す。ソ連の宇宙飛行士ガガーリンにおくれて同じ体験をしたアメリカの飛行士たちは、彼らの宇宙体験を神の臨在感と表現した。ガガーリンが無限に長生きすれば、ガガーリンの理性脳はジャーナリストの無限個の質問に応じて無限個の言語メッセージを生産するだろう。しかし地上で書かれた地球に関する無限に近い文章も、宇宙船からのガガーリンの第一声「地球は青かった」にはおよばない。およばないからヒモの上に書かれた記号列によって生かされている人工生命は老いることも死ぬこともできない。

7・7 ▼息念の法

マクリーンは日本語訳を引き受けた脳の専門家ではない私に次のような脳の一分間レッスンをしてくれた。先ず二つの手で握りこぶしをつくり、親指を揃える形に両こぶしを合わせる。これが自分の大脳左右両半球の大体の大きさである。親指の方が前頭、つけ根の方が後頭、親指や手の甲など外からみえるところが大脳新皮質(理性脳)、握って折り畳んだ四本指の部分が大脳辺縁系(情動脳)、四本指が隠して外から覗けない掌の中心部分が大脳基底核(反射脳)である。マクリーンはまた、一九世紀の神秘派女流詩人エメリー・ディキンソンの次のような脳の詩を送ってくれた(Complete Poems of Emily Dickinson, Little Brown & Co., Boston and Toronto, 1862)。

The brain—is wider than the sky—
for—put them side by side—
the one the other will contain
with ease—and you—beside—

The brain is deeper than the sea—
for—hold them—blue to blue—
the one the other will absorb—
as sponges—buckets—do—

The brain is just the weight of God—
for—heft them—pound for pound—
and they will differ—if they do—
as syllable from sound—

マクリーンはこのなかの一行〝脳は神の重さをもつ——The brain is just the weight of God——だけ憶えておけばよいという。

マクリーンは時々両手のこぶしを合わせ、息をできるだけゆっくり吐きながら、大脳新皮質から辺縁系に、辺縁系から基底核に意識を沈めていく。まず外からみえる大脳新皮質から社会生活と言語を発明して地球上に生命圏を拡大した新石器時代人の自分に想いをいたす。次に新皮質に隠された辺縁系から洞穴単位の家族生活を発明して人間の情動を育てた無口な旧石器時代人を、最後に辺縁系に包まれた基底核からはライフスタイルを定型化して日々の安心立命を得たいと願う爬虫類時代の孤独な自分をイメージする。息を全部吐き出したら今度は息をできるだけゆっくり吸って少しずつ甦り、宇宙のなかに生かされていた自分に気づく。マクリーン風息念の法である。

一九世紀の進化論が沈黙の野生世界に光を当て、二〇世紀の文化人類学が沈黙の未開社会から人類文化の普遍構造の手がかりを発見したように、二一世紀の精神医学は理性脳と沈黙脳の間で交わされる化学言語の部分的解読に成功することは確かだろう。

(「イマーゴ」一九九二年一月号改訂・銅林社「ガニメデ」一九九四年九月号)

本書の刊行にあたり、財団法人将来世代国際財団(矢崎勝彦理事長)から援助をいただいた。

本書にII部を加えたのは、縮訳者自身の意見がどこかに表明されているように、との工作舎編集部の米沢敬さんの意向によっている。米沢さんには、校正中にとどいた〃哺乳類型爬虫類に関連した二章を縮訳版に加えるように〃というマクリーンからの注文もこころよく引き受けていただいた。

マクリーンの日本への紹介を最初に思い立たれた哲学書房の中野幹隆さん、その他本書の刊行に有形無形の支援をいただいたすべての方々に感謝申し上げる。

❖著者略歴

ポール・D・マクリーン　Paul D. MacLean

一九一三年、ニューヨークに生まれる。エール大学、エディンバラ大学卒業。一九四〇年にエール大学で医学博士号を取得。エール大学、ワシントン大学、ハーバード大学、チューリヒ生理学研究所を経て、一九五七年に米国国立精神衛生研究所に入所。一九五七年から一九七一年まで、同所神経生理学研究所所長。一九七一年から一九八五年まで、同所脳進化と行動研究所所長。一九八五年より同所嘱託。一九七一米国神経病理学協会特別賞、一九七二年米国哲学学会カール・スペンサー賞、一九八六年ソビエト連邦医学アカデミー賞受賞。本書で展開される「三位一体脳モデル」の研究成果と思索は、アーサー・ケストラー、カール・セイガンをはじめとする、現代思想家たちに大きな示唆と影響を与えている。二〇〇七年逝去。

❖解説者紹介

法橋　登〔ほっきょう・のぼる〕

一九三一年、東京に生まれる。一九五三年京都大学理学部物理学科を卒業。日立中央研究所に入り、国連国際原子力機構特別研究員などをつとめる。著書に『科学の極相』（哲学書房）、共著書に『バイオコンピュータ』（紀伊國屋書店）、『構造主義をめぐる生物学論争』（吉岡書店）、共訳書に『選択なしの進化』（工作舎）などがある。

三つの脳の進化

発行日——一九九四年一一月三〇日初版　二〇一八年一二月二〇日新装版第一刷
著者——ポール・D・マクリーン
編訳・解説者——法橋 登
協力——財団法人将来世代国際財団、京都フォーラム
編集——米澤 敬
エディトリアル・デザイン——宮城安総
印刷・製本——シナノ印刷株式会社
発行者——十川治江
発行——工作舎　editorial corporation for human becoming
〒169-0072　東京都新宿区大久保2-4-12　新宿ラムダックスビル12F
phone : 03-5155-8940　fax : 03-5155-8941
www.kousakusha.co.jp　saturn@kousakusha.co.jp
ISBN978-4-87502-491-0